貓頭鷹書房

有些書套著嚴肅的學術外衣，但內容平易近人，非常好讀；有些書討論近乎冷僻的主題，其實意蘊深遠，充滿閱讀的樂趣；還有些書大家時時掛在嘴邊，但我們卻從未看過……

如果沒有人推薦、提醒、出版，這些散發著智慧光芒的傑作，就會在我們的生命中錯失——因此我們有了貓頭鷹書房，作爲這些書安身立命的家，也作爲我們智性活動的主題樂園。

貓頭鷹書房——智者在此垂釣

當三葉蟲統治世界　在魚類成爲優勢動物前，遠古海洋裡到處都是三葉蟲的蹤跡。正當地球經歷猛烈變動的時候，超過一萬五千種類別的三葉蟲，以生物最早演化出的眼睛，冷眼觀看遠古世界的流變，直到全數滅絕。牠們存活了整整三億年，幾乎盤踞整個古生代。而現代人類能從古生物留在岩層中的遺骸——也就是化石裡，「看」到什麼？三葉蟲結晶的眼睛，將帶領我們看到許多生命演化的奧妙！

作者簡介　福提（Richard Fortey），倫敦自然史博物館的資深古生物學家，英國皇家學院院士。他在英國引領推廣普及科學，執筆撰寫的科普著作屢獲好評，包括：《化石：通往過去的鑰匙》；《隱藏的地貌》，獲得一九九三年「自然世界圖書獎」；以及《生命：一部獨斷的傳記》，入圍一九九八年科普書「隆普蘭克獎」決選名單。

譯者簡介　單希瑛，國立台灣大學地質學系畢業，現任國立自然科學博物館地質學組古生物學門助理研究員。

貓頭鷹書房 213

當三葉蟲統治世界

Trilobite!
Eyewitness to Evolution

福提◎著

單希瑛◎譯

貓頭鷹出版社

貓頭鷹書房 213　　ISBN 986-7879-85-6

當三葉蟲統治世界

作　　者　福提（Richard Fortey）
譯　　者　單希瑛
主　　編　陳穎青
執行編輯　陳雅華
編輯協力　吳妍儀　蔡承志　黃淑雲
行銷企畫　夏瑩芳　彭紡玫　林筑琳
封面構成　鍾燕貞
版面構成　郭佳慈
出　　版　貓頭鷹出版
發 行 人　蘇拾平
發　　行　城邦文化事業股份有限公司
聯絡地址　104台北市民生東路二段141號2樓
讀者服務　電話：（02）2500-7397／傳眞：（02）2500-1990
郵撥帳號　18966004　城邦文化事業股份有限公司
電子郵件　owl_service@cite.com.tw
貓頭鷹知識網　www.owl.com.tw
香港發行　城邦（香港）出版集團
　　　　　電話：852-25086231／傳眞：852-25789337
馬新發行　城邦（馬新）出版集團
　　　　　電話：603-90563833／傳眞：603-90562833
印　　刷　成陽印刷股份有限公司
初　　版　2004年4月

定　　價　330元

國家圖書館出版品預行編目資料

當三葉蟲統治世界 / 福提(Richard Fortey)著；
單希瑛譯. — 初版.— 臺北市：貓頭鷹出版：
城邦文化發行，2004〔民93〕
面；　公分 .—（貓頭鷹書房 ；213）
譯自：Trilobite! Eyewitness to Evolution
ISBN 986-7879-85-6(平裝)

1. 三葉蟲

359.542　　93006730

獻給我的母親

■推薦序

一萬五千種姿態，見證一個失落的遠古世界

化石，是億萬年生命永恆的記憶。活生生的生物死亡之後，軀體或經分解、腐敗，塵歸塵，土歸土；或經水和時間的作用而被埋藏、置換，肉身軀體轉世成爲化石，見證並傾訴著一齣生命演化的戲碼。

三葉蟲——化石名冊中的花明星

三十八億年的化石名冊中，有一群花枝招展的明星；三葉蟲側身其間，聲名大噪。

腔棘魚是古生代「魚的年代」中具代表性的要角，爾後成爲令人驚豔的活化石，與現存深海中的拉蒂曼魚系出同門，歷經億萬年鮮少變容。菊石是中生代汪洋中的潛水艇，和現生的鸚鵡螺、章魚與烏賊，同屬頭足類的軟體動物，具有完美數學式螺旋線的腔體構造，沉浮於海域；潛水艇的設計正是取法菊石。

始祖鳥是侏羅紀的第一隻鳥，滿嘴細齒、全身羽毛、三個指爪，加上長長的尾巴，成爲達爾文演化論及時出現的化石見證。霸王龍，白堊紀最致命的掠食恐龍，是孩子們的恩寵與最愛，「化石」一詞的同義字與代言人，更是一把鑰匙，讓孩子開啓迷人的想像之旅。

劍齒虎是新生代的猛獸，兩隻匕首狀的犬齒，將貓科掠食者的形象推演到極致。猛獁象是更新世西伯利亞的「長毛象」，在基因解碼、複製古象的行動中，牠成了生命科學領域裡，最受矚目的焦點實驗品。露西，「阿法南方古猿」是她的學名，四百萬年人類長途跋涉之旅的共同祖先；她從非洲叢林下樹直立而行，開展了人類自名爲「智慧之子」的文明之旅。在這一群孩子們琅琅上口的化石花名冊中，三葉蟲也許是最突顯的一群花蝴蝶。

見證一個失落的世界

第一隻三葉蟲在寒武紀大爆發時（五億三千萬年前）綻放而出；最後一群則在二疊紀，一場大滅絕事件（兩億五千萬年前）的浩劫中步下舞台。歷經三億年的漫長時光，三葉蟲見證了一個失落的遠古世界。

多采多姿的昆蟲（節肢動物）世界，是以三葉蟲爲先驅與藍圖。在古生代的海洋裡，超過一萬五千個種類的三葉蟲，以千姿百態悠游於五億年前的波濤汪洋中，就像今天穿梭飛舞於花叢、千姿百媚的蝴蝶，把多樣化的世界粧點得更加絢麗美豔。

三葉蟲是寒武紀大爆發、生命演化大霹靂的見證。五億四千三百萬年前，石破天驚的演化事件，令多細胞後生動物群紛紛穿上衣裝、披上外殼，留下化石紀錄。今天生命多樣的形貌，從這一刻起便完成初稿與藍圖的描繪，引領爾後五億多年的戲碼。三葉蟲留下了第一批最豐富多樣的化石紀錄。

三葉蟲建構起最初始、明亮、複雜的眸子，見證演化的漫長之路。三葉蟲的眼有方解石結晶垂直滿布，所呈現的透鏡體複眼構造，是當今第一流光學工程師百思不解的鬼斧神工。

三葉蟲引領並伴隨的伯吉斯頁岩生物群、澄江生物群，以及後來在二疊紀和三疊紀的大滅絕事件中，全體系譜成員消逝不見的模式，成爲演化之路上，不同掌控機制辯駁的焦點議題。這一群海洋中繽紛多彩的花蝴蝶，到底是如何崛起，如何演化適應，如何輻射爆發出多種樣態，如何式微，又如何整體消逝殆盡？一連串謎樣的議題，讓生物學家尋尋覓覓。

導讀：章篇掠影

第一章，發現。五億年前悠游於汪洋中的三葉蟲，歷經埋藏、置換、石化、擠壓、出露的滄桑，轉化成了石頭。從岩石中劈開層理，裸露出億萬年生命的永恆記憶，是古生物學家獨享的發現之喜悅。福提經由三葉蟲結晶的眸子，去看大千世界曾經如是的過往影像，這是以三葉蟲為中心的一個世界觀（地史觀）。

第二章，外殼。三葉蟲是第一群有硬質外殼的生物類群，得以留下永恆的化石群作為紀錄。外殼覆身，終生蛻變，剝下的階段性成長發育外衣，埋藏成為我們研究的對象，而肉身軀體的附肢腿腳卻翩然消逝，極為罕見。

第三章，肢體。古生物學家很少見過三葉蟲隱身的腿（步肢與鰓肢）。因為寒武紀獨特的保藏狀態，古生物學家得以偶然一瞥罕見的附肢，證實牠們在節肢動物中分類的格位。

第四章，結晶的眼睛。三葉蟲獨特無比，牠們方解石礦化的結晶複眼，是生命演化一項奇蹟。透明清澈的冰洲石，c軸垂直稜鏡表面，數目從一個到數千個之多，構成五億四千萬年前早已完整成形的衍生構造。鏡眼三葉蟲更以獨特的雙稜鏡眼球，讓當世光學工程師歎為觀止。

第五章，爆發適應的三葉蟲。五億四千萬年前，從紐芬蘭、中國與西伯利亞，像蟹子一樣大的小油櫛蟲，爆發式地登上生命演化的大舞台，成為要角。根據稍晚的加拿大伯吉斯生物群，古爾德撰寫了《奇妙的生命》（一九八九）一書，訴說傳統「鎖鏈反應」的失控，造就出創生式「大爆發」的混沌（相對於秩序）世界觀。到底「寒武紀大爆發」是涉及到極不尋常、一群又一群失敗的試驗品，抑或是廢棄的設計藍圖，古生物學家依然爭辯不休。

第六章，博物館。博物館在展示場幕後的寶庫，永遠是研究人員永無止境探究大自然奧祕的神奇之所。任何「物種」在科學家將化石標本以文字、圖像發表於科學期刊之前，不會被驗身正名、正式存在。博物館從十九世紀以降，成爲每個城邦和國家反映文明的里程碑。

第七章，生死之事。演化的劇碼，有前世今生與後繼；有誕生（物種發生）與死亡（物種滅絕）。三葉蟲系譜的序列，測試著演化兩大假說：傳統經典漸變論與挑戰顛覆的災變論（間斷平恆假說，一九二七年）。古生代多次大滅絕事件，衝擊三葉蟲家族的興亡與遞變。直到兩億五千萬年前，二疊紀的王朝告終，整個三葉蟲世系家族靜悄悄地結束了家業，從汪洋中隱身而去，沒有留下任何的子嗣後裔。現存的鱟類（或稱馬蹄蟹）成爲喚醒記憶的遠親。

第八章，懷想過往世界。因爲三葉蟲海洋棲居（淺海游泳型與底棲型，或深水域游泳型）的生活特質，牠們成了重建五億年前古海洋、古地理的重要線索，得以重建失落的世界。

第九章，時間。古生物學是歷史的範疇，古生物學家凝視時間的流逝，掌握它的量度、它的時程，跨越它的結局。三葉蟲脫殼成長，個體發育序列不斷褪去硬殼衣裳，注記在化石紀錄之中。三葉蟲與時遞變，系統發育序列不斷分支多樣，成就了極優勢的海中霸業，進而式微，而至悄然告終。生與死、消與長的時間對比，展現無遺。

第十章，見證。科學生涯的美妙之處在於永恆的貢獻，編織成一張相互鏈鎖的知識網絡。三葉蟲的奧祕，透過見證之眼揭示，科學人終其一生研究細節，默默品味發現的樂趣，並永恆注記在每一個學名之後的命名者頭銜上，得以不朽。

博物館的古生物學家

與三葉蟲結緣，是許多古生物學家孩提時代到博物館驚豔的共同記憶。本書作者福提任職於倫敦自然史博物館，半生職業生涯與三葉蟲共舞。我在二〇〇二年二月前往倫敦自然史博物館，再晤福提博士，與他暢談三葉蟲游泳模擬方式，及不同複眼構造的俯視與全域觀。

二十多年前的大學生涯中，首次受教於新加坡大學歸國的客座講席胡忠恆恩師，他是全國唯一的一位三葉蟲專家，老師滿抽屜的三葉蟲化石標本，吸引著我們無知的眼神。而今，我自美國學成之後，一頭鑽進博物館迷人的殿堂，已歷十六年寒暑；胡老師終生研究的化石標本，一批批捐贈到自然科學博物館，受到妥善的安置。三葉蟲豐富的標本，躺在標示「節肢動物」的儲櫃中，讓我們這群在博物館工作的古生物學家，能夠終其一生賞析把玩，樂此不疲。期盼讀者也能敞開心胸，一起走進三葉蟲的迷人世界。

程延年　美國德州大學達拉斯分校博士，專長古生物學、演化論。現任國立自然科學博物館地質學組古生物學門研究員，長期推動地球科學教育工作。

■作者自序

我對三葉蟲著迷已經有三十多年，這本書一來是爲了向牠們致敬，另一方面也是要告訴讀者，我在研究三葉蟲的歷程中所得到的樂趣。過程中可能也會提到科學方法。我的上一本書是所有生命的傳記，從細菌一直到人類，三葉蟲只是占了其中的一兩頁篇幅。我在本書中有機會轉移焦點，讓這些我喜愛的動物詳細地說出牠們的故事。不過我心中也很清楚，哪些內容得以納入，而哪些則應該予以省略。歷史永遠無法說得完整，三億年的歷史更是只能摘要式地敘述而無法細說。我希望使讀者了解，重建已消失的世界、並透過三葉蟲的眼睛來看遠古海洋，是多麼令人興奮的事。這不是學術研究著作，而是誘發探索欲望的讀物。

倫敦 一九九九年十月

當三葉蟲統治世界

目次

圖片目次

隨頁插圖

銅版紙插圖一覽表

圖二十九：新月盾蟲，具有又大又長的頰刺

圖三十：蛻殼的獅頭蟲

圖三十一：產自波希米亞地區，寒武紀地層的粗面叟蟲

圖三十二：巴蘭德研究波希米亞地區三葉蟲的偉大成果之一

圖三十三：來自中國山東寒武紀地層的「燕石」

圖三十四：產自摩洛哥泥盆紀地層，奇妙多刺的多棘刺蟲

貓頭鷹書房 213

當三葉蟲統治世界

Trilobite!
Eyewitness to Evolution

福提◎著

單希瑛◎譯

編輯弁言

本書中文版編輯過程，感謝國立自然科學博物館地質學組程延年博士，於百忙之中審定三葉蟲學名中譯，更賜文導讀推薦，謹此致謝。許多三葉蟲國內並未定名，本書特別由程博士根據拉丁學名予以定名。

本書並在書後編製「中文原文名詞對照表」，以供進階讀者追查原文或拉丁文學名。此表也會收錄在貓頭鷹知識網上（www.owl.com.tw）。

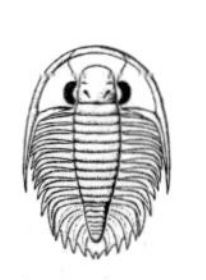

第一章

發現

淡季時，伯斯堡蛛網旅店的酒吧，具備了一切小酒館該有的樣子：厚重的橫梁撐著低矮天花板，上面吊著古董酒瓶；地面以石板拼貼，牆上掛著當地女子標槍隊的照片，旁邊還有一些裱框的泛黃剪報，白紙黑字記錄這家旅店的種種好處。燃燒的柴火使室內有點兒熱，沒有音樂，聽到的都是本地人操方言交談的嗡嗡聲。在十一月這種時節，沒有倫敦客會到北康瓦耳這種地方來。蛛網旅店是個稍顯破舊卻又很舒適的地方，如果有需要的話，你可以找人聊天；不想說話時，也可以只是面掛微笑、看著爐中的火焰，沒人會覺得奇怪。這裡好比母親的子宮般陰暗舒適，給人滋養，必須下點決心才能起身離開，全然走到外頭明亮的世界。但是我不得不現在就走，以便在天黑前找到賓尼崖，如果入夜後才到那個懸崖，那就太危險了。

伯斯堡位於英國西南方狹長半島上，荒涼北岸的一個缺口處，圍繞著瓦倫西河出海的狹窄港灣而建。這是個老鎮，雖然有巫術博物館及小飾品店這類的觀光設施，卻仍無法成功地掩蓋住此地由板岩建築和艱苦生活所塑造出的特質。有一段時期，這個小鎮上全是招呼礦工及船員的酒館，蛛網旅店就是其中殘存的一家。你可以想像當時街上十幾家店面的廣告招牌，沿著彎曲的街道直伸到海港。原先作爲酒館的房子，即使經過外表的整飾，仍然難掩原來的酒店氣息。當地粗糙的石材賦予建築物獨有的特色，巫術博物館也是如此：這棟鄉舍的老舊屋頂是以康瓦耳板岩建成，也因爲板岩的重量而嚴重下垂。現今的港口幾乎完全荒廢，但我仍可以想像，超過一世紀前，年輕的詩人兼小說家哈代造訪此地的景象。

我離開港口北側的小鎮，順著一條小徑蜿蜒爬上陡峭山坡，沿途有一叢叢的荊豆，在那個季節，嫩枝依舊開滿黃花搖曳生姿。小巧的鷦鷯及野鵐悄悄地飛越小徑，彷彿在邀請我繼續往上走。從這個高度，我能看到防波堤護衛著狹長的海港入口；甚至早在伊莉莎白一世在位的時候，這道屏障就已經有非常悠久的歷史了。一陣冷風令我後悔沒多帶件毛衣出來，但我趕上了陣雨之間的空檔，所以仍算是運氣好。忽然之間，我爬到了足以看到海的高度。今天是霧氣會遮蔽海平線的那種天候，大海看似可以延伸到無限遠處。雖然沒有颳起風暴，但我仍聽到浪濤拍打山崖的隆隆聲，波浪一波波地湧進來，又往南而去，沒入海中。一道白色的碎浪標誌著海陸的交界，就像哈代所描述的：「長浪鞭笞，峻崖迎受。」懸崖的顏色很深，幾近於黑色，而海面看起來異常沉重，好像起皺的犀牛皮，只有緩緩移動的白色浪頭為這景致增添一絲活力。坐落在隱蔽谷地中的小鎮逸出了視野，剩下全然的寂靜。我藏身到一堵牆後以躲避冷風，牆上怒放著一叢叢的剪秋羅及濱簪花。牆體由板岩塊砌成，但奇怪的是，這些石塊以垂直方式排列，所以看起來很像一本本直立的書，書頁則面對著你；我還是比較習慣牛津附近採用水平砌法的石牆。直砌牆面的花樣之間，夾雜著由粗礪的雪白石英塊所建構的柱子；工匠對石材的特性十分了解，他們將板岩垂直堆砌，好讓雨水能夠很快排走（康瓦耳地區經常下雨），而任何氣候對粗糙的石英來說都沒什麼差別，所以用石英來建構強固的柱子。這兩種石頭上都長著茂密的青苔，使得原本剛硬的輪廓在這潮濕的天氣中柔和不少。

我細看了一下，發現懸崖正是由同樣的黑色板岩構成，難怪看起來既黑暗又險惡恐怖；有些地方懸著搖搖欲墜的突起危岩，上面布滿了裂隙，還有相當危險的峭壁。這些絕壁令人暈眩，不禁要嘆出哈代《藍色雙眼》中所寫：「山崖嶙峋，在每一個險峻的高度⋯⋯。」因爲最近常下雨，所以狹窄的小徑上十分滑溜，我必須很小心，否則一失足後果就不堪設想。由傾倒的石牆可以看出，原先田地的範圍幾乎延伸到懸崖頂，但現今眼前只是一片陡峭上升的草坡，坡頂上方還有些刀嘴海雀和暴風鸌在空中盤旋。坡上寥寥幾棵矮樹偏離峭壁向內傾斜，枝椏彷彿滿懷恐懼從崖邊縮回。

爬上潘特岡灣的頂峰之後，我對此地的地質有了些心得。懸崖邊的黑色岩石必定經歷了極猛烈的地殼變動，因爲這些石頭全都扭曲而傾斜。沒有一道地層是平直的，反倒都經歷了一段曲折的地質旅程。海灣的那頭可看到一條裂隙由崖邊垂直延伸入海，這正是數千年來自然力量所造成的刻痕。這條穿過黑色岩石的大裂縫正是一個斷層，在位移發生的剎那，必定曾經造成大地的顫動。斷層是地震的明確標記，將永遠封印在岩石中。整個沿海地區一定曾經歷過劇烈的地層上升運動，岩層才會這樣曲折破碎。遠古的地殼劇變就被記錄在這片高地上。

看得更仔細些，會發現構造運動的證據無所不在。斷層附近有一條小溪，狹窄的溪谷，是岩石中另一個破裂面受侵蝕下切而形成的。小溪谷在入海處被懸崖切斷，溪水突然直墜而下，形成約六十公尺高的瀑布，在風中揚起一片霧狀的水沫。水面附近的崖壁上，有些受到海水刻蝕的洞穴與裂隙。甚至在這樣平靜的天候下，我仍能聽到海浪的聲響：浪頭猛然拍向板岩，挑出地層給褶皺擠裂後最脆弱的部位，在每段小斷層上加個裂縫或孔洞，拍擊時發出的聲音像吸吮又像咳嗽。偶爾海浪會沖入凹穴，壓縮裡面的空氣，再反彈出爆破的聲音，聽起來像遠方的加農砲，又像爲造山運動而施放的不規則禮砲。試想大海在暴風天所產生的威力，你就會理解，千年來的侵蝕的確能使陸地隔絕形成小島，就像伯斯堡港外的莫查島一樣；而這些切蝕出來的小島，遲早也要被侵蝕殆盡而消失於海中。我能很輕易地辨識出漆黑懸崖上的白色石英，清楚得就像黑板上的粉筆線。有一塊地方的石英脈恰巧就順著岩層的方向，露出地層被嚴重扭曲褶皺，以致上下反轉；我只能憑想像臆測，能輕易翻轉堅固岩石的力量是多麼龐大。塡充在斷層裂縫中的厚塊石英，正像凝固在傷口上的血，將裂口給封住，而那些石牆所需的大量石材必定是來自於此。有些被擠壓的岩縫中也充塡著石英，看起來就像一堆亂七八糟的麵條。雖然石英比板岩堅硬，但最終當這些岩層都被侵蝕掉後，石英也只得變成小石塊。我敢打賭，在我腳下難以接近的潘特岡海灘上，那些小圓礫都是石英磨成的。這些石英礫的壽命將超過這個懸崖，說不定還會超過整個人類世代。

這些漆黑的頁岩及板岩，原先都是堆積在深海中的軟泥，歷經時間轉變，硬化爲岩石，再抬升至現今海拔幾百英尺的高度，並褶皺變形。但到底要多長的時間才能完成這一連串的歷程呢？

我站的地方很接近崖邊，那裡有一則紅字警告：「注意！懸崖易崩裂，請特別小心。」這標語說得沒錯，一疊頁岩正顫巍巍地懸在半空，只要想到崖上的岩塊一路滾落深深的崖底、摔個粉碎，就讓人不由得打個寒顫。沿著海岸線北上的下一個港口叫克金頓，這名字帶有當地岩層易受侵蝕破裂的危險意涵。

我的夾克口袋中帶了份伯斯堡地區的地質報告，從地質圖上的岩層分布，可看出構造運動的跡象，這些構造運動明確地表現在野外的崖壁上，其岩層扭曲且上下翻轉，上面更是斷層密布。我很確定我所站的位置是伯斯堡岩層的露頭。用枯燥的科學術語來說，這個板岩層屬於早石炭紀（在美國稱爲密西西比紀）。地球上的這一角落發源極早，遠早於哺乳動物的出現，也早於恐龍時代。當暴龍在這個山頭上稱王時，此地的黑色板岩早已歪曲變形，成爲歷經滄桑的古蹟。若把時間更往回推，在地層剛出露地表時，陸上則只有些蕨類、蟑螂及笨重的兩棲類。還有什麼地方比這裡更能見證地質時間的恆久呢？

我們所能觀察或傾聽到的侵蝕作用實在非常慢，即使窮極一生站在這裡，能看到的也僅是山崖微不足道的改變。也許，當突如其來的風暴把斷層上的裂隙加深了些，缺口看起來就會更暗一點。也許，當一塊落石掃除了些許崖上的剪秋羅及綠草，植被表面便留下一道疤痕。但我能肯定，當年哈代站在此地所眺望的景色，和現今差不多，我眼下所見正是他當年所看到的。雖然地表的植被已幾番更替，但山崖仍大致維持著原有的地質特徵。那麼到底要多長遠的時間，才足以將山崖弭平，將板岩風化成細砂，將石英脈磨蝕成圓礫——從最初的角礫，歷經海水日復一日的沖刷，終於變成又白又圓的卵石呢？儘管千年流逝，物種消長，這懸崖仍能頑強挺立，對抗時間之河的侵襲。但是只要時間夠長，即使是那些防禦波浪的堅固堤防也會化爲無物，蛛網旅店中的石頭地板也終將變爲沉積物；所有的人造工程，都將加入這不斷變動的偉大循環。岩石風化侵蝕成沉積物，沉積物又壓縮硬化爲岩石；地殼變動把岩石抬出海平面，又經過構造運動的擠壓變形、再抬升，接著又是自然界的風化侵蝕，地球巨輪就一直這樣運轉下去。如果馬勒以地質的觀點來創作，他的《大地之歌》應該是侵蝕與重生無止境地重複；聽者再怎麼欣賞交響曲的樂段反覆，耐性恐怕都要備受考驗了。

康瓦耳曾是遠古海西寧山脈的一部分，當時的海西寧山脈蜿蜒橫過歐洲，一如歐洲南部的阿爾卑斯山脈現在的樣貌。康瓦耳位於山脈的一端，岩層受到構造運動無情的蹂躪，留下明顯的褶皺構造。岩石以彎曲變形來紓解那股不可抵擋的力量。潘特岡灣岩壁上的每一個小皺褶，都是受構造運動宰制後的遺跡。構造運動的威力之大，任何岩石都無法承受。當岩層被擠壓時，一個褶皺構造疊上另一個構造，直到形成山脈。康瓦耳的艾希特大學，有一些聽明的地質學家如斯伍德等人，花了數年時間試圖解開這些褶皺的複雜關係。他們認爲這片海岸的形成，不是僅靠單純的褶皺作用，而是岩層裂爲一片片的巨大岩塊，這些岩塊再層層相疊，才形成此地複雜的地質構造。當岩石的變形無法完全吸收外在壓力時，就會破裂；爲了維持力量的平衡，這些比一個小村子還大的破裂岩塊，沿著低角度的破裂面滑離原來的應力中心，這就像是扭曲的樹枝會從海風所及的範圍偏離開來。在滑動岩塊的底部，一些軟弱的岩石便一再地被彎摺，有如墮落賭徒手中折彎的紙牌。構造運動的巨輪所輾壓出的每道裂隙，之後都由石英脈塡滿。現在我眼前是山脈侵蝕的殘餘，而覆蓋著青苔的石牆，則是由古阿爾卑斯山的遺留物構成。當初利用板岩塊來砌牆的農夫，對構造運動或許一無所知，卻不知不覺成了構造力量的共謀者。

向南幾公里的伯得明附近，有一個花崗岩丘矗立於平原之上，令人聯想到馬雅的階梯金字塔；雖然大小頗爲相近，但這個岩丘完全是大自然的傑作。這個奇特的巨石堆，是花崗岩歷經數千年的風化侵蝕後所殘留下來的。即使是花崗岩，最後仍然會屈服於雨雪風霜的侵襲；但如同我在附近的聖朱利亞墓園中所發現到的，花崗岩比板岩更經久耐用。花崗岩的起源與康瓦耳崖上的頁岩全然不同，但同樣告訴我們那道消失山脈的故事。這些岩石原本是山脈最深處的熾熱岩漿，經過冷凝結晶而成，你可以在上面看到大塊的長石結晶，也許還看得到雲母的閃閃反光。這些結晶物呈現的生成歷程是這樣的：在山脈形成的過程中，部分褶皺岩層被帶入地殼深處，熔爲熾熱的岩漿，再因內部應力而上浮，穿過岩層，然後結晶固化形成岩基或深成岩。在康瓦耳半島一帶，花崗岩仍在地底深處，到了多沼澤的達特莫爾及伯得明一帶才露出地表。

有些礦物在結晶形成的那一刻，同時啓動了放射性元素的「計時器」。現在的精密儀器，能藉著記錄礦物中鈾或鉀（及幾種其他元素）衰變而成的放射性同位素，來估計所歷經的地質時間。這個方法爲前面那個「到底歷經多少時間？」的難題提供了解答。知道了放射性元素的半衰期，接下來只須精確測量含量，再經過縝密計算，就能知道礦物形成的時間了。而如果伯得明地區的花崗岩侵入到褶皺的岩層中，那我們就可以斷定褶皺的形成比花崗岩還早。礦物提供的資訊，向我們開啓了過去之窗，讓我們能調整、修正對過去的觀點。所以，如果花崗岩結晶已有三億年歷史，就可以推斷我們的懸崖比三億年還老，而且在花崗岩入侵之前，黑色的板岩便已經歷褶皺了。

至於那些最後硬化並扭曲變形爲板岩的軟泥，原先是沉積在三億四千萬年前的石炭紀海床上；後來隨著時光流轉，這些軟泥先是硬化，再經過構造運動的扭曲，然後是花崗岩漿的灼燒，經過一段長遠的時間，才形成這個險不可及的懸崖，如今這裡成了暴風鸌及三趾鷗築巢的據點。不論如何，古代海洋的訊息仍能以化石的型態傳遞下來。當此地的海床還很年輕時，砂泥中散布著各種生物的外殼，一如今日我們能在沙灘上看到一些貝殼。海床上都是類似海螺、腕足動物等非常普遍的小生物；砂泥不斷被帶下來，蓋住了這些小生物，外殼就成爲沉積物的一部分。而這些砂泥是古陸塊被侵蝕後的殘餘，本來就是上一個地殼循環的產物；這樣的故事不斷在地球上演出。時間不停地流逝，這些外殼一直待在泥裡，直到沉積物越埋越深，水分慢慢被排走，泥砂也就逐漸硬化爲頁岩。這些外殼的質地，或許也因爲礦物長期的滲透而強化了。時間讓貝殼褪去了原有的顏色，光采盡失，還變成化石般的色澤，成了往日生物的石像。

這些化石的旅程才剛展開。曾經生物繁盛、貝殼遍布的石炭紀海洋，因爲板塊構造運動而消滅。原先累積在海洋中的岩層及化石，就成了偉大地質之旅的過客。很多化石在途中被判出局：這些化石可能被捲入成形中的海西寧山脈中心，遭受擠壓或烘灼，以致面目全非；也可能遭熔化消解，或是在岩石再結晶的過程中化爲碎片。山脈在英國的西南方崛起，在混亂之中大片的地塊被隨意地擠到兩旁，花崗岩又迂迴地侵入內部；然而一旦山脈形成後，卻又注定等著被侵蝕消滅。所以化石最可能的命運是被磨成細粉，加入下一趟地質循環之旅。因此我們對於倖存下來的化石應該滿心讚歎，因爲這些化石硬是撐過了造山運動的摧殘，才能留存下來。

構造運動過後，封存於岩層中的化石仍須面對接下來的挑戰，因爲侵蝕仍然繼續，而山脈終將歸於海洋。兩億多年後，海西寧山脈幾乎被侵蝕殆盡。當恐龍在英格蘭南部威爾德一帶及西歐地區昂首闊步之時，海西寧山脈中的花崗岩肯定是已經露出了地表，因爲最早在一億年前的白堊紀岩石中，已經發現了這些花崗岩才有的特殊礦物。這好比一場地質脫衣秀，遠古山脈的岩石逐漸被剝去，直到什麼都不剩，戲才會落幕。我在潘特岡崖所看到的，是還沒被湮滅的山脈核心，其中的地層彎摺扭曲，就好像被棄置的雪紡紗。

什麼樣的化石才能留存在這黑色板岩中？化石裡記錄了怎樣奇蹟般的耐久性？這些化石如何顚覆了機率保存下來？雖然到處都是地質證據，但一個在滑溜小徑上的漫遊者，高踞於無邊大海之上，要如何才能眞正了解亙古的地質時間有什麼意義？俯看伯斯堡，我幾乎捕捉到了過去的歷史——簡直就是可以「看」到，彷彿記憶裡殘缺的電影片段重現。我能輕易在心中描繪出，哈代走在小徑上的影像。或者再擬想一個多世紀前，髒兮兮的板岩礦工，各自蹣跚地走向他們選定的酒店，而附近的紳士則精神抖擻地坐在輕便的馬車上。再不然，追憶到都鐸王朝時期繁忙的港口，裝備齊全的船隻停泊在安全的港灣內，躲避大海的狂暴。酒店中，眾人的穿著像畫家霍爾本筆下的人物，談論著西班牙的無敵艦隊。我甚至能想像鐵器時代農夫的耕作勞役，以及像今天這樣的十一月天，在簡陋而充滿煙霧的小屋中會有多不舒服。我的視覺想像中充滿了各種細節，這些細節是來自於對共通人性的了解，而且合理地把場景安排在記憶中的各種古代飾物之間。但是，在提到康瓦耳的形成時間時，我卻須將一般人認知的時間，乘上千倍再千倍。我已習慣於描寫百萬年的事物，一如瑞士銀行家慣於處理百萬的金額，然而零的數量，並無法照比例轉換成恰如其分的數字感。比方說，普通的上班族能充分了解五十元能買什麼，大致也清楚五萬元能怎麼用；如果是五億元，大家的反應是——好大一筆財富。但五億這個數字是什麼意思？贏了五百萬樂透彩券固然很多，贏了兩千兩百萬還是很多。且不管這個令人發昏的數字，把這筆數字想像為成堆的鈔票，一疊又一疊，我們終究仍無法理解實際的數量到底有多大。如果想看穿數百萬年的過去，我們就應該發展出一種特殊的看法，就像用望遠鏡對準過去。我們要習慣於較大的尺度，並且要明白，百萬年在地質上並不算什麼。我們應該把懸崖和石頭當作書來閱讀，而不只是驚悚於它的高度。

我越過了潘特岡崖陡峭的那一側，走上較平坦的路面。某個善心人士開鑿了階梯，方便人攀爬，雖然如此，我還是走得上氣不接下氣。接下來是一條滑溜的步道，沿著陡峭的草坡延伸。周遭有一種古怪的懸疑氣氛，大海已被遠遠地拋在下面；我明知道附近就有巨大懸崖，卻給草坡遮住了。我看不到海陸的交界，卻仍能很清楚地聽到浪濤擊打崖穴，發出不規則的砰砰聲；此時我所在的高度令人覺得很不真實，彷彿我漫步於海天之間漂浮的夾層上。我很高興在天色還未開始變暗前就抵達賓尼崖。幾滴雨水重重地打在我脖子上。一群海鷗突然自懸崖外飛起，盤旋在上升氣流中，歇斯底里地鳴叫。在這旅程的終點，我打個冷顫並豎起了衣領。

賓尼崖是哈代的小說《藍色雙眼》中一幕駭人事件的場景，書中的奈特在女主角愛弗萊德的陪同下，走過我剛才所走的路。愛弗萊德是哈代筆下第一個描寫細膩的複雜女性角色。奈特天生對科學有興趣，不知是爲了展現他的知識，還是爲了滿足求知欲，他想證明懸崖上面的氣流是由下而上，反向循環：「這是個反向的小瀑布……完美得跟尼加拉瀑布一樣，只是上衝取代了下墜，氣流取代了水流。」他從小徑上奔下斜坡，帽子被反氣流吹起來，當他不智地想把帽子抓回來時，一不小心滑下了這個可怕的山坡，就此懸在那裡，處境危殆。哈代對懸崖黑色板岩的描述還算是眞實，以下是書中奈特與三葉蟲相會的情境：

三葉蟲地質年表

代	紀	百萬年前
		250
	二疊紀	
晚古生代		290
	石炭紀	
		354
	泥盆紀	
古生代 ++++		417
	志留紀	
		443
	奧陶紀	
早古生代		491
	寒武紀	
		545
	前寒武時期（文德階）	

經由某種常見的巧合，當一個人已處於千鈞一髮的緊張時刻，卻常常得受無生命世界的折磨。在奈特眼前，是一隻半浮出崖壁的化石，一種有眼睛的生物。這雙眼睛雖然已經石化，仍舊栩栩如生地瞪著他。這是早期的甲殼動物——三葉蟲。他們活著的時間相隔了幾億年，如今奈特和這小東西，卻似乎要在這裡一同葬身了；而這小東西也和奈特一樣曾經真實地存在過，也曾像他一樣，有副正在等待援救的軀殼。

在這個荒涼的地方，我凝視著懸崖，它位於波瀾褶皺的大海之上、晝光漸暗的天色之下。此地的三葉蟲，曾短暫出現在英國文學作品中。賓尼崖上的小徑，通向了我生命中最感興趣的兩個主題——三葉蟲和寫作。我覺得非得到這兒來一趟不可，而這個地方也沒讓我失望。三葉蟲的「石化之眼」，提供我引導讀者穿梭本書所需的意象；透過化石的眼睛，我們可以看到過去活生生的世界。我對小說眞理和科學眞相間的差異深感興趣：小說眞理和事情是否信而可徵無關，只關乎作品對心靈與情緒的衝擊力；科學眞相則著重於事件的可驗證性，但科學 發現也必然帶有昂奮情緒，而許多發現的歷程，都足堪作爲小說的素材。

哈代的描述到底有多少眞實性呢？他這部書原本是連載小說，所以必須讓劇情保持懸疑，一幕接著一幕，來牽動讀者的心。奈特的險境，正是小說中最緊張懸宕的情節，你還能想出比主角懸在半空中，更扣人心弦的景象嗎？三葉蟲石化的眼睛凝視著奈特的悲慘處境；人類的藍色雙眼，則透露出小說的意境和標題。書評家德斯指出，各種「窺視」交織出本書的情節，使書中充滿了視覺意象。

我很想知道，哈代對小說中斷崖一幕的場景，曾做過多麼仔細的觀察？一些學者從他早年的生活點滴中，找出了事件發生的確切地點。一八七〇年，哈代以建築師的身分受雇整修聖朱利亞教堂，也因此認識了教區長的小姨子伊瑪，後來並娶她爲妻。小說場景位在韋塞克斯區；哈代只對實景做了些微掩飾，我們不難發現，場景其實就在此區西側。《藍色雙眼》比起哈代其他小說，有更多的自傳成分，可能基於這個原因，他顯然對這本小說投入更多的關注（多年後，他曾改寫其中的部分章節）。哈代對書中懸崖的高度做了過多描述，卻任憑可憐的奈特獨自在空中掙扎，好像削好了鉛筆，翻開地名辭典，打算對這個懸崖做一系列的比較一樣：「根據實地測量，此處絕對不低於六百五十英尺高，……是福蘭波洛高度的三倍，比碧奇岬多出一百英尺，……是利澤半島的三倍高。」（之後還有更多類似的重複。）由各項地形特徵來看，毫無疑問的，我走的正是小說中所講的路徑。我在潘特岡崖所見沒入海中的瀑布，就是哈代描述「從崖上墜落，半途散爲千萬個水花，再化作雨滴，落在突出的岩岬上，滋潤出嫩綠草地」的瀑布。在我走過的路途中，也看到了哈代形容具有「恐怖特質」

的懸崖。從許多方面來看，小說中的這段文字好像一篇報告，裡面講到了石英和板岩，也依序描述了沿途的自然特徵，還兼談一些地質學及氣象學。當奈特吊在懸崖邊時，他的心神在地質時間之中快速地回溯，一連串栩栩如生的過往圖像，在他絕望的內心中接續浮現，引領他回到遠古三葉蟲生存的年代。從科學的角度來看，這算是篇不錯的報告，以一八六〇年對科學的認知，敘述了生命在地質時間裡的演變。

但接下來，小說創作與科學報告就要分道揚鑣了，也許小說的迷人之處就在於偏離事實。當哈代在描述賓尼崖時，爲何叫這裡「無名崖」？在古地圖中早已有賓尼這個村落的名稱，哈代也經常在小說中，以另起神似地名的手法創作。我認爲，叫作「無名」崖，更加深了這個地方的神祕與恐怖。同樣的技巧，也曾運用在義大利導演賽吉奧李昂尼的義式西部片中，戲裡克林伊斯威特飾演的角色，是個沒有名字的反英雄。地名是我們認識環境的第一步，當我們看到聳立在海邊最高的山崖，總會認爲它有個名稱。匿名是令人不安的，當一連串謀殺案發生後，最令人害怕的，就是不知道兇手是誰，這是種對未知的恐懼。小說家了解這一點，並且巧妙運用這個策略。哈代當然喜歡眞相，但他知道何時該吊讀者胃口。三葉蟲本身就是小說中的虛構部分；康瓦耳一帶沿海的石炭紀岩層中幾乎不含三葉蟲，而以年代來看，這些岩層中是可能有三葉蟲的，但在經過構造運動的折騰後，剩下的化石已非常少。我們曾從中找到過微體化石、貝類及菊石的祖先，足以做地質定年，但是卻找不到三葉蟲。如果有哪一個幸運的採集者，能從希望不大的岩層中敲出一隻三葉蟲給我，我會非常興奮，因爲那將是個重要的科學見證。哈代在正確的地質層序中放了隻三葉蟲；一個在地層中找不到，卻被他杜撰出來的化石。他需要三葉蟲凝視奈特，讀者也欣賞他所安排、「低等」卻特別的化石，小說的戲劇性也因此提高。即使這是一個杜撰的情節，哈代的敘述仍充滿照片式的精確，好像眞實情境的複製一般。科學家如果知道某位同僚竟編造出這樣的事件，將會非常吃驚，因爲科學追求的是眞相與客觀的事實。藝術家爲了創作，可能將現實世界重新排列組合，但科學家不同，他有義務發掘藏在表面下的眞相。不過兩者的追尋過程中，可能都有些想像空間。

奈特最後靠一條繩子脫離險境，但這條繩子竟是用愛弗萊德的襯衣，拚命趕製而成。這是小說裡的一個轉捩點，象徵這個不完美男人和不尋常女人之間的關係，已有所轉變。我們無須追究這幕劇情的眞實性，因爲這已交織在小說的結構中。

我離開賓尼崖，順著陡峭的台階爬上了烽火角。在這荒涼的峻崖上居高臨下，可以看到整個海西寧海岸。此處的地名，來自從前警告艦隊來襲的烽火台，現今這裡只有一張紀念保羅赫德先生的板凳。感謝赫德先生的親戚設了這個板凳，讓我能稍做休息喘口氣。我轉向內陸，走上一條有圍牆的古道，準備拜訪哈代曾整修過的聖朱利亞教堂。這間教堂坐落在一個受到屏障的山坡上，地點非常好，教堂後面有一條路穿過山坡，坡上有一群羊正悠閒地吃草。與周遭環境對照起來，教堂建築的某些部分，卻顯得太過方正、太維多利亞風格，令人失望——這也許該歸咎於哈代的重建失敗，好像這地方需要一些突出的特徵，才能與環境相配一樣。哈代最後寫著：「我大半的生命都根植於此地。」雖然這裡的教堂沒那麼莊嚴，但這裡仍是個古老而神聖的地方。墓園裡有一些「朱利歐」的石碑，可能是原來朱利亞家族的庶出姓氏。朱利歐家族就是那種土生土長的地方性家族，一如源自大地卻散落風中搖曳的荊豆。教堂裡有一則告示，告知遊客教堂中的板岩塊多已被偷走。沒有什麼能再吸引我停留了。

我在離開的時候，發現了一些比教堂本身還古老、凱爾特宗教的十字架，其中有一個靠近教堂大門旁，被粗略地塑成柱狀，約有一個人高，立在那兒像個守衛。柱子頂端雕成圓盤狀，你可能預期上面會刻了些其他的圖樣，結果卻只刻了簡單的十字。跟那些板岩墓碑不同，這些矗立的十字架是花崗岩做的，非常耐久。所以當那些紀念朱利歐家人的板岩墓碑風化為塵泥，混入周遭的墳土時，這些十字架大概都還在。這些花崗岩來自海西寧山脈內部的火成侵入岩體，可能是採自伯得明或達特莫爾地區，但不管產自哪裡，採石工人都知道花崗岩有多麼經久耐用。這裡的每一個十字架，都昭示著地質時間的長遠、岩石的韌性，以及人類生命的短暫，每一件都是人類文化與地質歷史交錯的象徵；根據這個地質構造史，哈代曾經放了隻看似真實、卻純屬虛構的三葉蟲，在賓尼崖上。十字架頂端的圓盤好像一片接目鏡，清楚地往回追溯到樹蕨和肺魚的時代。畢竟，這或許就是我在寒冷的十一月來到伯斯堡，所要追尋的東西。冰冷的雨濕潤了青苔，青苔從硬實的花崗岩上汲取養分，而花崗岩在海洋還未消失、三葉蟲還在淺灘中梭巡時，就已固結在那兒。想到這裡，我心中突然一陣莫名的得意。

＊＊＊

如果天底下有所謂的一見鍾情，那麼我在十四歲時，就愛上了三葉蟲。

聖大衛半島是威爾斯西南邊突出的海岬，向西延伸，好像小一號的康瓦耳半島；康瓦耳位於英格蘭西南端，是哈代遇到眞愛的地方。聖大衛半島和康瓦耳一樣，海邊有許多古老而壯麗的懸崖，內地的景色則平板單調。這裡也有些小港灣，例如索瓦及艾伯堡，早期這些都是荒涼冷清的小漁村，如今那些粗糙的岩石面都經過石灰粉飾。但這裡的懸崖仍和當年一樣荒蕪，岩層也和康瓦耳地區一樣彎曲褶皺。在一條沿著海岸的步道旁，羅列著一排排的岩層，每層的顏色及質地不同，這些厚層交錯的黃色及紫色砂岩，就像肋排斜插沒入翻騰水沫。遠方有鋸齒狀的黑色頁岩盤據在懸崖上，宛如手風琴風箱。在凱菲灣，耀眼到幾乎不可思議的紅色頁岩，浮現在周遭的褐黃世界中。聖大衛這裡的一切都比康瓦耳古老，可以追溯到寒武紀時期，在大約五億四千五百萬年前，此地最古老的頁岩還是沉在海中的軟泥。這時萬物才剛開始化育，植物也還未登上陸地，脊椎動物也尚未演化出來，但當時已經出現三葉蟲，成爲這個新生世界的見證。比起哈代所杜撰的三葉蟲，這裡的三葉蟲在年代上早了兩億年，這段時差，已是人類在這星球上短暫歷史的一百倍。當我還年少時，便已帶著挖煤鋤在這一帶探索發掘，當時我正值變聲期，嗓音還在假聲男高音與男中音之間變動不定。在其他少年追求著女孩時，我則追尋著三葉蟲。

我在區域地圖上標出化石出露的地點，這是不列顛群島上最古老的化石，能發掘如此古老的史前岩層，眞令人興奮異常，還有什麼比這更讓人無法抗拒？將布滿人跡的地表一層層剝掉，露出漸深的地層，我的腦中也回到過去一重又一重的地質時期。在我常年辛勞的母親忙於編織或閱讀時，我則拿著鎚子，敲遍了聖大衛半島的九井及波士豪*地區。這一帶岩層的出露位置都很容易步行抵達，而且不需要太費力就可以敲下岩石。我沒有專業的地質鎚，只有一股發掘的熱忱。我學會如何將堅硬的岩石，順原先的沉積面敲開，如此比較容易得到可辨認的東西。構造作用使得地層傾斜到幾近垂直，我必須摸索著取下大小適當的石塊，然後再敲開，就算荊豆尖銳的枝條刮傷了手背，我也不在乎。時間將這些岩石硬化，卻也使它們變脆。這些岩石似乎會從任何方向裂開，但通常不順著我希望的方向。在岩石的破裂面上，會看到一些色澤較爲黑亮的碎片，可能是生物的殘骸，也可能不是。最後我終於發現一隻三葉蟲，浮現在岩石中間，彷彿是上天的啓示。其實含藏化石的岩石，本來就較爲脆弱而容易裂開，所以感覺上就像化石自己想露出來一樣。於是我握有兩塊石頭，左手中是三葉蟲的實體化石，右手中則是原先合在實體上的負鑄型，這兩半原先合在一起埋藏了幾億年，共度世界的變遷。化石上有一個褐色的小斑點，但對我來說絕非瑕疵，因爲我擁有的是活生生的教材。從書上看看插圖或照片，都比不上親身發掘到標本的樂趣，對一個得意又狂熱的小男孩來說，這可是他個人專屬的成就。這是我第一次發現，改變我一生的三葉蟲，牠細長的眼睛注視著我，我也凝視著牠，沒有一雙藍色眼睛比它們更誘人了；我感受到那隔了五億年才相識的震撼。

後來我學到，這隻三葉蟲的屬名叫奇異蟲。我和奇異蟲第一次目光交會時，還不懂得分類，對命名法則也毫無了解，但沒關係，因爲我有充裕的時間來學習。我手中的標本大小適當，握起來很順手。蟲體沿縱向明顯分爲三葉，中間部分較爲突起，左右兩側大小一樣，較爲平坦，這就是三葉蟲的三個「葉」。蟲體看起來一端較爲膨脹，基於一些我也說不出來的

＊如今這兩處地方都列爲保護區，不准用鎚子敲打。不過當年我這個男孩在該處漫遊時，還沒有這個禁令。

理由，我知道較寬的一端是頭，所以毫無疑問在頭上有兩個眼睛。即使我對這個化石的構造不太了解，也知道眼睛一定長在頭上，因此，儘管這個化石十分怪異，我和三葉蟲之間卻已有了共通點——我們的頭部都安在妥當位置。接著我注意到三葉蟲的身體分成很多小段，後來我知道那些稱爲「體節」。此外還有些並非生物原生結構的裂縫，可說是長期地質旅行的印記。這個生物從寒武紀開始就在地球上遊歷，直到現在被我用鎚子敲開化石；而穿過蟲體的裂縫，是岩石本身的節理，是冒險歷程中的傷疤，見證了三葉蟲在上千次無情的構造運動中，不斷被侵蝕或湮滅。

這本書的誕生，可說是源自我和三葉蟲的第一次接觸。我要讓讀者知道，三葉蟲的輝煌歷史並不亞於恐龍，存續的時間更是恐龍時代的兩倍。我要讀者透過三葉蟲的眼睛來看世界，並且幫助各位回溯幾億年來的地質旅程。我要證明，哈代將三葉蟲描述爲「低等的生命形態」，有多麼不公平，而他將三葉蟲放在劇情中心，作爲生死關頭的象徵，才是最合適的安排。這本書將要呈現不折不扣的三葉蟲世界觀。

因爲三葉蟲曾經見證過地質史中的偉大事件，所以奈特或許從三葉蟲石化的眼睛中，讀出了個體生死的微不足道。這些三葉蟲經歷過大陸的漂移，山脈的抬升，與花崗岩深入山脈核心的侵蝕，也見識過冰河時期及火山爆發。所有的生物都脫離不了生物圈的影響，毫不例外地，三葉蟲的命運也受到周遭發生事件的牽引。當有人覺得花一輩子時間，去研究一種滅

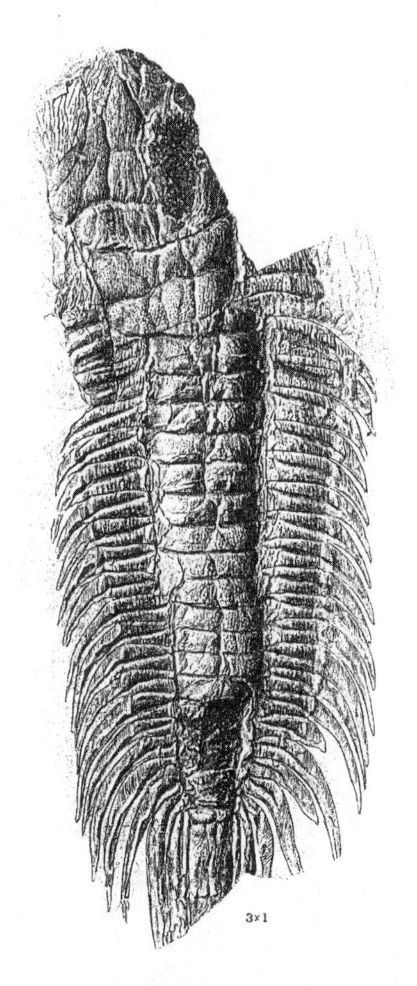

雷克發表於一九三五年，巨型三葉蟲「奇異蟲」的手繪圖。這隻蟲採自西威爾斯，自中寒武紀岩層中發掘，和我讀書時採到的第一件標本來自相同年代。參照二六三頁的奇異蟲照片。

絕的「蟲子」很奇怪時，我會提醒他，先想想最近幾千年發生了多少事，然後再請他想像一下，當一個幾千萬年的歷史專家會是什麼狀況！我們所知的注定太少，就好像漁夫憑著幾竿釣餌，就想認識整個海洋那般地無知。如果有人懷疑，怎麼可能花偌大精力去研究一群早已莫名其妙滅亡的生物，我會清楚地告訴他，三葉蟲整整存活了三億年，幾乎盤踞了整個古生代；而我們這些新來的菜鳥，竟想替三葉蟲貼上「原始」、「不成功」的標籤嗎？人類生存至今，也不過是三葉蟲時代的百分之〇．五而已啊。

在許多學術研究的文獻中，科學發現的過程，常常被當作一連串誘人的戰利品來呈現，認定這是心智最強悍的人才能贏得的戰果，這是把科學當成了擂台賽。也有人將科學研究比喻成對未知大陸的探索，就像寫作《金銀島》的蘇格蘭小說家史帝文生，在《橫渡曠野》一書中說：「科學將我們帶入臆測的世界，在那裡人類的心智沒有休憩所。」的確，在科學的競賽中人人爭先，少數傑出人士搶先進入「臆測的世界」，因此贏得大家的矚目，也的確實至名歸。這種科學進步模式的典型代表，就是數學家與物理學家。著名的科學哲學家波柏在他的《猜想與反駁》一書中，便非常完美地闡述了這種模式。儘管如此，我仍認爲不論擂台說或探險兼臆測的觀點，都無法完善表達出各類科學的不同努力方式。許多科學家（也許絕大多數）都是好奇的動物，對他們來說，發現的樂趣至少和探索的目的同樣重要；通常他們也樂於與伙伴合作，怡然運用與生俱有的能力快樂探索，如果因而有了意外的重大發展，反而倒像天上掉下來的橫財。科學努力的成果，好比一群平凡的士兵對勝利戰役所做的貢獻。也許二流詩人的詞句注定要被淘汰，出自濟慈之手的偉大創作才會被人廣為傳頌，但一個二流科學家仍能對重大的科學進展有所貢獻，就像光榮戰役中的士兵，雖然籍籍無名，卻仍死得有價值。

即使最冷僻的科學研究領域，都和其他重大科學議題有微妙或不可預期的關連。接下來我們將看到，像三葉蟲研究這種看似狹隘冷僻的工作，對一些重大科學議題產生什麼樣的貢獻；這些議題包括了新種的起源、演化的特質及古大陸的分布。原本研究者只出於純然的好奇，想對一群消失動物的生態細節有更多了解，卻可能突然領悟到，他們所累積的縝密知識，和其他更重大的事件有關，例如古海洋的結構，或者小行星造訪地球。

我認為大多數的科學研究，其實是一條條相通的道路，每條路上都有獨特的趣味。有時我們知道路線的前進方向，有時我們則訝異於路線的迂迴，當面臨和其他道路的交叉口時，這些原先沒預期到的新方向，可能引領我們看到完全意想不到的景致。就像奈特和愛弗萊德走在無名崖的小徑上，遇到了決定性的意外情境，從而改變了一切，而像三葉蟲這樣微小而古老的東西，則成了轉變的催化劑。

這本書循著我在學生時代發現第一個化石後，所走的一些科學道路。在追尋三葉蟲的過程中，我將探訪一些著名地方，也接觸傑出人士。知識得來不易，這其中有許多幕後英雄的貢獻，只有我們少數人知道，其實他們應該受到更多矚目。有些人的人生悲劇，則影響著這個三葉蟲的故事。探索的歷程並不只是單純的進步與提升，其中還攙雜了人類生活中一切的低俗與偉大。這個故事只是科學的一小部分，對我而言卻非常重要；以下將會顯示，以這樣的故事來定義人類活動，比藉由敘述其他重大研究的成就（如相對論、宇宙初起最早的幾個毫微秒）還要貼切。有時一個小肖像比一幅堂皇的畫像，更能傳達出人物的神韻。

透過三葉蟲的晶質眼睛去看曾經存在的世界，我們會發現三葉蟲所展現的演化模式，也會學到如何從岩石中解讀這些故事；我們將與三葉蟲一起感受山脈的起伏和大陸的漂移；我們將看到棄置的外殼再度復活重生；我們會了解動物的崛起發達之路。藉由三葉蟲，我們將能掌握地球的地質歷史。

第二章 外殼

一六九八年，路伊德博士在一封給同行李斯特的信中，提到了南威爾斯蘭代洛鎮附近石灰岩中發現的化石：「我們在（八月）十五日所發現的大批東西，必定是種『比目魚』類的骨骼。」路伊德信中所指的「比目魚」，自然就是本書的主角三葉蟲。

我的孩子小時候常用貝殼玩一種遊戲，把一個大蛾螺放在耳邊，試著從裡面傾聽大海的呼喚，其中彷彿眞有遠方浪濤拍岸的澎湃聲音，又有點像輕柔海風不斷吹拂的呼呼聲。後來他們知道，那只是海螺把周遭空氣的聲音鼓動、放大而已，但是他們永遠不會忘記，貝殼與海洋藉由飛躍的想像連結在一起。

研究古生物學就是傾聽化石的召喚。我們會特別注意生物的硬殼，因爲幾乎只有由耐久礦物構成的骨架，才會成爲化石。生物的軟體構造則很少形成化石；這些軟體組織不是被食肉動物吃掉，就是被其他生物分解掉。如果在海邊撿起一個死蟹殼，你一定會噁心得驚呼，然後趕快丟掉，因爲裡面滿是腐敗的惡臭。細菌無所不在，拚命地分解一些原先在生物體內運作的有機分子，這些分子成爲這群小食客（細菌只有千分之幾毫米大）動力的來源。再結實的肉體也會因此而銷蝕，剩下的硬殼與骨骼，則沒有多少養分來供給這些陰魂不散的細菌。三葉蟲的殼，和其他無數海洋生物的外殼一樣，都是由方解石類的礦物所構成；螃蟹的殼由方解石構成，貝類的殼也是一樣。如果三葉蟲不是背著堅硬的外殼，這些生命幾乎不會留下半點痕跡，而我們後人也很難看到三葉蟲了。又如果古代海洋中的三葉蟲，不是多得跟粥裡的麥片一樣，我們也不會發覺這種生物的多樣性了。外殼是生命死後所拋棄的東西，是堅硬而不能吃的廢物。頗爲諷刺的是，這個活著時其他生物最不感興趣的部分，反而在變成化石後，成了學者及地質學家最感興趣的東西。想了解三葉蟲，當然要從外殼開始。

三葉蟲死後，就連外殼都會失去部分原先的質素，其中最不穩定的就是顏色。我們都知道，現今的海洋中多采多姿，充滿了不同顏色，有些是生物對外界的警告，有些是生物的僞裝保護，有些似乎純粹是生機盎然的表現。幾億年前的海洋很可能和現今一樣多彩，但在生物成爲化石的過程中，顏色是第一個消失的特性；因此化石世界是一片灰暗，我們只能靠想像爲之增色。我在西威爾斯所看到的三葉蟲化石，顏色和周遭的圍岩一樣暗沉，附近也沒留下蟲體生前外表的相關線索，所以我們只能憑想像上色。我便是如此決定了本書（英國版）封面三葉蟲的顏色。

我在學生時代學習三葉蟲的外殼結構，其中的專有名詞彷彿賦予我一種能力，使我得以進入這種奇怪生物的世界。很奇妙的，在我學會用學術名稱*cephalon*來稱呼三葉蟲的頭之後，我似乎眞正成爲三葉蟲同好的一員了。*cephalos*是希臘文「頭」的意思，所以我們只不過拿一個頭的字眼，取代另一個頭。我還學到三葉蟲可以分爲三部分，不只是縱向的三個「葉」，橫向也有三部分。我在聖大衛第一次看到三葉蟲時就直覺地認爲，看著我的前端一定是頭部，另一端則是尾。我也學到，尾部應該稱爲*pygidium*，這又是一個希臘字。

在此採用古典語言（希臘文、拉丁文）並不奇怪，因爲自然史研究剛開始發展時，拉丁文仍是不同國籍的科學家之間，主要的溝通媒介。古典語言是當時知識份子養成的「必備條件」（*sine qua non*），也是一種「通用語言」（*lingua franca*），而不僅是讓作者故意用在文句中，向讀者展現他的學識（上面引用的*sine qua non*是拉丁文，但*lingua franca*不是）。植物學家現今仍須以簡短的拉丁文，來描述新種（雖然情況可能即將改變）；動物學家則早在一百年前就無須如此了。但不論是植物或動物，一些解剖構造上的古希臘術語仍持續沿用下來。醫學院學生痛恨這些專門術語，但仍不得不死背，而門外漢只有傻眼的份。這些術語可上溯至哈維醫師的時代，從他破解血液循環之謎開始，一脈相傳下來。即使相關的概念更新了，這些專門術語仍將沿用下去。這種保守作法的好處，在於維持了一種共通語言，讓專家能精確溝通。新手的第一步就是熟記這些詞彙；當他有把握使用專業術語來與人溝通，表示他已成爲專家祕密俱樂部的一員了。正確地使用字眼，除了表面的專業象徵外，更保證了他的認知正確無誤。對自然物的剖析越深入，觀察越細膩，就必須學會更多的術語。術語是拉丁文或希臘文並非重點，重點在於，專業術語是學習過程中的速記法；學習命名系統，是理解生物知識的開端。

在頭部和尾部之間，就是所謂的「胸部」了，儘管這與人體的胸部相當不同，但這是個大家比較熟悉的字眼。這是三葉蟲體最長的部分，至少我最初研究的三葉蟲就是如此。胸部可以再進一步區分爲許多節，稱之爲胸節。（在史帝芬史匹柏名聲如日中天時，我亂想著運用他的概念拍出一部電影，恢復三葉蟲在生命大戲中應有的主角地位：說不定有個瘋狂的古生物學家，發現一種特別的魔咒，讓三葉蟲死而復生，還進一步橫行紐約市，傷害穿著清涼的美女，打翻建築物……。這樣一齣戲，大概可以稱作「胸節紀公園」吧，英語發音聽起來就像侏羅紀公園。）

每個胸節都和前後節以脆弱的樞紐彼此鉸合。這個相連的環節系統有點像一列火車，每一節都很類似，車廂間以車鉤接合。如果我們把一隻活生生的三葉蟲扯爲兩半，那斷口肯定在兩節之間。我們拔開龍蝦時斷口總在頭胸的分節之間，道理也相同。烏龜的背甲沒有這類的分節，所以非常堅固，但相對來說也缺乏應變的彈性。烏龜舉步維艱，蹣跚地翻越障礙，如果不小心翻了個四腳朝天，通常只有等死。沒有什麼事比四腳朝天的烏龜拚命地揮舞四肢，試圖翻轉回來更無奈了。身體分節的動物就不至於如此。身體分節的動物以活動關節連接每個環節，遇到障礙時就可以分別移動這些環節，因而較具應變的彈性。環節間的運動遵循機械原理，這也是爲什麼科幻片中身披鐵甲的異形昆蟲，看起來那麼像機器卻也很有說服力。這類堅硬的環節其實就是種分節的甲冑，當這些生物背部朝下仰癱在地上時，體節還能彼此蠕動著翻轉回來。對三葉蟲來說，取得應變的彈性，要付出的代價就是身體變得較爲脆弱，但這是值得的。三葉蟲可以像火車一樣扭轉身體，越過障礙物，而且不需要軌道。

仔細觀察三葉蟲的尾部（或稱爲尾甲），你可以很明顯看出這個部位也是由好幾個節所組成的，與胸節不同的是，這些節之間並沒有活動關節，而是全部融合在一起，形成一個盾甲。有些三葉蟲的尾部比頭部還長，而且有很多節，有些則很細小。後來我才學到，爲什麼會有這些差異，而這些差異對三葉蟲又有什麼用處。胸部和尾部都有一個明顯凸起的中央區，也就是三葉蟲中間的「葉」，它有個異常簡潔的專有名詞，就叫作「中

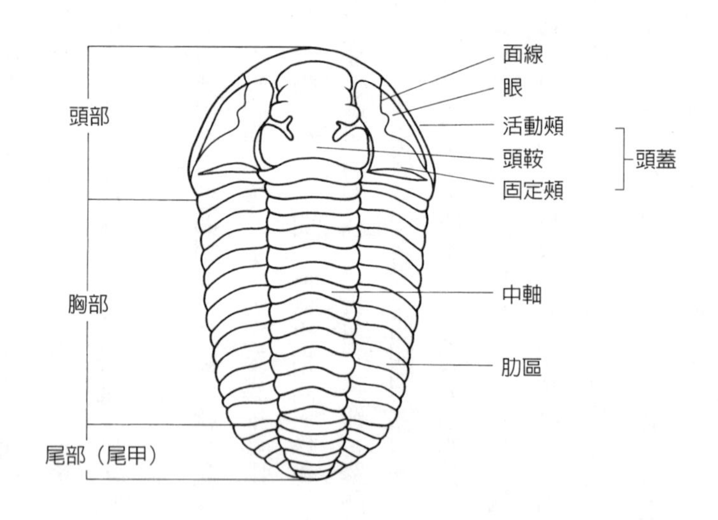

三葉蟲的解剖構造：在上圖隱頭蟲身上標示的一些專門術語，可以用來描述幾乎所有的三葉蟲。

軸」。中軸與兩邊的側區（或稱肋區）之間，有凹陷的溝作爲分隔。至此我學會辨別三葉蟲的三個「葉」，分別是中軸葉與兩邊的肋葉。每個胸節的兩邊都有肋；我生平第一隻三葉蟲的每個肋都有像針一樣的尖端，如果這隻三葉蟲還活著時就放在我手上，我一定覺得刺刺的很不舒服，就好像握著隻多刺的海螯蝦。

至於我當年劈開聖大衛地區的寒武紀頁岩時，最先吸引我注意的三葉蟲頭部也有一個膨脹的中軸區，胸部的中軸延伸到頭部變得更寬大腫脹，形成了頭部中間的主要部分。根據教授的教導，「這個部位稱爲『頭鞍』，是三葉蟲最重要、最具特徵的地方。」頭鞍（glabella）這個字非常地生澀，只能用心硬記。這字眼的發音有點像「雨傘（umbrella）」，於是有些大學生就用這種發音的關聯來幫助記憶，但我覺得這個方法比單純地硬記還難。頭鞍上有一些橫向的溝，暗示頭部原來不只有一個節，而應該像胸部或尾部一樣，有許多分節。不管怎樣，原先頭部的分節都已融合在一起，形成一個比胸部更強固的新構造；從強固程度這方面來看，頭部跟尾甲比較類似。頭鞍的兩邊是眼睛。相信嗎？我們不用深奧的術語，眼睛就稱爲眼睛（eyes）。藉著這個簡單的字，我們了解到進行觀察的學生與其研究對象之間的關聯。哈代所說的「死亡石化之眼」看穿了數億年，凝眸認出萬物之間的類似與同質。

所以僅僅八個專業術語：頭部、胸部、尾部、節、中軸、肋節、頭鞍、眼，便能涵蓋這奇特生物的主要形態。能叫出三葉蟲各主要部位的名稱，就表示對這個生物有某種程度的認識。更進一步來說，如果有人能認出什麼是頭鞍，即表示不出多久，他就能分辨出不同種三葉蟲的頭鞍之間有巨大差異。先學會語言，隨之而來的就是區辨能力。的確，前面每個術語所指的部位，在不同種的三葉蟲之間可能有很大的形態差異：比方說，眼睛有大有小、胸節有長有短、尾部有寬有窄。我很快就學到了三葉蟲有上千個不同的種類，而且到最後，我自己也爲三葉蟲的新種命名。

雖然目前三葉蟲只不過是已逝生物所遺棄的外殼，但傾聽這些外殼傳來的訊息，就好像傾聽比孩提時代還早、還要遙遠的潮音。我從那時起開始具備運用術語的能力，可以描述我所聽到的訊息。讀者也應該先學會這幾個術語，以便繼續下面的三葉蟲故事；這幾個術語其實並不難記。我當時所學的三葉蟲各個部位，和十八世紀時，化石原始發現者所辨識出的構造相同。這些先驅者對三葉蟲既迷惑又興奮，他們用「難解的」（球接子蟲〔*Agnostus*〕）或「矛盾的」（奇異蟲〔*Paradoxides*〕）等字眼來替三葉蟲命名，當然這就代表他們對這些生物所產生的疑惑。他們甚至還將一種寒武紀的三葉蟲命名爲奇異奇異蟲（*Paradoxides paradoxissimus*），若依拉丁文的含意譯出就是「矛盾中的矛盾」——令人無法理解的矛盾。

這些早期的觀察家不久後就發現，從岩石中找到的殼只是三葉蟲的背甲，而不是完整的蟲體。他們所認識的三葉蟲只是這個複雜生物的背部。這個外殼只是蓋在背上的一層護盾，因爲背部總是暴露於外在的危險中，所以用一個盾牌作爲保護。在一些舊文獻中，常將頭部稱爲頭甲，尾部稱爲尾甲，這種說法至今仍然適用。雖然三葉蟲背上有碳酸鈣的外殼，使得背部較不易受傷，但在下方則是脆弱的腹側，而這部位的柔軟組織很少成爲化石。很不幸的，三葉蟲的下半部幾乎沒有任何防護，上部的殼延伸到邊緣便突然停止，並向下翻摺成一個窄窄的收邊，我們稱之爲腹邊緣。腹邊緣之下是一片空洞，沒有留下任何證物。這點和烏龜相當不同，烏龜的腹部被一片稱爲腹甲的骨板封住，使得烏龜有如置身一輛坦克車中。三葉蟲像半輛坦克車，現存生物中沒有與之相當的種類，不過如果你把一隻鼠婦翻過來，這個向你揮舞手足的部分，就相當於三葉蟲殼下的軀體。多年來三葉蟲的腹邊緣下究竟是什麼樣子，一直是個謎——三葉蟲就像聖餐中缺了麵包（聖體）的聖碟，是個失去了完整意義的空虛容器。在下一章中讀者將會知道，三葉蟲的肢體之謎是如何解決的。

我最早對三葉蟲的常識是來自於講師和教授的教導。在我就學時代，如果願意的話，你可以從教科書吸收到大部分的基礎知識。而今天，如果你有興趣，則可以透過網路收集到大量的資訊，但這些都無法與一位眞正學者的親身傳授相比。這種授課傳統可以回溯到過去，當時口耳相傳是唯一的教學方式——那個時代的年輕人受惠於長者，從中獲得智慧。雖然中國曾經歷過文化大革命，但敬老尊賢的傳統仍在。一九八三年我在南京時，有人帶我去探望葛利普教授的墳，這是個簡單的墳，但顯然有人定期地用心整理。葛利普是一位西方的古生物學家，在二十世紀初幾乎是獨力將現代地質學原理介紹到中國。大家告訴我他是一位「偉大的導師」，這是種非常尊崇的用語。我曾經有次被尊崇有如「偉大的導師」，當時我收到一位遠東區學生寄來的信，他的英文似乎學自小說家吉卜林及哈加德，他在信的開端寫道：「哦！偉大的古生物學家……我能盤桓在您足邊求教嗎？」如果知道我的腳狀況如何，可能就不會覺得這是個明智的選擇，但他對傳統師徒親授的信心，仍令我十分感動。

我的導師是惠丁頓教授。他是三葉蟲的權威，是我們這個研究圈子中的頭號人物。他教我傾聽由三葉蟲外殼傳出的訊息，不知怎麼的，我便將年少時的迷戀轉變爲一生的志業了。

我在斯匹茲卑爾根群島的冰封大地上，學得了我的看家本領。當地位在北緯八十度的北極圈內，瓦哈芬那冰冠畫分出地平線，眼前就是漂滿冰山的大海。就在斯匹茲卑爾根北邊、有四億七千萬年歷史的奧陶紀石灰岩中，科學家發現了一群新的三葉蟲，多樣化程度令人驚異。很幸運地，我在現場參與了發掘過程。我沿著岸邊出露的岩層採集岩樣標本，按照順序，一個接一個，好像依序翻開記在岩層中的三葉蟲日記；就這樣一路敲打穿過一小段地質時間（大約僅一千萬年）。大部分的時間，我重複地用地質鎚努力敲打堅硬的岩石，直到岩石碎成小塊，並露出三葉蟲。過去重刑犯常被迫做這種鑿石工作，直到後來才因爲太不人道而廢止；我倒是愛極了這種工作。嚴苛天候所造成的種種不適都被我拋諸腦後，我心中充滿了發掘的熱忱。你永遠猜不到這一鎚下去有可能敲出什麼東西，說不準何時會有驚人的發現。所有的標本都按順序排好，從底部岩層敲出的最古老標本先仔細地標注清楚，再包裝起來，然後依序處理包裝較近代的標本，最後將這批標本運回劍橋的賽吉衛博物館，而我也將在隨後回去。

我在賽吉衛博物館待了將近三年，如魚得水。當時研究生共用的辦公室在這老舊建築的閣樓裡，這座博物館是十九世紀的仿哥德式建築，坐落在唐寧街上，現在地球科學系還在這棟建築物裡。我對三葉蟲的迷戀令我的室友伯斯尼無法忍受，當我仍不停地研究三葉蟲的外殼時，他已忙不迭地回美國去了。

大多有關三葉蟲的資料都埋藏在岩石裡，所以我該著手的第一件工作就是把蟲體從圍岩中挖出來，這個工作花了我好幾個月的時間。我最早在聖大衛的「幸運一擊」是很少見的，那次敲出了一隻近乎完整的三葉蟲，這種事可不常發生。通常你可能看到頭鞍的頂端，或只看到一隻眼睛，你必須將周圍的岩石磨去，才能露出埋在裡面的生物。後來我在實驗室的用功氣氛下完成了這份工作。這是個需要技巧的工作，而在你學會這項技能前，一定會付出失敗而傷心的代價。基本工具是一個小小的機械式振動針，使用時會持續地發出憤怒黃蜂般的嗡嗡聲，而只要一個失手，你就會挖出一個橫跨化石表面的可怕缺口。化石周圍的岩石本來就容易沿著化石邊緣裂開（而不是「橫跨」化石的表面裂開），也就是憑藉這個特性，才得以將化石挖出來；但有時卻天不從人願，一大塊珍貴的化石竟從針下彈起來掉到地上，於是乎你只好匍匐在房間裡，拿著放大鏡，找尋失落的碎片。某些日子裡我得要花上好幾小時，在顯微鏡下用針仔細地把這個蟲子底部的圍岩清除。伯斯尼常說我是照著自己的設計把化石雕出來的。

最好用的針頭是用來播放七十八轉唱片的唱針。在七〇年代的初期，這種唱針已很難買到。我和同學連恩常到舊貨店去找這種可以磨尖又很堅硬的鋼針。當我們找到後，就會花個幾便士向迷惑的老板買下。他會問我：「除了唱針，你們要不要順便帶些唱片回去？」我們說：「不，謝了，只要唱針就好。」接著便快速地走向門口，並且試著讓我們看起來不像要用這些針來試用藥品。

我很快地發現，大部分的三葉蟲都不完整，像我發現的第一隻三葉蟲那樣完整的標本，實際上並不多見。這種生物的外殼，在死後通常散成碎片，就像盔甲從縫接處裂開。完整的蟲體無法維持很久，尾甲是較牢固的部分，所以當你劈開岩石時，最常看到單獨的尾部。胸部是最鬆散的部分，很容易分解為一節一節的，然後再分散各地或整個碎掉。頭盾也常常裂成好幾塊，原本位於頭部中間包含頭鞍的那塊稱為頭蓋，也常是裂開的碎片之一。頭蓋的兩邊是自由頰，或稱為活動頰，左右各一相互對稱。很多三葉蟲在活動頰的外緣有根主刺，使得頭部下方的左右兩側成為尖銳的角，這兩根刺稱為頰刺。大多數三葉蟲的眼部位於活動頰上，整個頭部的構造很容易分裂成三個部分，即頭蓋及兩頰。活動頰和頭蓋之間的特殊接合面很脆弱，稱為縫合線，面部的這些縫合線有助於生物的蛻殼。眼部可能是三葉蟲身上最脆弱的地方，也比較不容易乾淨而徹底地蛻皮。蛻殼時頭部的縫合線將完全裂開，而眼部大約位於縫合線的中段，所以眼部可能最先蛻皮，然後才是其他部位，這樣可以加速整個過程的進行，並縮短動物的「軟殼」狀態。最先從老舊外殼中解放出來的部位是兩邊的頰，所以被稱爲「自由」頰。而頭蓋上的固定頰則比頭蓋上的頭鞍更慢一點蛻皮。

因此，一般三葉蟲解體時，會產生頰、頭蓋、胸節及尾部等很多小片。而三葉蟲在成長的過程中，又會歷經多次的蛻變，就像螃蟹或龍蝦般，拋棄舊殼長出新殼，所以成年的三葉蟲必定經過從小到大一系列的蛻變，所有這些蛻下的殼都可能成爲化石——所以三葉蟲實在是個生產化石的工廠。

接著碰到的問題是，如果你的三葉蟲都是些碎片，你的首要工作便是將碎片拼回原來的樣子，這有點像是在沒看過原圖的情況下拼一幅拼圖。更糟的是如果這些碎片來自於一打以上不同種類的三葉蟲，那麼復原的工作就變成在沒有原圖的情況下，同時拼十二幅拼圖。當我在學習這項專業時，我變得很擅長找出相吻合的碎片，因爲其中總會有些線索，例如活動頰的接合邊緣應與頭蓋的邊緣吻合，還有在前輩發表的文獻中，也能找出一些完整的蟲體，所以一旦確定頭部屬於那個種類，就能對照圖片找出相符的尾部。我的辦公室很快就堆滿了岩石的碎塊、鑽針及破舊的專論，而且都還蒙上一層細細的石灰塵。現今我工作的辦公室也是一模一樣，好整潔的人進到我的辦公室總是目瞪口呆，我特別準備了一張軟墊小椅，好讓他們昏倒時有地方坐。

這種工作其實很有趣，不同於一般穿著實驗衣的科學實驗，反而比較像是考古學家黏合破碎的陶片。惠丁頓總會三不五時出現，有時給我一些鼓勵，有時將我配錯的頭尾更正過來。他是最和藹的監督者，更貼切的描述應該是美國人所謂的博士「指導教授」，大家總樂於接受他的指教。我最常翻閱的參考文獻就是他的文章及專論，經過多年的使用，這些資料多已沒了封面，變得非常破舊。

惠丁頓可能是對三葉蟲的細部知識貢獻最多的人。在五〇年代，他發現了些保存狀況相當驚人的三葉蟲，這些三葉蟲來自於一些在維吉尼亞州路邊出露的愛丁伯石灰岩層，年代屬於奧陶紀。這些三葉蟲的外殼全被堅硬的礦物——二氧化矽所取代，外殼上的細緻結構也完全保存下來。因爲周遭的圍岩基本上屬石灰質，所以可以把整塊岩石丟到稀鹽酸中溶解；這些石灰岩的顏色相當深，一丟到酸液裡就會像發泡制酸劑般發出劇烈的嘶嘶聲，接著會慢慢平靜下來，僅冒著規律的泡泡，就像一般的蘇打水；這時你就會注意到這塊岩石露出了些不溶於酸的細部稜脊，這就是從岩石中刻蝕出來的二氧化矽三葉蟲。這道手續完成後，我們洗去砂泥與岩屑，並用篩子過濾，就得到純粹的三葉蟲。

這好比突然有一堆現成的三葉蟲殼可以任你運用，又好比你曾回到四億多年前的奧陶紀沙灘上自由採集。這是第一次你可以把三葉蟲翻過來，仔細看殼底下的東西，還可以檢查蟲體的腹邊緣。原先必須花好幾個禮拜的人力，才能將標本周圍的圍岩清除，如今只須在酸液中泡幾天，就能刻蝕出無可比擬的完美標本。我們用鑷子夾出較大的標本，較小的標本則用濡濕的畫筆將它挑到載玻片上。你會發現這些標本是各種不同的活動頰、尾部、頭蓋及散開的胸節，一堆灰撲撲的古生物寶藏。接著我們在顯微鏡下把碎片歸類再加以組合。這有點像我們懷著興奮的心情，整理從拍賣場上廉價買回的百寶箱，裡面裝滿了各種珍玩。

惠丁頓整理出的標本中，最令人不可思議的是有些三葉蟲身上的細部精雕。在這些完美的二氧化矽複製品上，分布著長棘和短刺，刺上還有更小的刺，即使最細心的工作人員也無法復原出這麼精細的棘刺。有些三葉蟲身上的刺比刺蝟還細密，布滿了頭部，也從每一個胸節的邊緣伸出去，像一排自衛用的短劍，並且一直延續到尾部，在尾部還有一對布滿小瘤的長刺向後伸出。這些動物可不就和海馬或蜘蛛蟹一樣特異嗎？更神奇的是，這些動物體表上的細部構造也保存得極為完整，我們可以看到一些尖刺的頂端有微細的小孔，這些小孔可能是動物生前感覺觸絲伸出的地方，藉此監測周遭的古海洋，感受時光的蹤跡與脈動。

有些三葉蟲的表面布滿了如同心圓般旋捲的稜脊，像指紋一樣複雜，像帕洛克的畫一樣豐富。有些三葉蟲表面布滿了圓形小節瘤，一顆一顆的好像灑上了露珠。有些表面既無稜脊也沒有小圓瘤，而是布滿了整排小洞。有一種我們隨後會認識的三葉蟲，整個頭部外緣圍了一圈有孔隙的橇形物。所有這些三葉蟲在泡過酸液，並洗去埋沒蟲體幾億年的奧陶紀塵泥

從維吉尼亞州奧陶紀岩層中復原出的完全矽化三葉蟲標本，蟲體上的棘刺令人歎爲觀止。圖中包含了頭蓋（右上）、尾部（下）及活動頰（左上）。這是齒肋蟲的親戚，稱之爲頂棘刺蟲屬的三葉蟲。甚至有些主刺上還有更小的刺，人力幾乎不可能清出這樣精緻的細節。（惠丁頓提供）

後，都經過惠丁頓的鑑定與重組。

篩網中會剩下些帶殼碎片，和我們已經熟悉的頭部、胸部或尾部不能吻合，其中最引人注意的是一種有邊的橢圓形板，橢圓的一端經常有一對長長的突起，從對整個蟲體的研究得知，這塊殼板可以接合在頭盾中央區的下面，這是腹邊緣向下的延伸，稱之爲唇瓣。唇瓣與頭鞍的前段密切吻合，只是頭鞍在蟲體的上方而唇瓣是在下方。藏在頭鞍裡的器官特別受到碳酸鈣殼的上下保護，可見對生物體一定非常重要；實際上，頭鞍裡包含了腦及胃兩個中樞器官。

所有這些三葉蟲的外殼碎片，就是所謂的外骨骼——位於柔軟組織的「外部」，以硬脆的殼包著肉質軀體。智人等脊椎動物則剛好相反，肉體架在骨骼上，柔軟的組織包覆在骨骼之外，這種設計使得人易於受後方暗算。像三葉蟲一類的節肢動物雖不易被傷害，但隨著軀體的成長卻必須不斷更換外骨骼，原先長在殼上的一些小瘤小刺在蛻殼時也一併脫去，然後再從全新的外殼上長出來。唇瓣等其他裝備在蛻殼時也將全數更新。

惠丁頓跟他研究的矽化三葉蟲一樣，能經得起時間的考驗。當其他研究者退出舞台時，他仍堅定地研究他所愛的三葉蟲。我認爲這其實正反映出他卓越的品格，一種恆久的仁善與堅毅。雖然他已經八十三歲，他的鬚髮幾乎都還沒開始轉白。他是英國中部伯明罕人，但在哈佛大學待過很長一段時間，因此他的口音非常特別，無法斷定究竟是來自何處。在成爲我的良師之時，他已自美國回來，成為劍橋大學地質系的伍德沃德講座教授。這個響亮的頭銜很早以來即是學術上的榮譽席位。在歷代伍德沃德教授專用、超過一世紀的舊辦公室門上，掛著一塊擦得閃亮的牌子，標示著這項榮耀。也許，這裡是有些老舊，但我一直認為，此地維繫著歷代學者間的傳承，並且一直回溯到不可考的三葉蟲年代。如果在此遇到十九世紀的劍橋地質學家賽吉衛（他也是伍德沃德講座教授）和你打招呼，大概也不至令人太過驚訝。賽吉衛是寒武紀的定名者。我的第一隻三葉蟲就是來自這個年代的地層。

惠丁頓做田野工作時經常帶妻子桃樂絲隨行。惠丁頓是個安靜的人，桃樂絲則熱情洋溢；她印證了一則發掘定律：最好的標本總是隨行的同伴找到的。惠丁頓和學生們蹲坐在野外的砂石地上，用地質鎚努力地敲著灰色而堅硬的石灰岩，有時還因敲到手指而喃喃咒罵；他們偶爾會發現一些看起來很有希望的石塊，支撐著他們繼續努力敲下去。此時桃樂絲則一邊享受春日的陽光，一邊悠閒地挑起地層上的奇怪碎片，接著她會問道：「哈利，這塊石頭有用嗎？」結果她手中的，正是當天最珍貴的標本。

惠丁頓是三葉蟲的權威。權威和威權有很大的不同，有些教授兩者兼備，但最優秀的權威必定經過同儕一致的認可。我也曾遇過不同類型的權威。當我在德國哥廷根大學訪問時，有一天我依平常的時間前往咖啡室休憩，我在桌邊找到空位坐下，並開始喝咖啡。屋內突然變成一片可怕的靜默，似乎有什麼事與我有關，我困惑地檢查褲拉鍊及其他可能失禮之處，但找不出任何端倪，我坐的木椅也和其他的椅子沒什麼兩樣。在極度困窘的一分鐘過後，系上一位年輕人向我走來並在我耳邊小聲地說：「你坐的是某某教授閣下的椅子。」老天！我馬上從椅子上跳起來，臉紅到了耳根去，很快地另外找了張外表一樣的椅子坐下。而這就是威權。

我在一九七二年重返斯匹茲卑爾根島。因爲之前我在那裡得到的三葉蟲新發現令人十分振奮，所以挪威當局準備資助我們一支配備完善的探險隊，到島嶼極北方採集更多的標本，並塡補上次未採集到的部分。和上次的造訪相比，這次工程十分浩大。上次只有兩個人，外加一頂帳篷，一艘小船及剛好夠吃的麥片。這個遙遠海岸的每一寸土地還是和上次一樣地荒涼，砂礫在寒風的掃蕩下無盡地延伸。我還認得在島的中部一片廣大冰原上融化出的小溪，我們上次就在溪邊紮營。北極燕鷗發出神經質的尖嘯歡迎我們。這次，我們的隊伍有八個人，還有一頂豪華的帳篷，幾乎稱得上華蓋天幕。傍晚時，大家可以窩在裡面，不必忍受戶外風雪的侵襲。帳篷內有暖氣，相當舒適，屋頂上掛著一條條的火腿，旁邊是引人垂涎的義式香腸。我們還有另一種「火腿」，負責操作先進的無線電系統。傍晚時，我們坐在折疊桌前彼此戲謔開玩笑，藉以保持團隊的活力。儘管有時會發生些小衝突或不愉快，但我已儘量當大家的好朋友。

我們隊中還有一位和善的教授，他是來自奧斯陸的漢寧莫。他的心胸十分寬大，或許是唯一能和惠丁頓相提並論的人，他總是以幽默的風格主導整個晚餐的氣氛。除了我之外，隊上只有一位英國人伯頓，我們共用一頂小帳篷，他在挪威住了很久，所以能夠以挪威話和他人輕鬆地聊天。基於一種盲目過時的愛國主義，我們兩個堅持在我們的帳篷外掛上英國國旗，但幾個禮拜下來，旗子不斷地掉線脫落，以致最後僅剩一塊破布代表英國的參與。對我這個外國人來說，最奇怪的經驗莫過於聽他們用餐時的笑話——因爲笑話是無法翻譯的，而且是順應情境所產生，重複以後效果就降低了。你坐在一邊，嘴上掛著心虛的微笑，好像你也領會了這個笑話，雖然你完全不知大家在笑什麼（你只能希望他們不是在說你，即使是的話，你也只能坐在那傻笑）。這些挪威話整天在耳邊縈繞，我卻只學會了幾個挪威字。其中最讓我驚訝的是，他們用來詛咒罵人的字眼少得可憐，事實上不管遇到什麼事，他們都用「farm！」這個字來表達，這字的意思有點類似「去死！」，有教養的北歐人認爲這個詞非常粗魯。我們探險隊的隊員每當碰到什麼倒楣事，都會用到這個字眼。如果地質鎚敲到了手，他便跳起來口中咒罵一聲「farm！」。如果不小心把一塊完美的標本掉到海中而無法撈起，他先是著急得鬼叫，然後再抱怨一聲「farm！」。如果所有的糧食都被暴風吹走，眼看著將要餓死，可憐的挪威人唯一能做的，就是站在粗礪的砂地上，對著刺骨的冷風呼喊「farm！」。但這麼悲慘的情境又豈是一聲「farm！」所能表達的？

我們採了一箱又一箱的標本，準備在不久之後運回英國，然後放到我的顯微鏡下仔細研究。這些三葉蟲標本所分布的年代只占地質史中短短的一千萬年，我在心中回顧那段遠古的地質時期，一如史學家回味著都鐸王朝或斯圖亞特王朝。我將三葉蟲的碎片一個個地拼接起來：頭蓋配自由頰，尾部湊上頭蓋，我復原標本的速度比誰都快。有時我們也會發現完整的標本，那就好比突然找到的拼圖盒蓋；藉著這個完整的圖樣，我們可以驗證先前的拼合推測是否正確。我在這些標本中發現了一隻很獨特的突眼三葉蟲，我把它命名為不眠瞪眼蟲，意思是「不眠不休的凝視者」，這也滿像在說我自己。消失的奧陶紀海洋慢慢在我心中建立起一幅圖像：當時，在這個區域有很多物種，比起現今的荒涼海岸要豐富許多。別以為古老的年代就一定荒涼而且很少生物，奧陶紀的海洋可是個富饒之所！雖然當時陸上沒有生物，但在海中可是充滿了水母、三葉蟲、蚌殼及蝸牛，另外還有些分節的蠕蟲。海中更有凶猛的掠食者（和現存的珍珠鸚鵡螺有親戚關係）及一叢叢的海藻，有些柔軟的小動物在水中成群游動，乍看之下還會以為是魚類的銀白身影。古生物學家所做的不只是傾聽化石透露的訊息，他還得重新創造失落的世界。

針對這次斯匹茲卑爾根發掘的重大成果，學術地位崇高的挪威國家科學院邀我向他們發表一場演講。挪威對北極海的斯匹茲卑爾根地區擁有特殊主權，因此我的受邀多少沾染了點政治色彩。這次的演講經驗非常嚇人，我站在上百位挪威的頂尖科學家前，面對著一屋子的專家。想想看，當初偉大的北極探險家南森和阿蒙森也是站在這講台上，講廳四周還滿是名人的肖像，而我一個二十五歲的年輕人，竟也能在奧斯陸這棟優雅而有歷史的建築物內，由受教的學生搖身變爲站在講台上的講師，眞是令人難以置信。我這次同樣有許多新發現值得報告，好比說：遙遠的因洛本海峽沿岸有世界上最豐富的動物化石群；爲何前人會錯失這項發現；三葉蟲如何證明斯匹茲卑爾根原先是勞倫亞古陸的一部分；奧陶紀時這裡爲何是熱帶而不是極地氣候……等。這是我第一次在眾人面前演講令人著魔的遠古歷史，我的腎上腺素被激發時，我的聽眾在我眼中不過就是上百對的耳朵。

演講結束時，一位高大而謙恭的老先生站起來發問，以標準的英語談到他在二十世紀初到新地島的狀況，他說他是霍特爾。我大吃一驚，因爲這好比偉大的北極探險家南森站在面前向我詢問北極探險經驗那般令人錯愕。霍特爾是過去英雄世代的倖存者；在他們那個時代，到北極探險眞的是踏進全然的未知，當時愛斯基摩犬是主要的交通工具，而主要的食物則是乾肉餅。在二〇年代裡，霍特爾寫出最早的北極區地質報告，報告中特別提到了新地島，這個島的形狀像彎曲的手指，由俄國的海岸向北伸入北極海。在霍特爾之後，就少有文獻再提到這個島了，因爲新地島是俄國的領地，在冷戰時期是非常機密的軍事要地。現在，這個富科學探險精神的傳奇人物，就這麼穿戴整齊地走出了書頁，從我的想像中現身爲眼前活生生的人。

這段插曲讓我理解到我和過去間的連繫，這個過去不是指化石傳達出的遠古過去，而是指我那些科學前輩的過去。做研究會產生自負心態，我們很容易就忘記在我們之前還有其他的學生，而他們的發現仍是我們現今研究的基礎。科學是一種奇怪的探險，其中既需合作又要競爭，而進步的動力常來自於想要打敗旗鼓相當的對手，以搶得發現者的榮銜。但長遠來看，這種個人競爭的色彩就降低了，原先的競爭隨著時間累積而轉變爲一系列學理上的進步，這些進步建立在一連串發現者的名單上。

研究三葉蟲的第一人是三百年前的路伊德博士，我在本章的開頭提過，他曾經在一封給李斯特的信中說到「某種比目魚類的骨骼」，而這封信被發表於一六七九年的《英國皇家學院會報》。這份最早的英文科學期刊上，刊載著如下的標題：〈論最近發現的一些形狀規律的石頭，及對古老語言的觀察〉。我喜歡想像這個被誤認的「比目魚」和其他偉大發現並列於相同的期刊上——比如說，就在顯微鏡先驅雷文霍克對紅血球及細菌的發現報告旁邊。三葉蟲從一開始就悄悄地躋身爲重大事件的觀察者。早期的學院會報受到了應有的高度尊崇，以最精緻的皮面裝訂成卷是再適合不過了。

了解蘭代洛鎮附近岩石的人也一定認得「比目魚」——那是學名爲德氏龍王盾殼蟲的三葉蟲（見下頁圖）。在蘭代洛鎮外的戴佛莊園附近有一些採石場，出露著大量的石灰岩板，可以從護堤裡一片片拉開來看，就像大批多邊形的餐盤，有時候「比目魚」還眞的隨著這些「餐盤」端上來，不論體型或身體扁平的程度都和小鰈魚差不多，還睜著兩隻眼睛看著驚訝

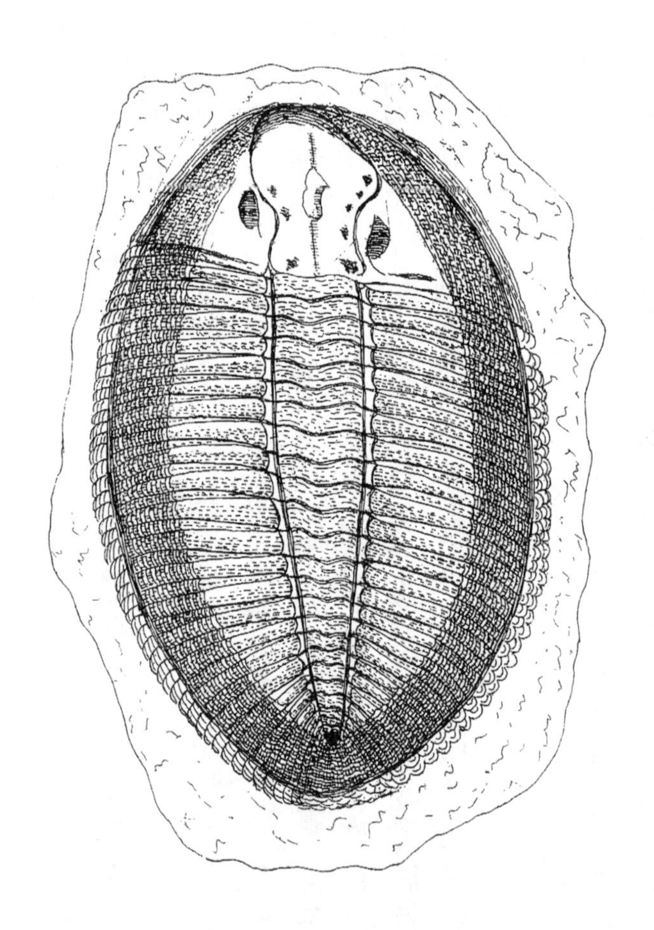

路伊德博士發表於一六七九年《英國皇家學院會報》的手繪「比目魚」。實際上這是來自於南威爾斯蘭代洛鎮（奧陶紀）岩層中的三葉蟲：德氏龍王盾殼蟲，稍後的圖一呈現這隻三葉蟲的照片。

的蒐集者。如今我們可以看出這些生物有一個胸部，及一個大大的尾部，胸部還分為八個節，怎麼看都不像是魚。但是從路伊德博士所繪的圖中，我們可以看出他爲何會犯錯。他在標本的外圍多畫了一圈裝飾，看起來就像魚類的緣鰭，他只有對眼睛的描述是正確的。

一七七一年，德國動物學家瓦爾希認定三葉蟲是一群獨特的動物，可惜他的研究並沒有受到太大的重視，因此我跑遍了英國的圖書館，仍無法確定是否找到了他著作的正確版本。但十年間，布尼克等學者已經將三葉蟲這個字用在文章的標題中，可見這個名字已被廣泛地使用，而它也的確是個悅耳又貼切的名字。在歐洲，我們發現了越來越多這種獨特生物的遺骸。十九世紀的頭二十年間，許多三葉蟲都被賦與了學名，尤其是那些在斯堪地那維亞、法國及德國一帶的三葉蟲。一八二二年法國的古生物學家布隆尼發表簡短專論——《三葉蟲》，使得大家對路伊德的「比目魚」有了更正確的認識。書中布隆尼把來自於戴佛莊園的三葉蟲定名爲德氏龍王盾殼蟲，這種生物終於不再是「比目魚」了，而被認定爲一種像龍蝦般分節，且有著鈣質外殼的奇特動物。

在《英國皇家學院會報》刊載了路伊德的文章之後一百四十年，他的「比目魚」成爲蘭代洛鎮及夏洛普郡兩地間岩層對比的工具。在墨啓生的《志留系》（一八三九）一書中，所描繪的三葉蟲（例如：德氏龍王盾殼蟲）已不僅是種有趣的生物，還能作爲認定岩層年代的工具。從那時起，「三葉蟲」這個名字便在知識階層心中建立起某種固定的地位，不會再動搖了。那些學者熟知羅馬史詩《伊尼亞德》及希臘神話的程度，就好比我們對當紅肥皀劇主角的名字多半能琅琅上口；他們用古典的名字爲三葉蟲命名，像*Ogygiocarella*（龍王盾殼蟲）這個屬名就來自於希臘神話中安菲恩及尼奧比的第七個女兒奧古葵亞（Ogygia）。而安菲恩及尼奧比隨後也被用來作爲三葉蟲的屬名。許多古典的名字都已經先被其他動物占用了，即使是那些不重要的小角色，像是佛里幾亞寧芙仙女或奧林帕斯山腰的牧羊人等。時間可以分爲許多不同的層次，而所謂的古代也可以分成好幾種不同的水平：以根本的層次來說，三葉蟲時代是原始的古代；接著希臘神話故事的背景也算一種古代；前人的研究歷史對我們來說也是古代；最後，我們以手中的標本將一切串連起來，讓這些「古代」變得鮮活。

三葉蟲和一些現生動物間的相似性不久即獲得人們的注意。在海岸邊或森林裡，我們很容易發現一些有節生物在地上爬行，這些都是很普遍的動物，像是昆蟲、甲殼類、蜘蛛、蜈蚣等。這些生物的身體由好幾個節所組成，這些節一個接一個地鉸合在一起。這類生物的另一個共同特徵是由關節接合構成的腳。光憑第一印象，我們很難發現蒼蠅的腳和龍蝦的腳之間有何相似性，但是這兩種生物腳部的接合方式的確非常類似，根據鉸合的方式，每個關節都可以做不同程度的轉動。這有點類似我們的閱讀燈，有根關節長桿，可以在幾個方向上轉動，你很快會發現只有幾種固定的轉動模式，但如果你強行扭轉這些關節，仍可將關節擺布到最不可能的角落。如果把一隻龍蝦翻過來，腳就會機械式地踢來踢去，你就能藉此估算出龍蝦肢體所能移動的範圍。當一隻甲蟲背部朝下仰癱在地面上，蟲腳也會踢來踢去，和龍蝦的狀況極爲相像。這些動物的腳部肌肉都在殼內，肌肉一收縮，腳便沿著關節運動，好像內部有幾條操縱繩，可以將肢體拉起或放下。肢體由關節接合的動物稱爲節肢動物，而三葉蟲無疑就是種節肢動物（不過很久以後我們才會從化石中發現三葉蟲的腳）；如果三葉蟲能存活至今，就會和蠍子、螃蟹、蝴蝶、昆蟲、臭蟲這類的生物並列，成爲一個豐富多樣的動物類群。生物分類二名法之父——林奈，在十八世紀結束前就已確認了三葉蟲的分類譜系。如果三葉蟲還沒滅絕，我想在海邊可能就會有一些母親要求他們的小孩：「吉米！別拔掉那隻可憐三葉蟲的腳！」而吉米無法控制他好奇的欲望，仍拉扯著手中怪物的腳，好看看蟲腳如何彎曲，他甚至還會抓著這令人發毛的三葉蟲去嚇他的阿姨。

我研究的斯匹茲卑爾根三葉蟲僅有個空殼子，既沒有鈣質外層，肢體也完全消失不見。我光憑想像就能感受到蟲腳在我手上爬過的搔癢，我也能想像這些三葉蟲生前在奧陶紀海洋爬行的景象。我甚至在心中異想天開地拿這些蟲和對蝦或蠍子配種。而的確有些地方——少數的幾個地方——能以眞實的標本證實這種想像，這些地方奇蹟似地保存了三葉蟲肢體上毛髮般的微細構造。如果我們想發掘三葉蟲的完整眞相，就必須去這些地方，聽三葉蟲說出自己的故事。

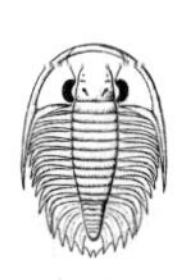

第三章

肢體

如果你想誘捕稀有蝴蝶，用散彈槍和手提箱當工具是沒有用的。想追尋捉摸不定的事物，需要靠敏銳的思維及智慧，也需要高度運氣。人會願意去追尋一些困難的目標，主要是因爲他們相信，只要堅持到底，等時機到了，這些目標終究是可以達成。找尋三葉蟲的腳也是如此。

十九世紀中期，有數以百計的三葉蟲種類被描述及命名，相關的專論也不斷地出版。當時，地質學家第一次對那些古老的岩層做有系統的地質調查，並繪製地質圖。他們剛開始了解地質時期，並對這些不同的年代加以分界並命名，有些名稱至今仍爲我們所沿用。當他們追蹤一系列的地層時，他們發現化石對於辨識某些年代的地層非常有用，不同化石出現的序列，可以將原本混沌未明的地層理出順序。在英國，探勘含三葉蟲地層的學者，幾乎跑遍了整個威爾斯地區，他們是不折不扣的先驅，是第一批敲開威爾斯區頁岩的人。其中一位是賽吉衛牧師，我在劍橋做研究的博物館就是以他的姓氏命名；他將北威爾斯藏有化石的最下地層命名爲寒武系，寒武（Cambria）是羅馬字，代表威爾斯，寒武系則是指地質時期爲寒武紀的地層，屬於地質時期中最初始的有生命時期。寒武系的另一個名稱是「原生的」，這個名稱暗示這個地層中所含的生物處於生命史的最早期，寒武系一詞最後取代了原生系而被沿用下來。在賽吉衛踏勘北威爾斯的同時，墨啓生爵士則走遍了南威爾斯，他一面繪製區域地質圖，一邊再細分他的志留紀地層（一八三九，志留族是曾經居住在南威爾斯地區的部族）。比賽吉衛更進一步的是，他還用化石拼出地質時期的故事。三葉蟲非常好認，而且常出現於志留紀的地層中。我們不難想像，當初墨啓生爵士專橫地要求各教區的牧師將當地山谷或溪流中採到的化石呈獻上來，而當他認出飾邊三瘤蟲或其他熟悉的三葉蟲時，嘴邊也一定露出貴族式的微笑。就像錢幣收藏家對看似新鑄的哈德良硬幣很熟悉一樣，古生物學家也一定不會忘記在十年前、五十英里外所看過的化石老面孔。地質歷史就記錄在這上千個三葉蟲之上。

希克斯（Henry Hicks）和沙特（John Salter）兩人是最早踏上朋布洛克郡懸崖的地質學家，我在學生時代也曾去過那些地方。我有一張他們一八七〇年代的合照，當時兩人面帶微笑，對他們的發掘成果感到非常得意。他們所命名的三葉蟲至今仍然在種名後面附加上他們的姓氏。當我們引用一個拉丁學名，我們必須在種名的後面加上原先爲這個種命名的科學家的姓氏。沙氏線頭形蟲（*Ampyx salteri* Hicks）是種有趣的三葉蟲，產自聖大衛北邊懸崖上的黑色板岩中，一八七三年於倫敦地質學會的期刊上發表。希克斯以沙特的姓氏爲三葉蟲的種名，作爲對這位朋友的獻禮，沙氏線頭形蟲意思就是沙特的線頭形蟲。而沙特也以相同的方式作爲回報，他將朋布洛克郡海邊一種漂亮的三葉蟲命名爲希氏奇異蟲（*Paradoxides hicksi* Salter）。我則用這個方式來表彰克羅斯（Frank Cross）對我們的貢獻。他風雨無阻替我和歐文在威爾斯的山溝裡採集三葉蟲，於是我們把一種小巧可愛的三葉蟲命名爲克氏舒馬德蟲

（*Shumardia crossi* Fortey & Owens），我們得自於克羅斯先生的恩惠就這樣永遠被銘記下來。

在一八三〇到一八七五年間，威爾斯只是眾多受到古生物學家仔細調查的地方之一，當時霍爾正想盡辦法要出版他有關於紐約州古生物學的偉大論著，有時還用上了惡劣手段，另一方面巴蘭德則在波希米亞地區以不同的化石確定同一段地質時期。在數十件乃至數百件三葉蟲被發掘出來後，人們開始注意到三葉蟲外形的多變，也因而顯現了人們對這種動物的無知。這些化石只是些外殼、皮囊、無聲的殘骸，無法告訴我們三葉蟲當初的生活模式。雖然大家都認爲三葉蟲應該有腳，可以在海底爬行，但卻沒有任何跡象顯示這些蟲曾擁有肢體，於是早期的研究人員乾脆自己想像並幫蟲體安上肢體（左頁圖）。如果沒有腳，這些奇妙的化石就只是些地質密碼，除了標示出岩層的地質時期，沒有其他的意涵。就像一枚哈德良硬幣，僅僅是眞實生活中的一個標記。如果沒找到三葉蟲的腳，就不可能眞正了解三葉蟲。

我想一定有辦法能找出三葉蟲的腳，但該如何進行呢？三葉蟲腳應該和現今蝦子或蜈蚣的腳差不多，表面包覆著一層幾丁質聚合物有機外鞘。這些腳不像礦物質構成的外殼那麼容易成爲化石，不過倒也不見得像黏稠幻影般的變形蟲一樣容易消失。一定會有某些狀況是在埋藏之初，肢體即被柔軟而適於保存的沉積物包覆起來，因而使這些肢體能留下一趾半爪。

化石似乎給了我們些許暗示，那就是許多種類的三葉蟲能將軀體緊緊地捲成一個圓球（圖十六）。這是許多現生動物的一種自我保護方式，即便是人類受到攻擊時，也會下意識地將身體縮起來。刺蝟用這種方法保護脆弱的腹部，但卻因此不幸地易慘遭車輪輾斃，顯然演化並未對車子的出現預做準備。最好的例子是一些小型的等足甲殼類，總聚集在一些朽木下面，幾乎任何舊木堆中都可以找得到，只要掀開一塊腐木，你會看到成群的小小裝甲部隊急忙爬走，躲入其他陰暗的角落。不同地區的人對這些等足甲殼類有不同的稱呼，也許是鼠婦或潮蟲。和三葉蟲一樣，等足甲殼類背上有甲殼，而足部非常脆弱。遇到危險時，大多數甲殼類的防衛策略就是把身體捲起來。我曾看過有些身體捲得非常緊密，簡直像個球形軸承，表面甚至平滑而有光澤。等足甲殼類身體環節的設計非常完美，能環環相套，腳就塞在裡面，就像收到船裡的槳。雖然和其他節肢動物相比，鼠婦和三葉蟲的關係並不親近，卻仍提供了一個有用的對照，許多三葉蟲也會緊緊地捲起來，不過比鼠婦大些。

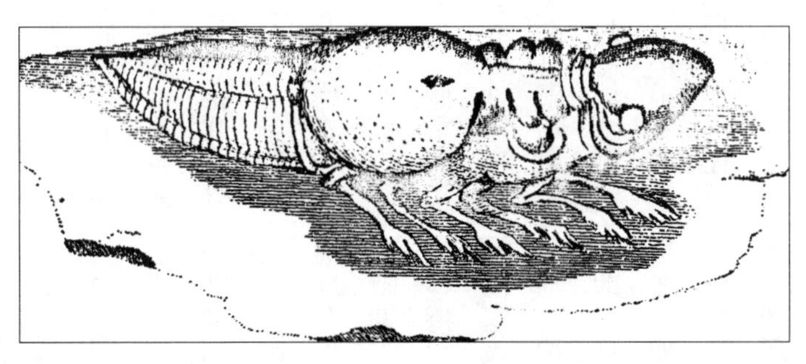

施若特所幻想出的三葉蟲（一七七四），這是第一次有人畫出了三葉蟲的腳。圖中的動物有個頭（右轉），又加上另一個頭（放反了）和一條尾巴（可能上下倒置），還有純屬臆測的腳。

你可以把一個捲起來的黏殼蟲（見二二九頁）握在手中，感覺就像握住一顆蛋一樣安適。湊近細看，你會發現胸節的外緣是如何疊起來的，一片接著一片就像日本摺扇。胸節具有特殊表面才能如此重疊。身體捲起的同時，胸節的中軸會因而拉開，於是每節之間就露出了空隙，這些空隙就由環節間的「半環」所覆蓋，背部因此免於開天窗。你可以從一副甲冑的活動肘部位看到類似的設計，顯然這種動物對蜷縮的防禦措施相當重視，就像要決鬥的騎士小心防備偷襲一樣。有些種類的三葉蟲甚至有些小裝置，可以將捲起的身體緊緊地鎖住。

在捲起的甲殼中，那些被包起來的肢體能保存下來嗎？如果是的話，這可眞成了時空膠囊了。我們要找那些剛好在身體捲起時死亡，並快速被埋藏的標本，也許被埋在火山灰中，就像那種掩埋了不幸的龐貝城及赫克拉寧居民的火山灰。在那個遠古的地質時期，的確常有火山爆發的噴出物落到海中，並造成生物的大量死亡。另外一個重點是，那些捲起來的球被埋入地層後，沒扭曲變形也沒被壓扁。看起來似乎須配合的條件很多，但還眞有幾個地方保存了些外形良好完整，身體又剛好捲起來的標本，包括大家早已知道的瑞典及愛沙尼亞的奧陶紀石灰岩及英國的志留紀岩層。將這些標本拿來切片，然後用金剛砂仔細地打磨拋光，照理說應該就可以從拋光面上看到那些難以尋覓的肢體痕跡。但很不幸，事情並不如原先的預期。那些捲起的圓球中間充滿了細粒的沉積物，這些沉積物一定是在生物被掩埋後滲透進去的，但因爲進入的時間太遲，以致無法保住裡面的肢體，細菌已搶先一步將那些肢體分解了。也很可能是因爲填充進去的沉積物中就含有分解肢體的細菌。可能，僅僅是可能，其中一兩個標本切片上的深色小圈就是肢體的橫切面。雖然另外有些跡象可能暗示肢體的存在，但是這個脆弱肢體的細部構造之謎仍未解決。

一八七六年，年輕的古生物學家沃克特（一八五〇～一九二七）對於解開這個謎題有了初步的進展。他是個狂熱的採集者，致力於採集紐約特倫頓瀑布一帶的三葉蟲。在那個時代，自修是個標語，他也是一位非常著名的自學成材者。他出身農家，性情淡漠信仰信仰虔誠，看不出特別的聰明。在沒有任何正式地質學位的情況下，他卻靠著一步一步的努力而成爲美國地質調查所所長，以及華盛頓特區史密森學會的祕書長。無疑地，他的中間名Doolittle（做得不多）全然不合於他的生平。在身爲華盛頓的重要人物、政治開拓者、教授以及忙碌的主管之餘，他還能抽出時間發表一系列有關三葉蟲及其他化石的重要文章。圖書館裡他的著作排滿了整個書架。他爲幾十個三葉蟲新種命名，這些新種能用來修訂整個北美大陸的寒武紀地層年代。他在極爲嚴苛的環境下調查了大峽谷的地層序列。如今深入各地質時期地層的小徑，在當時都還沒開闢出來；就算到了今天，你還是會看到精疲力竭的旅人，因爲不聽勸告沒有帶水而癱在路邊，畢竟有誰會相信，距離舒適的假日飯店一兩個小時路程之外，竟然眞的就是一片荒野？

沃克特最爲人稱道的事蹟，就是他發現了英屬哥倫比亞地區有名的寒武紀伯吉斯頁岩，但即使沒有這項發現，他在科學史上仍占有一席之地。現今的研究人員對沃克特能有那麼多研究成果，均感到不可思議。「好吧，他不必老是在接電話，」他的現代對手可能會很不情願地承認這點，「而且他當時有能力負擔居住在離華盛頓辦公室很近的地方。」接著就是對現今房地產價格的一陣謾罵。毫無疑問的，他是擁有許多的方便，但一世紀前有更多像沃克特一樣的人也是不爭的事實。他們有超人的工作能力，以堅定的意志將所有的天分轉換為個人成就。想想看，史考特爵士是如何搜索枯腸地寫出那麼多的小說（而賺來的錢部分用來償還出版商莫瑞的債務）。做事的方法無疑也是成功的要件之一，我肯定沃克特總是記得他昨天下午將那份重要的文稿放在何處。他沒有令人分心的娛樂，不像我們總是被外來的誘惑分心，而把該做的事一拖再拖。他甚至能固定抽出時間來寫日記，這又是件一般人很少持之以恆，只有在興致來時才會做的事。我很希望他日記的內容能有趣些，而他所記錄的卻大多是他和一些重要人士的會面，很少談及私人生活的點滴。除了他第一任妻子露拉不幸早逝，而他也尚未接到第一份專業工作的那段日子外，他很少在日記中表達個人的情感。當他開始進行他偉大的志業後，他的日記內容就越來越簡略了。他妻子過世後的幾個禮拜，他不停地工作以趕走悲傷，就在那時他發現了很難尋獲的三葉蟲的肢體。

在特倫頓瀑布所在的小鎮附近，常看到一些石灰岩出露在路邊或小溪旁的剖面上。沃克特很熟悉這些岩層，岩脈也出露在石灰岩礦區及一些坑洞中。近來因為社會的消費能力大增，這些坑洞隨時有被奢侈廢棄物回填的危機：如今，坑洞比當初挖出來的東西還值錢。奧陶紀的石灰岩就出露在一些像平台的岩層上，對照起威爾斯或康瓦耳一帶的扭曲頁岩，這裡的地層幾乎都是水平的，顯然不曾受過像造山運動這般自然劇變的破壞。這些岩層幾乎未被擾動地記錄下遠古一層層連續的海床，年輕的沃克特很幸運能成爲第一個發掘的人。有時風暴形成了約寸許厚的岩層，也造成生命的間斷，但動物群隨著時間重新建立，又出現在接下來的岩層中。即使經過一個多世紀的採集，此地的化石量仍然相當豐富；你可以想見在沃克特那個時代，化石的含量有多麼驚人。常常一塊小岩石上就密布著三葉蟲、腕足

沃克特（中間）攝於野外。

類、螺類、苔蘚蟲及其他的生物，有如一片布滿葡萄乾、梅子乾等各色蜜餞的水果蛋糕。當你想將這些化石挖出時，會發現它們牢牢地嵌在上面，表面還布有一些灰白的石灰岩屑，遮住了一些細部構造，只要仔細地用針清理，就能修出完美的標本。沃克特可以第一優先挑選。

一八七六年的三月一日，也就是露拉死後的一個月，沃克特在日記中寫道：「切開幾個C. p.的結果非常成功，我想這樣應該就可以確定它們的內部構造。」這其實就是個工作筆記，意思是「C. p.」中可能保存了肢體的證據。C. p.是多側肋希若拉蟲（*Ceraurus pleurexanthemus*）的簡寫（你該看得出來爲什麼要用簡寫），這是一種尾部多刺、頭鞍上有很多節瘤的三葉蟲，是特倫頓地區的岩層中最令人興奮的發現之一。在四十多年前，大家就已經辨認出這種三葉蟲的甲殼，一八三二年葛林已經在他的《北美三葉蟲專論》*中爲這個種命名

但是，在沃克特對這個「希若拉層」的標本進行切片及拋光之前，並沒有任何跡象顯示希若拉蟲暗藏了讓三葉蟲肢體的眞相浮現的關鍵。「希若拉層」是個石灰岩層，厚約兩英寸，並且遍布了希若拉蟲，其中還含有許多同種的化石，岩層底部及頂部都有許多漂亮、完整卻內部空洞的外殼，可以豐富採集者的手提箱，卻無法提供比其他標本更多的資訊。這些動物似乎被突如其來的石灰質沉積物所困住，這很可能是場大風暴的結果；一個三葉蟲世代

的小小悲劇，卻成了四億四千萬年後科學家的意外收穫。岩層的中部有一群被活埋的動物，有些在死前還拚命掙扎著要爬出埋葬它們的墓地。你可以想像原先平靜的海床上爬滿了三葉蟲，突然間水色因污泥密布而變暗，生物還來不及逃走就被細泥覆蓋，在泥毯下窒息死亡。這些可憐的傢伙還來不及將身體完全捲起，但許多軀體已有了初步的彎曲，在窒息的一刻，這些三葉蟲試著將身體捲起的企圖將永遠無法達成。或許，捲起來的時空膠囊這個概念仍舊對了一半，埋在岩層中段的動物肢體並不像岩層頂部的那麼快速腐爛，反而有足夠的時間讓充滿石灰的水進入蟲體，於是原先的肌肉被白色的碳酸鈣所取代。就像法老祭司所完成的木乃伊化過程，防腐的靈液進入柔軟的附肢裡。碳酸鈣礦物塡滿肢體後，即使周圍的組織被吃掉，充塡的鑄模仍能保存下來，爲原先的柔軟組織留下見證。沃克特的洞察力使他能夠認出，灰色石灰岩拋光面上那些小小的白色圓圈，就是被碳酸鈣充塡的神祕附肢。他花了幾天的時間對其他的種做同樣的觀察，並在一八七六年三月十號的日記中簡潔地寫下：「我發現

---

*這是一本非常獨特的書，因爲其中所描述的種屬都附有一組彩色模型，至今我們仍能在最老的學術機構的抽屜中找到這些模型。葛林希望這樣的配套銷售能更刺激買氣。可惜其中有些復原模型太相似了。

六足隱頭蟲和C. p.有相同的附肢特徵。在晚餐後記下C. p.的描述。」你可以想像，他對自己所做的一切發現，幾乎都可以用以下的口氣來做記錄：「今天早上找到聖杯了，希望明天尋獲亞瑟王的寶劍。」從此以後，三葉蟲再也不是原先認知的三葉蟲了。

想想沃克特接下來還須做些什麼。這個發現使他必須繼續用手工打磨出一個完整系列的標本切片，他必須確定到底有幾個肢體，這些肢體是分叉的還是單純有關節的腳。石灰岩並不軟（敲敲看附近的維多利亞壁爐石，你就知道此言不虛），而他僅用一條鋸線及一個旋轉磨盤來切割、打磨他的切片，這是件耗時的工作。他還必須將一系列切面的圖樣接起來，以便復原出三維的立體影像，這是最困難的部分，即使對現今實驗室，甚至對電腦來說也仍是個挑戰。你可以想像他努力地工作直到深夜，藉此減輕他的悲傷，並以好奇心及野心來取代其他較消沉的想法。他著手將他的發現寫成報告，並在同一年以初步報告的形式發表。這篇文章標題很冗長：〈三葉蟲的泳肢和鰓肢殘骸的初步發現報告〉，雖然字面上忠於他的發現，但以此標題是很難成爲暢銷書的。無論如何，在接下來的十八個月中，沃克特仍持續對新磨出來的切片進行觀察，並修正他原始的復原模型，但最初的版本仍透露出一些令人感興趣的特點；沃克特注意到一個至今仍然正確的特徵，那就是三葉蟲的每節都有一對附肢，也就是說，腳是沿著身體一直分布下去。附肢位於含有內臟的體腔之下，而內臟絕大部分位於動物的中軸下方，也就是「三葉」的中葉之下。所以這些腳及其他附肢就隱藏在三葉蟲的軀體之下活動，旁邊被向兩側傾斜的肋區安全地包起來。靠近中央是具關節的腳——甲蟲、蜘蛛、蠍子、蜈蚣等所有節肢動物，都有這樣典型的腳。因此三葉蟲的生物親緣關係一下子就確定了。沃克特把這些附肢稱爲「泳肢」，顯然他認爲這些肢體是用來游泳的。在沃克特的原始復原模型中，腳的外側另外還有三個附肢，其中一隻從腳上分岔出來。外側的兩隻源

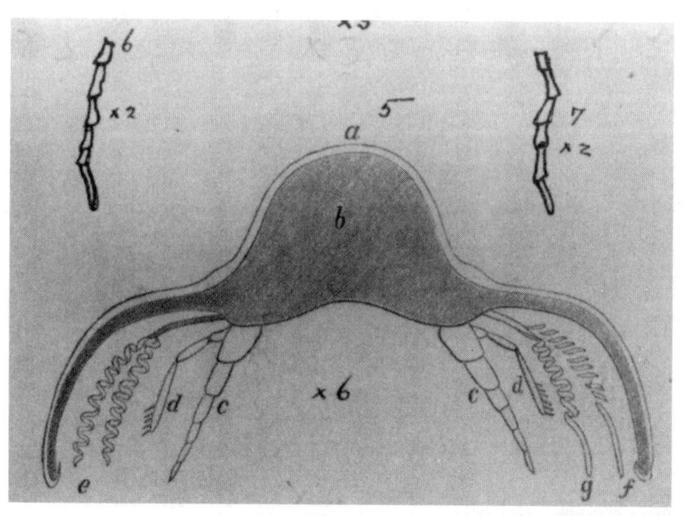

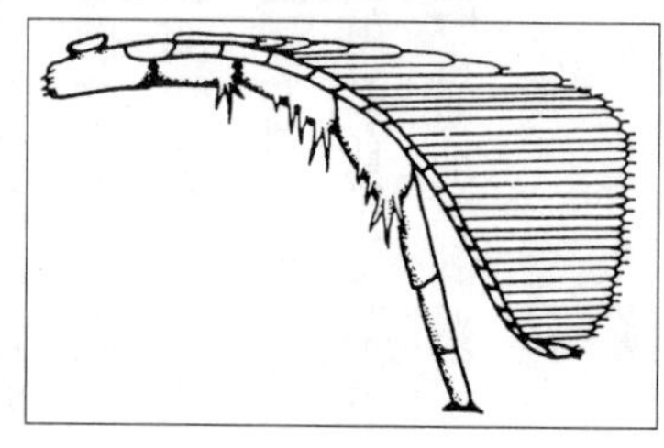

沃克特第一次根據打磨的岩石切面試著繪出希若拉三葉蟲的肢體，可惜並不正確。右圖是現代對三葉蟲三分節蟲分叉肢體的復原（根據惠丁頓及艾蒙的研究）。

自同一個接合點，並有非常纖細而奇怪的螺旋狀構造，這就是「鰓肢」，也就是從海水中吸收氧氣以行呼吸作用的鰓。大體而言，這似乎是種很合理的安排。

沃克特對三葉蟲肢體的復原，受到他以現生甲殼類肢體爲範本的影響。他在一八七七年七月十二日的日記中也透露了這點：「當我越深入去研究並比較現生的甲殼類，我就越能清楚地看出這些殘破片段的眞正關係。」雖然科學家應以獨立的觀察來提出他們的主張，但即使最優秀的科學家也很難避免一些先入的成見；他們會先在心中建構一個合理的腳本，而這種對眞相的預測模式則根植於他們早先的學習和經驗。沃克特帶著三葉蟲是甲殼類近親的先入之見，這還是個尚未確定的想法，令人想起哈代於一八七三年出版的書中寫道：「一種稱爲三葉蟲的原始甲殼類」。沃克特當時的主張＊及哈代在小說中的講法，竟然在同一時代的大西洋兩岸不謀而合。天知道，也許這兩個天賦類型全然不同的人曾讀過同一本教科書呢！

靠著紐約州的另一項發現，三葉蟲的肢體明確地躍入了三度空間。相關的標本採自和沃克特所研究的石灰岩截然不同的岩層。這是一種黑色的頁岩，顏色深得像上流社會的紳士出訪時所戴的黑色禮帽，用鐵鎚敲下去就會成薄片狀裂開。這個尤提卡頁岩出露在羅馬鎮附近的一個採石場中（紐約州的這個地區從過去到現在，一直是個不折不扣的古典地名辭典）。在尤提卡頁岩的某一個層位中富集了一種約一公分長，稱爲三分節蟲的三葉蟲。一塊含化石的標本看起來就像許多大型鼠婦爬入石頭中並死在裡面。有一位叫馬修的研究生就在一塊這樣的岩石上，發現有些東西從三葉蟲的頭部前方伸出來，看起來很像兩條微微捲曲的金線。放大鏡下可以看到這些纖細的線本身是一節一節的，往前端逐漸變尖細。這是觸角啊！是沃克特在他的切片中未曾認出來的附肢之一。觸角是節肢動物身上的警戒裝置，相當於鼻子加上手指的功能，以極高的敏感度偵測周遭的環境。歐美的小孩子稱之爲「感覺器」，這完全不足以說明觸角的功能。三葉蟲用眼睛看，用觸角來嗅聞及觸摸，所以看起來就不那麼「原始」了。

哥倫比亞學院的比徹教授很快就認識到這個發現的重要性，而這些含有神奇三葉蟲的岩層後來被稱作「比徹的三葉蟲層」。同年（一八九三）年底，他發表這些新資訊，接著他又在三分節蟲的身體下方發現了其他的肢體，那可不是切片上模糊的殘塊，而是一隻完完整整鑲了金邊的腳。最先大家會注意到觸角，是因爲觸角表面鍍了一層金色的薄膜，那是三葉蟲原本脆弱的角質層被置換成愚人金（也就是黃鐵礦）的結果。這眞是非常神奇，彷彿有一隻不可思議的魔手，在最脆弱的構造上噴了一層閃亮的保護膜。有些標本背部朝下地躺在岩石

＊經過不到十年，沃克特改變了原先的看法，轉而認爲三葉蟲與鱟有更密切的親緣關係。

上，好像已準備接受生物學家的檢查。最後，這批標本解決了三葉蟲的解剖構造之謎，從路伊德的「比目魚」開始的探索三葉蟲之旅，至今終於告一段落。現今，我們可以看到三葉蟲纖細的腳有很多關節，緊靠在另一個附肢之下；這些附肢不像沃克特所繪的完全分離，在結構上也簡單得多。上附肢像是一個羽毛狀的精緻纖毛刷，從關節腳的基部分岔出來，因此我們說這種肢體是「二分支的」，也就是具有兩個分支。三葉蟲身上的每一節都有一對這樣的分叉肢體，因此在蟲體之下是一系列重複的小單元，每節都有，胸部之下就有十幾組這樣的單元。尾部的分節看起來也都附有一對類似的肢體，越往身體末端，這些肢體就越小。頭部下方除了有三對這種肢體外，前端還有一對沒有任何分叉的觸角，微微彎曲地向外伸出。比徹教授做了一系列三分節蟲底部的模型，解剖構造有如雕刻般精緻；我面前就有一個這樣的模型，是由石膏做的，約是實際體積的兩倍大。因為做得實在太逼真了，害我不只一次被要求把這個模型當「實物」般展示。

這模型當然**不是**實物。自比徹的原始報告之後，大約每隔三十年就有其他人回頭重新注意尤提卡頁岩的三分節蟲，並得到種種不同的發現。最近的一次是極端注意細節的惠丁頓，他在八〇年代初期雇了一個叫約翰艾蒙的年輕研究人員，他用噴沙打磨機噴出的細粉打在頁岩表面，藉以磨蝕出精細的黃鐵礦化肢體。這些粉末的硬度比周圍的頁岩高，比肢體的材質軟，所以不會傷到肢體（理論上應該如此）。藉著這個方法，惠丁頓及艾蒙得以清楚看到三葉蟲肢體的構造，就像攤在盤子上的龍蝦腳一樣清清楚楚，甚至看得到末梢的剛毛。有著整齊纖毛的上部附肢被認爲是鰓，即是動物的呼吸器官，在肋葉下幾乎水平地展開，好像一個個重疊排列的小梳子。許多節肢動物的「肺」都有複雜的褶皺，溶在水中的氧就由這些褶皺面所吸收。惠丁頓及艾蒙以他們的最新模式，支持沃克特在一百多年前首度嘗試性的描繪後，對「鰓肢」所做的解釋。但是他們也有些全新的發現，例如腳的基部及關節的位置，令人訝異地竟長了些粗硬的尖刺。三分節蟲身上的尖刺超過當初比徹的估算結果。

古生物學中沒有所謂最後的眞相，每個新的觀察者都會帶來他自己的東西：也許是項新技術，也許是新智慧，甚至可能是新的錯誤。我們對過去的認知不斷地改變，科學家對過去的探索是趟永不終止的旅程，而知識的追尋也永遠沒有盡頭。就像英國詩人德萊頓所說的：

在這個荒野迷宮，
他們徒勞努力無功終止：
雀鳥如何理解鴻鵠之志？
有窮又如何企及無限？

永遠有新的想法及新的觀察出現，渴望追求絕對知識的人最好省下他們的心力，因爲他

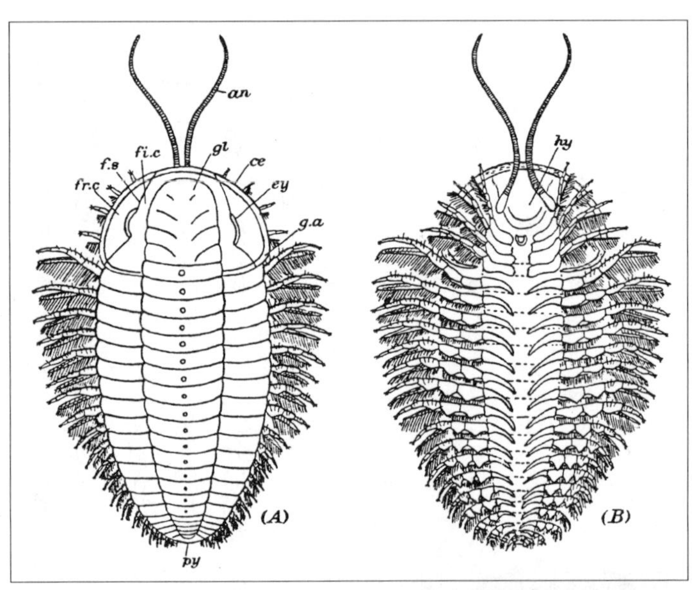

比徹教授所復原的奧陶紀三葉蟲：三分節蟲的底部有分叉的附肢及觸角。此後雖然經歷過多次修正，但基本上仍保留這個架構。現今我們知道三分節蟲頭部有三對附肢及一對觸角。右圖是經艾蒙處理過的三分節蟲腹面，可看到黃鐵礦化的肢體，標本採自「比徹的三葉蟲層」。

an-觸角
ey-眼　　f.s.-面線
gl-頭鞍　　fr.c.-自由頰
g.a.-頰角　　fi.c.-固定頰
hy-唇瓣　　py-尾部

們一定會感到挫折。每個寶貴的眞相都可能被後起之秀修正。當然，眞理可能向前邁進了一步，但我們怎麼知道這就是終點？這些原則適用於三葉蟲的研究，也適用於物質基本粒子的探索。比徹教授以爲他看到了三葉蟲腳的眞實全貌，並用模型留下他所認爲的眞相，確立他的權威，但後人的工作卻又產生了新的眞相。

最近一位造訪「比徹的三葉蟲層」的人是布里格斯，繼比徹之後經過一百年，在同一個採石場中重新挖掘，又找到了新的探索之路。布里格斯和我都是惠丁頓的學生，他對這些化石肢體被黃鐵礦所保存的這種神祕的搶眼現象深感著迷，他想了解爲什麼這層岩石能產生這種肢體爲金色的神奇標本，而其他大多數的岩層中都無法保存肢體，只能留下空洞的外殼。畢竟我在南威爾斯地區第一次敲到標本的地層，也是黑色的泥岩，而且看起來很像「比徹層」啊！爲什麼就沒有腳跟觸角呢？顯然黃鐵礦的包覆必定在極短的時間內完成，否則肢體早就腐敗消失了。這些動物可能在突然間死亡，並受到保護，與腐食動物隔絕，否則不必等到細菌的作用，腐食動物早就把這些遺體分屍了。如今爲紐約州的奧陶紀洋底，在那一刻一定發生了些不尋常的事。

對這些頁岩的詳細研究指出：當時的洋底處於低氧狀態，在軟泥的表層之下更是完全缺氧。現今我們對這種不毛的厭氧環境有了深入的了解，能適應這種環境的生物非常少，但有些特殊的細菌身處其中卻如魚得水。在這種近乎無氧的環境下，細菌發展出特殊的生化反應來獲得能量。高鐵高硫是這種環境的典型特徵，這些細菌便以硫來進行新陳代謝，極可能就是因爲上百萬個這種細菌的活動，加速了三葉蟲肢體上鐵質的沉澱。布里格斯目前正設法設計出一套模擬幾億年前大自然實況的實驗，藉以了解黃鐵礦形成的過程。其間牽涉的因素相當複雜，但就目前所知，已經足以模擬出當時的景象。當時可能因爲含氧量突然下降，造成可憐的三分節蟲全面死亡；在完全缺氧的狀態下，沒有生物能呼吸，所以也沒有腐食者膽敢進入這片死氣沉沉的水域。柔軟的肢體被包裹在軟泥中，在這個高鐵高硫的環境下，只剩下某些細菌仍然活躍，而且在肢體尚未腐敗分解前就先在表面塗上一層黃鐵礦，所以這些受到黃鐵礦保護的肢體外膜便能抵抗歲月的侵蝕了。

現在輪到我在這個故事中插上一腳了。三分節蟲的另一個未解之謎是：如果奧陶紀的洋底是那麼不利於生物的生存，爲什麼這麼多小三葉蟲卻快樂地住在那兒，直到死前似乎都活得好好的呢？我們發現這種三葉蟲經常單獨出現，沒有其他種類的三葉蟲或其他化石混雜其間，而此一現象不僅發生於這個種。三分節蟲屬是油櫛蟲科中的末代類群，油櫛蟲科的歷史可以上溯至三分節蟲之前五千萬年的寒武紀地層。我第一次遇到油櫛蟲家族是在斯匹茲卑爾根的荒涼海岸邊，這種三葉蟲大量地分布在類似「比徹層」、卻又更古老的奧陶紀黑色岩層中，當時洋底的環境同樣不適合其他生物的生存。這些岩石的含硫量極高，你只要用地質鎚敲開石頭就會聞到一股腐蛋的臭味。顯然這些三葉蟲一定有些祕密法寶，能在這充滿硫磺味的環境下還如此繁盛。三分節蟲是如此，其他體型較大的家族成員（其中可能有些尚未被發現）也是如此，例如我基於顯而易見的理由而以羅馬下水道來命名的克羅卡蟲屬。（「克羅卡」是最早由普利克斯所建的下水道，用來將羅馬街上的穢物排入台伯河。）在挪威首都奧斯陸附近有種更古老的相仿岩層，埋藏了大量三葉蟲，那是所有三葉蟲的祖先：寒武紀的油櫛蟲。在這個整潔的都市中，包覆三葉蟲殘骸的發臭團塊可能是唯一的惡臭來源。油櫛蟲是已知最早期的三葉蟲之一，由北歐地質學先驅達爾曼於一八二七年依希臘神話中莉西亞的丈夫所命名。這對夫婦後來被眾神變成了石頭，所以他們是早期古生物學家拿來命名新種化石最適合的神話名字。所有油櫛蟲一族的三葉蟲都在高鐵高硫的軟泥中興盛繁衍，這種環境的含氧量很低，是一種能阻止競爭者進入的環境。

直到近幾年，學界才對那些生存在類似環境中的動物做了詳細的調查。自然法則本來就是適應環境，並將原本的危機化爲轉機。我們在現今發臭的軟泥中可以找到幾種鰓部長滿特殊細菌的蛤蜊，這些細菌行硫化作用，蛤蜊則維持剛好足夠的氧氣以利於細菌的活動——太多的氧會將細菌賴以爲生的硫化物氧化。這些蛤蜊是生態社會的邊緣動物，只在低氧的環境下生存，一旦越過了沉積物的表面之下，即成爲完全無氧並充滿了硫化物的世界。這種特殊的細菌是無色的產硫菌，必須靠先進的顯微及分子技術才有辦法研究，所以不論是比徹或沃克特都沒有線索能發現產硫菌的存在。前述的蛤蜊能直接從產硫菌中吸收養分，另有些生物則能「培養」產硫菌並以此爲食＊。當我研究油櫛蟲一族時，我也認爲這些動物生活在海裡充滿硫化物臭味的低氧環境中。接著我就發現關於現存共生者的文獻，這些共生生物會自行養殖產硫菌，並且生活於和三葉蟲相似的環境中。那是偉大的一刻，突然間油櫛蟲科的諸多特徵似乎都有了合理的解釋。爲什麼油櫛蟲能成群生活在惡質且沒有其他物種的環境中，理由就變得很明顯了：這正是油櫛蟲的特長。油櫛蟲的長形軀體包含了很多的胸節，爲共生的細菌提供了更多的生長空間，甚至可能像現生的蛤蜊一樣，在鰓肢的長纖毛中也長滿了細菌。由於少了掠食者的威脅，油櫛蟲的殼都很薄，周遭環境中的鐵則能對蟲肢進行置換。綜合了所有現象得到的結論是：這群獨特的三葉蟲是我們所知最早與產硫菌共生的動物。

尤提卡頁岩並不是唯一保存精緻三葉蟲肢體的地層。在德國莫色耳河的兩側及萊茵區附近，出現了另一種深色的板岩；這種漢斯洛克板岩從中世紀起常被拿來鋪設屋瓦，在十九世紀中期，這裡出現了很多產量豐富的採石場，甚至到今天，在伯登貝克的露天採石場中仍然雇了約三十名的劈石工人。這個板岩層的地質時期介於尤提卡頁岩及石炭紀之間，屬於早泥盆紀（約三億九千萬年前），也曾受到部分海西寧造山運動的擠壓，就像康瓦耳海岸的潘特岡崖，歷經同樣的地殼變動。在漢斯洛克板岩中，某一層位的化石全都被黃鐵礦取代，和我們在紐約州的羅馬鎮所看過的狀況一樣，但與前者不同的是，漢斯洛克包含了豐富的黃鐵礦化完整海相化石，包括海星、海百合、蠕蟲、魚等，這些軟體動物似乎被意外地定格留下身影。如果這是本談海星的書，那我可能會花許多篇幅來讚歎漢斯洛克的奇蹟。這個泥盆紀的洋底充滿了各種生命，應該是氧氣充足，沒有特殊的環境限制；三葉蟲雖然是最普遍的節肢動物，但仍只是在洋底上爬行的眾多節肢動物之一。一般認爲當時的洋底被偶發的泥流所埋沒，而其中剛好飽含了能將化石黃鐵礦化所需的鐵。史都莫教授設計出一種X光片看起光照相術，能藉此拍出埋在岩石中化石的照片。雖然我們也可以像艾蒙處理尤提卡頁岩一樣，小心地從岩石中挖出所要的標本，但更理想的是藉著侖琴於一八九五年發現的X光片看起射線，我們便能窺見岩石的內部，並拍下埋藏其中的動物。黃鐵礦比周遭的板岩更不易穿透，所以X光片看起光照片上便會現出化石的輪廓，就像有位靈巧的藝術家用軟芯黑鉛筆將外形的素描勾勒出來。X光片看起來有點像隱約的鬼影，令人不禁產生錯覺，想像這影像是被咒語所召來，而不是用科學方法所捕捉來的。

漢斯洛克板岩中最普遍的三葉蟲是體長約幾公分的鏡眼蟲。我眼前正有一張很不錯的鏡眼蟲X光照片（圖六），從中可以清楚看到肢體；爲X光片看起光的穿透作用照出了肢體的

---

*對於喜歡以拗口文字來加深他人印象的人，我可以告訴他們這種動物的正確名稱是「化合自營型共生生物」。

被黃鐵礦所保存的泥盆紀三葉蟲——鏡眼蟲的腳，標本來自德國的漢斯洛克板岩。（照片由哈斯教授所提供）

重疊影像，使這隻蟲看起來彷彿在不安地擺動，就像未來派畫家波丘尼作品中走動的形體。儘管是透過一張黑暗的照片，但這已經是我們所能看到最接近活體三葉蟲的東西了。鏡眼蟲和三分節蟲的親緣關係並不密切，但我們卻很驚訝地發現兩者的附肢在許多方面都很相像：都有類似的觸角，每一體節都有一對類似的肢體。我們在鏡眼蟲的X光片看起光照片中所看到的鰓肢末端，遠比針尖修出的清楚得多。這證明化石紀錄有可能比蕾絲還精緻，而且像蛛絲般若隱若現。

當越來越多還留有附肢的三葉蟲被發現後，看得出這些沿著軀體分布的肢體都很類似，每組肢體都由成對步肢及鰓肢所組成。三葉蟲並不像許多其他節肢動物般發展出個別的特化肢體，例如龍蝦鉗子般的螯，或蒼蠅帶吸盤的腳。相對的，大部分的三葉蟲仍維持一種未特化的體肢運動方式，只有外殼才發展出一系列新奇的造形。就像嘉年華的遊行車隊，外表或許是爭奇鬥豔，五花八門，但在這些花俏的裝飾下，竟是平淡無奇的福特車。在揭露了三葉蟲的行動方式後，藏在底盤下的東西已經不是祕密。接下來，我們準備檢閱這列用成對肢體走過眼前的三葉蟲隊伍，這會與嘉年華的遊行隊伍一樣奇異。三葉蟲之中有些平滑如蛋，有些多刺如火花；有的是巨無霸，有的是小侏儒；有凸眼的兄弟，也有不長眼睛的傢伙；有的扁平如鍋餅，也有的膨脹像泡芙。三葉蟲有幾千個種，數量多到被封爲「古生代的甲蟲」。現生動物中，甲蟲的多樣性足以令人眼花撩亂，生物學家一直很努力地想算出甲蟲可能有多少個種。而我們也無法確定到底岩層中還藏有多少未被發現的三葉蟲種，所以我們的三葉蟲遊行隊伍只能視爲千挑萬選的結果；一頁多的篇幅或許就涵蓋了地球上約三億年的歷史。先瞄一下後面的插圖，你會對三葉蟲不尋常的多樣性有一個比較清楚的概念。我們檢閱的順序大致依照地質時間排列，最老的排在最前面。三葉蟲如何發展出這些變異，將是下一章節的主題。此處所提到的三葉蟲，幾乎都散見於書中的其他章節，並扮演著一定的角色。其實對我來說，所有已命名的三葉蟲都像我的親友般熟悉。

第一個上場的是小油櫛蟲（圖十），這是寒武紀初期（五億三千五百萬年前）最普遍的三葉蟲，在十九世紀中由紐約州的古生物學先驅霍爾發現。後來還發現小油櫛蟲的分布範圍很廣，遠達蘇格蘭都有發現。雖然小油櫛蟲十分古老，但是又長又大的頭部已經有對狹長的眼睛。身體最寬的地方在頭部的末端，並從左右角各向外側伸出一根棘刺。軀幹部分從胸部開始往後逐漸變細。胸部由很多節構成，較爲平坦，節的兩端也形成顯眼的尖刺。胸部的前端附近有一個節發展得比其他體節健全，所以這一節的肋刺也比其他的都長。胸部在末端附近的中軸上長了一根很長的刺，在此之後的體節都很小，尾部也非常細小。從某方面說，小油櫛蟲看起來仍是原始的三葉蟲，頭盾上還未發展出有助於脫殼的縫合線。頭鞍被一些明顯的溝分爲幾節，頭鞍的前端幾乎呈圓形，像個腫脹凸瘤。

小油櫛蟲之後是個巨無霸，像隻大龍蝦一樣大，移動迅速，追逐小型獵物時會邁開大步，眼睛炯炯有神符——這就是奇異蟲（見二六三頁）。之前我們已經介紹過這個名實相副的怪東西了。奇異蟲最早是在十九世紀初發現於瑞典，現今已知分布很廣。奇異蟲同樣有很多胸節，其中卻沒有特別大的節；頰刺向後伸出，像對嚇人的短劍。靠近身體末端的肋刺也向後伸出，並超出尾部，好像西部片壞蛋蓄留炫耀的下垂八字鬚。尾部雖然比小油櫛蟲的大一點，尾節卻依舊不多。布有溝槽的頭鞍整個往前膨脹，頭鞍下的胃部也必定加大了，可能因此可以容下蟲體囫圇吞下的獵物。奇異蟲生於寒武紀中期，比小油櫛蟲晚了一千五百萬年；可能有人會說奇異蟲仍然非常古老，不過這類三葉蟲還是有其特殊意義。

接下來是行動飄忽的一群，這類小生物也算是三葉蟲嗎？這群三葉蟲看起來像充滿生機的小豌豆，大約僅幾公釐長，在遊行隊伍中應該是飛過（或游過），而不是走過我們眼前，因爲這些小東西是在水中划行通過，就像許多種水蚤一樣。這群三葉蟲非常小，你必須瞇眼努力觀察，才能看清這些小東西和其他的寒武紀親戚有多大的不同。有些蟲體似乎緊緊地捲起。這群三葉蟲和奇異蟲的差異說有多大就有多大，不光是因爲尺寸小很多，在外形上也極爲不同；因爲這些動物有極少數鉸合完備的胸節，事實上只有兩節，這兩節的兩端很鈍，就好像被細小手術刀修齊一樣。頭尾很難區別，兩者的大小相等，也看不出眼睛在哪裡。這是種小型的盲眼三葉蟲，和爬在崖上目擊奈特先生受困的三葉蟲已經完全不同。這類奇怪的小生物經過特化高度發展，十分成功，當時的海洋中有豐富的浮游生物可吃，想必那些三葉蟲是多得把晚寒武紀（五億五百萬年前）的海域轉變爲黑壓壓的一片。在其他大陸相當年代的地層中，都可以發現這種生物的蹤跡。這些謎樣的小東西叫球接子蟲，很恰當的一個名字，而參與我們遊行隊伍的品種叫豆形球接子蟲（圖十一），字面含意是「似豌豆的不知名東西」。布隆尼在一八二二年爲球接子蟲屬命名，後來他因爲替蘭代洛的「比目魚」命名而名留青史。我手上有一塊來自瑞典，幾乎全由球接子類三葉蟲所構成的石灰岩，看起來像變成化石的豌豆湯，又像布滿小瘤的圓礫，眞是奇之又奇。

接著來了另一個相貌堂堂的動物，大小和形狀像個小銀盤，表面有些膨脹而光滑，頭部和尾部一樣大，如同球接子蟲，但除此之外就和球接子蟲不同了。這類三葉蟲有八個胸節，每節都彎折成完美的刻面，可以幫助身體輕鬆地捲起來。蟲體上的眼睛突出，形狀像新月，突出於基座之上，好像一對冒出頭頂的潛望鏡上部。此蟲頭鞍不像奇異蟲那麼顯眼，頭鞍上的溝也沒那麼深，身體上也沒有任何頰刺，所以這些動物的周緣都很平滑，邊角也很圓，有助於順暢移動。如果這種動物將自己的部分身體埋入沉積物中，外界要發現牠們，就只能靠沉積物表面模糊的擾動痕跡，和由地表探出的那對眨也不眨的眼睛了。這類三葉蟲叫作等稱蟲（圖十二），來自南威爾斯的蘭代洛鎮，和路伊德發現的龍王盾殼蟲很像，只是身體較爲膨脹，而兩者的親緣關係也的確很近，並生活於奧陶紀相似年代中（四億七千萬年前）。

和等稱蟲相比，許多同時代的動物都成了侏儒，例如下面這個像塊小獎章的三葉蟲。這種三葉蟲頭部鼓起，扁平的胸部有六個胸節，尾部呈標準的三角形；頰刺很長，超出身體很多，使得身體看起來好像架在滑板上的雪橇。頭鞍是身體最突出的地方，形狀像個膨脹的梨子，找不到眼睛的構造，所以這應該又是種盲三葉蟲。這種三葉蟲最特別的地方，是頭部圍了半圈像過濾器般布滿小孔的飾邊，看起來好像頭上的光環；飾邊上的小孔並非胡亂散布，而是有規律地排成整齊的行列，每個品種都有不同的排列方式。這種三葉蟲的大小如硬幣，也同樣精密，還像硬幣一樣依朝代不同而有不同的紋飾設計。軀體下方細小脆弱的肢體能帶動這些小徽章移來移去：這些三葉蟲不會長時間離開安全的海床。墨啓生爵士在完成他的橫跨威爾斯前瞻計畫（一八三三～一八三七）之後，於一八三九年將這種獨特的三葉蟲命名爲三瘤蟲（圖十三），這個名字非常淺白，無需查拉丁文辭典便能了解含意。現今的研究發現在三瘤蟲頭上飾邊的下方，還有個完全吻合的「下葉板」，上方的孔對應著下葉板的小突起。這個飾邊是大自然的複雜傑作，一個穿滿小孔的對折板。這種動物在奧陶紀海洋中的特化程度，一定和現今海洋中的特化動物一樣。三瘤蟲的生活方式至今仍是個謎，儘管已有五個世代的古生物學家研究過這個美麗的小東西，但仍不知這些生物如何生活。三瘤蟲這個屬僅出現於威爾斯地區，但此蟲的近親卻遍及全世界。

接下來是一些善泳族類划到了眼前，這是種眼睛極爲特別的三葉蟲，眼睛凸得像甲狀腺機能亢進的患者。頭盾的兩邊幾乎都是大型膨脹視覺面，也就是自由頰的位置全成了眼睛。

眼睛上的蜂巢構造跟蜻蜓一樣清楚，更奇特的是，兩眼在頭部前方合而爲一，所以實際上這種三葉蟲只有一個視覺器官，或者該說是頭燈。這個三葉蟲叫圓尾蟲，最早是由波希米亞的古生物學家巴蘭德於一八四五年所發現的（圖十五是一個親緣關係極近的屬），這個屬名源自神話中遠古色雷斯地區的獨眼巨人塞克羅普斯。我們的三葉蟲除了視覺部分特別大之外，並不像個巨人。大體上圓尾蟲的體型就像隻大蜜蜂，但眼睛之大則眞令人歎爲觀止。這個生物的其他部位平滑而結實，眼睛間的區域也很平坦，所以很難看出頭鞍的確切位置。胸部有六個強壯的胸節，相鄰的關節接合良好。這個動物的身體是爲游泳而設計的，尾部近乎半圓形且中軸很短。當三瘤蟲在海底匍匐爬行時，圓尾蟲則在上方游來游去。

斜視蟲大概是身體最鼓脹的三葉蟲，身體外緣平滑，像艘裝甲巡洋艦。眼睛不大，位於頭部的上方，頭部邊緣的斜面坡度很陡；頭鞍與胸部平滑地接合在一起，胸肋也急遽地向兩邊傾斜。這個像坦克一樣堅固的造形，一直延續到外表幾乎完全平滑的半圓形大尾甲，讓人很難猜測其中到底有多少個體節。斜視蟲捲起來時，幾乎形成一個任何掠食者都無法攻破的圓球，堪稱是三葉蟲中的犰狳（圖三是斜視蟲的近親大頭蟲）。我們不難想像，和斜視蟲同處奧陶紀或志留紀的掠食者，曾經試圖撬開這個緊密的囊莢，卻終歸徒勞無功；斜視蟲亮晶晶的眼睛則一直凝視著敵人的挫敗，並等待適當的時機開展身體、急速逃往安全的地方。在眾多種屬中，斜視蟲是在十九世紀發現於瑞典的第一種三葉蟲，此後幾乎各大陸都發現過牠的蹤跡。

隱頭蟲被很多人當作是標準的三葉蟲，主要的原因可能只是因爲隱頭蟲出現在許多教科書中，成了學生學習的第一個例子。這種三葉蟲在志留紀（約四億兩千五百萬年前）極爲普遍，發現於傳統的溫洛克地區，英國最早受到完整調查的下部古生代岩層就在此地出露。詩人豪斯曼所說的「溫洛克邊緣」是溫洛克的一處石灰岩懸崖，在崖上向西可以俯看威爾斯，其間出露的珊瑚化石在夏洛普郡雨水的溫和沖刷下逐漸被風化侵蝕。十八、九世紀時，烏斯特郡的德利鎮有些採石場，產出了數以百計保存極好的布氏隱頭蟲。任何一批像樣的收藏應該都有一兩件這種標本。這是令人非常滿意的東西，約手掌般大，圓圓胖胖，流露出令人無法抗拒的深沉魅力。在我鄭重鎖起來的收藏品中，有一件令人讚歎的隱頭蟲鑲金胸針（圖十七），上一任擁有者把胸針別在胸前時，一定曾是最引人注意的話題。這個盾形徽章上的三葉蟲被當地人稱爲「德利蟬」（這樣稱呼它的人當然知道什麼是節肢動物，不過三葉蟲和蟬也確實有點相像）。當地的博物館有些熱心的工作人員，想在舊採石場中建立一座大隱頭蟲造形的大型教育中心，如此一來，遊客就可以在頭鞍的下方用餐，或在胸部的下方學習三葉蟲的歷史。我對此完全贊成。這個身軀飽滿的三葉蟲頭鞍溝紋很深，且向一邊縮窄；自由頰的形狀像三分之二個圓。胸部有十二個節，中軸極爲顯著。尾部比頭部略小，以適切的角度向外傾斜。身體捲起來時，尾部會卡入頭部的外邊緣之下。我喜歡帶著捲成球形的隱頭蟲給學童上課，讓他們把四億多年的歷史掂在手中。這種與眞實標本的接觸勝過看一打錄影帶，那神奇的感知是無法從街角的超商中買到的，也不是照著課堂的要求就能從角落的小櫃子中翻出來的；相對的，這種感覺會不知不覺地悄悄進入孩子的心中。

射殼蟲比隱頭蟲小，卻因全身長滿了優美的刺而令人讚歎不已。射殼蟲頭部的外圍長滿一排梳子般的刺，然後是一對頰刺，接著在每一個扁平的胸節末端又向外伸出兩根（而不是一根）刺，圍繞在尾部周圍的則是另一些優美的長刺。射殼蟲眼長在伸長的柄上，你必須仔細端詳才不會把眼睛當成另一對刺。射殼蟲是一種齒肋三葉蟲，齒肋的意思是「有齒的肋」，你應該看得出來爲什麼會這麼說。此蟲的頭鞍被分割成幾個奇怪的圓瓣，而胸部的中軸上更長了一些刺。你憑直覺就知道，這又是種特化的動物，因爲射殼蟲激起你第一次看到海馬或長耳蝙蝠時所產生的同樣奇怪感覺。你突然對自然界的豐富多變產生敬畏。齒肋（圖三十二）的設計可能眞的很奇怪，但也極爲成功。這個類群從奧陶紀延伸入泥盆紀（五億到三億七千萬年前），衍生了數以百計的品種，各品種的棘刺排列方式也互不相同。其中的雙角蟲就是本書英國版封面所用的三葉蟲，頭部後方有類似牡羊角一樣卷曲的巨大棘刺。

再下來是我們已經見過的鏡眼蟲（圖十八），一種泥盆紀的大型三葉蟲。蟲眼由大型水晶體所組成，非常特別。在下一章中，我們將藉這雙眼睛來看清遠古的世界。第一件鏡眼蟲標本發現於一八二〇年代的德國，接著在英國、法國及北美都發現了這種三葉蟲的蹤跡。蟲的背甲上有許多粗粒的疣狀突起。此時我正一面下筆，一面用另一隻手輕輕拂過一隻來自摩洛哥的大型鏡眼蟲表面。大約從一九八五年開始，這種特別的動物已成爲市場上普遍流通的商品，標本大多只是從石灰岩層中粗略地挖出，所以看起來像個雕刻品。我所擁有的標本摸起來很粗糙，好像傳統的醃黃瓜，我用手指就能摸出蟲體有十一個胸節。這個三葉蟲的稜脊和凹槽都非常分明，我們可以像讀點字般用手解讀出來。頭鞍向前擴展成三角形，尾部的分節深而清晰。鏡眼蟲家族有一個很普遍的種，叫蛙皮鏡眼蟲，名字中的「rana」在拉丁文中是青蛙的意思，會用青蛙來形容，一定是對此蟲疣狀的「皮膚」印象深刻。有些來自俄亥俄州矽質頁岩層的標本從白色岩石中風化出來，感覺有如從光滑的白鑞中鑄造出來的一樣。標本成群聚集，而至少有一位觀察者認爲，在災難即將把蛙皮鏡眼蟲全面淹沒前，這些蟲正齊聚打算交配。如果眞是這樣，那麼這裡所保存的瞬間，就是傳宗接代的那一刻。

更多三葉蟲快速通過我們的眼前，所以我們僅能在這些蟲離開視野前，捕捉到一兩項顯著的特徵。好比鐘頭蟲（圖十九）的尾巴像貓爪，還長了些大型彎刺。而達爾曼蟲的尾部則長了一根像解索針般的刺。接著是像比目魚一樣扁的盾形蟲（圖二十一），尾部像帶扇骨的扇子，突然搧了一下便溜過眼前。巨大的裂肋蟲也同樣是身體扁平，但頭鞍則像被吹起的泡泡般膨脹起來，尾部有很多凹槽，延伸到邊緣則形成了粗大的鋸齒。附近還有一些埋在軟泥中的三葉蟲，可能就是小型的盲眼擅挖掘的舒馬德蟲（二七四頁）。跟著是多刺的大怪物多棘刺蟲（圖三十四），身上背著多根垂直豎立的刺，有如苦行僧的夢魘。這個遊行行列就這麼一直走下去。

最後的三葉蟲是身形略小的菲利普蟲（與圖二十三的粗篩殼蟲有密切的親緣關係），此蟲是根據約翰菲利普而命名的。菲利普的著作《約克夏郡地質圖鑑》（一八三六）為他贏得不朽的傳世之名。第一眼看到菲利普蟲時，會覺得這個三葉蟲和之前閃過我們眼前的奇幻造形相比並不起眼。但菲利普蟲是哈代放在北康瓦耳賓尼崖上那隻三葉蟲的親戚，是在三億三千萬年前石炭紀爬行的動物，眼睛很大呈新月形。菲利普蟲的外殼布滿了突出小瘤，彷彿感染了古生代的痲疹；而一端尖細的頭鞍似乎也和身體一樣受到嚴重的感染。這種三葉蟲尾甲很大，有很深的溝褶。也許哈代曾經看過菲利普在約克夏郡所畫的這種三葉蟲，並將這個形象去蕪存菁，記在心中。菲利普蟲的身上沒有任何特徵，顯示這是最後殘存的種類，但事實如此──和菲利普蟲親緣相近的幾個屬都是生存到最後的三葉蟲。三葉蟲一直延續到二疊紀（兩億六千萬年前）才完全滅絕。至此，這個超過三億年歷史的三葉蟲大遊行終於落幕。

現在你應該很清楚，為什麼僅是三葉蟲世代中的幾個片段，就得花上一生的時間來研究。有太多的歷史要探究，卻僅有少數外殼能作為線索。每有一隻動物走過眼前讓我們看個清楚，就有十幾隻溜走，或頂多在軟泥中留下足跡。有一次在電車上，一個通勤的傢伙困惑地問我，我怎能每天去辦公室只是研究一隻三葉蟲呢？我想他一定以為三葉蟲只有一種，大概就像那幅蒙娜麗莎，而我的工作就是整天對著她沉思，然後想出新理論來解釋她的神祕微笑。讓我這麼解釋吧！我的工作比較像去探究一系列無止境的藝廊，而裡面掛的是各種神祕的蒙娜麗莎，我們所擁有的通常只是她的微笑；每逛完一個藝廊後，前面總還有另一家藝廊等著你去探索，幾乎永遠走不到盡頭。

成爲狹窄學術圈的一員，好比由三葉蟲專家所組成的小小社群，會有種奇特的優勢，那就是你幾乎認得圈子中的每一個人，好像你們都屬於同一個大家族。這個家族和其他的家族一樣，其中也有不和及爭議，然而對家族的忠誠度仍然勝於一切。這個大家庭像其他的家族一樣重視自己的族史。在三葉蟲的圈子裡，我們有沃克特這位有名的祖師，也有遭遇令人同情的前輩，像是不幸發瘋的沙特，以及遭納粹迫害而死的考夫曼。我們有一種超越世代及國界藩籬的團結情操，不管走到哪裡，只要那裡有「三葉蟲人」，我們就會在機場看到他們友善的臉孔，不久之後，我們就會開始像說通關密語般地交換三葉蟲情報。一九九六年隆冬，我抵達哈薩克的阿蒙提機場，站在一個像大型車棚的國際航空站外，眼看著一輛輛光鮮的大禮車接踵而來，不是來接我的，而是接蘇聯解體後的新一代生意人，這些人買賣石油、礦產，就我所知，他們甚至連自家阿媽都賣。我一個人在那裡孤獨徘徊，呼出的氣息在冷冽空氣中盤旋飄升。突然遠方出現了一輛老舊的「拖笨」車，這輛車氣喘嘘嘘地駛來，就像迪士尼布魯托卡通裡的老爺車，還一邊像抖落頭皮屑般掉下鐵鏽，最後停到我面前，從車窗中露出一個愉快的臉龐，嘴裡的金牙還閃閃發亮，他是我的同僚，哈薩克籍的阿帕洛夫，他正經八百地宣布：「我來了！」，實在沒必要。幾分鐘後我們就開始交換三葉蟲的祕辛八卦。

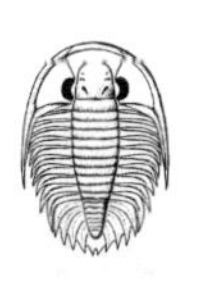

第四章

結晶的眼睛

如果說這個世界是視覺的世界，而生物之所以衍生出眼睛是因爲世界上有太多可看的東西，大概不會引起太大的質疑。但若仔細想想，卻似乎很難肯定視覺眞屬必然。這個世界充滿了太多可以傳遞環境狀況的其他訊息，例如微妙而無所不在的氣味與化學訊號，而使用觸覺也可以像視覺般了解物體的形狀，而且還不像視覺會受到視幻覺畫作或僞裝的誤導。想想看，假如這個世界並未發展出眼睛，不只是昆蟲沒有眼睛，其他如魚類、哺乳類，甚至是我們人類都沒有眼睛，那麼別的感官就會接替偵測環境的任務；那將是一個觸摸探索的世界，肢體的觸探將取代眼睛的梭尋，觸角將隨著身體的每一個行動而不停地搖擺抽動。我們也不難想像，若有生物採取不同的演化方向，就會汰擇出不同器官，能夠敏銳偵測到飄過身旁的微量分子；即使今天也有某些蛾類對異性的費洛蒙極其敏感，只要隨風飄來些微的交配訊號，就能驅使這些飛蛾展開長達幾公里的求愛旅程。沒有視覺的世界中會汰擇、強化出能夠敏銳感受微小刺激的官能：這將是個極其細緻而微妙的世界，我們的粗魯舉動會顯得不可思議。

對有意識的動物來說，這種對環境的感測將使得語言中充滿了對撫摸及嗅聞的描述，美的感受將來自聽覺、觸覺或嗅覺。詩歌中將不會讚歎深邃的眼睛，也不再有亞麻色的頭髮，視覺的比喻完全是多餘的。另一方面，皮膚的質感可能成了最重要的性愛刺激，而天擇可能偏好各種精緻的氣味及引誘性化學物質，隨之發展出的語言，我們只能在夢中想像。帶著麝香的莫札特可能創作出芳香交響曲，小說家將寫出鼻子的故事，而詩人也將作出對芬芳的歌頌。雕刻品將極爲細緻，只有經過數億年觸覺的演化，才能產生具有這麼細膩感受的手指。而世上將不會有「瞎子」這個詞。

我並不覺得有了光線就必然會產生複雜的視覺；我們之所以有視覺，只是因爲我們星球上的生物剛好走上了這條獨特的道路，從原本單細胞生物的原始光敏感特性開始，不斷地演變並改進。三葉蟲的眼睛是汰擇後的結果，是從眾多選項中被採用的一個演化的特別分支。這項變革使今日世界具有視覺，一旦跨過了這個門檻，就不會再回頭——即使有些動物（包括部分三葉蟲）後來因生活於黑暗的世界，反而又失去了原有的視覺。

近年來的實驗室研究結果顯示，在動物從胚胎發育爲成體過程中，控制各種器官發展順序的基因會產生普遍影響。其中最重要的當屬ＨＯＸ這組基因。一項驚人的發現指出，控制蟬頭部位置的基因，和魚、袋鼠或是人類的很類似。這些基因深深地鑲嵌在我們肉體的潛意識中，而這些基因的起源卻早被遺忘在前寒武紀的生物發展史裡。我們永遠無法直接採得三葉蟲的基因密碼，但我們可以確定三葉蟲的發育也和現生動物一樣受到ＨＯＸ基因的控制。

這個主張完全是根據邏輯推理而來。胚胎學家爲了研究受精卵如何由單一細胞發育出可辨識的器官，他們發展出一種能將特定組織染色的技術，藉此觀察這些受特殊基因控制的組織如何發展。藉著這個技術，他們得知果蠅（實驗用的標準昆蟲）的胚胎發育過程和脊椎動物差不多。他們找到了一系列指令，能指示如何建構身體，而這套指令通行於各種動物。由此我們獲致一個結論，那就是控制身體發育順序的基因一定非常古老，老到可以追溯至昆蟲和脊椎動物的共同祖先身上。帶有這種基因的族群是一個很古老的演化「分支」，出現的年代甚至比最古老的三葉蟲還早，因爲我們知道三葉蟲已經是種標準的節肢動物（和牠的遠親果蠅一樣），所以連結脊椎動物及節肢動物的共同祖先——已經擁有上述共同基因的動物——必定是遠早於第一個三葉蟲化石的年代。實際上，節肢動物和脊椎動物分道揚鑣的地方已是生命樹中最根本的分支之一。節肢動物和蝸牛的關係可能比和脊椎動物的關係更爲親近。我們目前還無法了解這個遙遠的共同祖先，也許我們永遠也不會知道這個共同祖先的模樣，但我們可以推論應該是種軟體型小生物，所以沒有留下任何化石。但這類生物的遺傳基因已開始指示胚胎的發育，包括哪些細胞要長成頭部、身體的前後要如何排列，持續地依照著最早規畫的藍圖建構身體。而三葉蟲的成長也是根據這個遙遠的指示，讓腦被包在頭部裡面，讓眼睛發育生長*，想想眞的是很奇妙。

眼睛的發育屬於遠古指令清單中的一部分，不論是魚、蒼蠅或人類，令眼睛開始發育的刺激似乎都完全相同。當胚胎中的細胞發育時，眼睛會在一點上開始分化。最初是一小撮細胞，經過不斷地分裂再分裂，最後形成各種極爲不同的眼睛——例如昆蟲的複眼，或脊椎動物的帶水晶體的複雜眼睛——但是令這些動物開始「製造眼睛」的啓動機制可能都一樣。基因的深層語言就好比生物構造設計的世界語，再怎麼不同的生物都可以辨識這種語言。這個深植生物體內的基因代表一種組織規則，早在生命大量增加，並造就現今豐富的生物世界之前，這個規則便已存在。要了解這種深層的架構，我們就必須先撇開差異，找出這些基因源自祖先的共通點；而眼睛正好就有這種共通點。

也許這個眼睛的共通點可以遠溯自扁蟲。扁蟲是一種頭部呈楔形的小生物，至今仍大量分布於潮濕的土壤中或石頭下。很多讀者對扁蟲的印象可能來自於畫家艾雪的精巧暗碼——越縮越細的巧妙對稱圖案；在他的畫中，扁蟲隻隻相扣並無止境縮小，炫耀一種越來越細，無限回歸的幾何網，最後就變成反論證式的結果。這幅畫是高等生物學教室的牆上最喜歡掛的海報。牠們被糟蹋，用在簡易幾何習題中，所以扁蟲的眼中流露出驚愕的表情。許多生物學家把扁蟲（更精確地說，是幾種不同的扁蟲）放在接近大多數高等動物共祖的位置；據此，三葉蟲和人類的共同祖先可能就是這種身體扁平、具有點狀眼睛的細小無脊椎動物，而令扁蟲眼睛開始生長的基因指令，可能就和我們人類的一樣。

＊控制眼睛發育的並不是ＨＯＸ基因，而是種同源結構區基因，稱爲ＰＡＸ６。

所以當你用自己的眼睛看著三葉蟲的眼睛時，你等於在看幾億年前的視覺親戚；只可惜三葉蟲無法報以一個會心的眼神。三葉蟲提醒我們，當生物第一次發展出感光細胞的那一瞬間（至少在地質上算是一瞬間），視覺細胞增生及改良之路便已定調，之後便導向現今以視覺為主的世界。當視覺成為一種可能的選項以後，擁有視覺的動物也擁有額外的優勢：靠著外形的辨識就能找到食物，當敵人接近時，這些動物也會察覺陽光被遮住了。當然，看得越清楚，辨識的動作越微細，就能帶來越多的好處，這將促使動物演化出更好的視覺。另外，色彩可以用來吸引異性自有道理。顏色有其功能；偽裝的細緻騙局、擬態的策略及大自然中的其他色彩安排，則是理所當然的結果。如果沒有視覺，自然界的色彩將沒有規則可循，這裡一點紅色、那裡一抹綠色或黃色。雖然許多生物分子都有本身附帶的色澤，但仍有賴於視覺將這些色彩轉成有用的資訊，並為地球著上有意義的色彩。

視覺是什麼時候發生的呢？我們知道在寒武紀早期出現的第一隻三葉蟲已經具有複雜的視覺系統；這個最早的三葉蟲來自摩洛哥，名叫法羅特蟲，牠的眼睛極大，生存年代大約是五億四千萬年前，所以眼睛的起源必定早於此。在中國早寒武紀的澄江動物群中，也發現了幾種長有眼睛的軟體動物，有些動物的眼睛還生在突出的柄上。撫仙湖蟲這類節肢動物的眼睛似乎是長在身體的前端，而三葉蟲的眼睛則是嵌在頭盾的上方，所以幾乎在寒武紀的一開始，節肢動物的眼睛便已經呈現多樣性演化結果。寒武紀「大爆發」是否肇因於猛然加速演化？我們在後面將會討論到這個主題。此時我們能確定的是，化石的證據說明了眼睛的起源要早於五億四千萬年前（還可能更早得多）。

有一種間接而獨特的方法，可以用來估計最早的眼睛到底出現於前寒武紀的什麼時候。我們知道前寒武紀的實體化石非常少，也沒有眞正確定的證據顯示這些動物有眼睛。這些動物可能都很小，而且只有軟體部分，不像後繼的三葉蟲具有堅硬而易於保存的外殼。在沒有直接證據的狀況下，我們根據現生生物仍保有的現象，來推論發生於遠古的事件。我們已知動物會代代相傳，但我們還想知道，有眼睛的動物是在何時跟生命樹上無眼睛的親戚「分家」的。這些不知名的有眼動物後來又走出許多不同的發展路徑，造就了像鯨魚、跳蚤、章魚或猩猩等各種截然不同的生物。但這些差異與眼睛的起源之謎無關，我們感興趣的是找出演化之路上出現分支的時間，這代表一個新路徑的展開，我們稱之爲「趨異時間」。而重點是要找出，「較高等」的動物是在何時帶著「製造眼睛」的訊息從扁蟲類分支出來的。我們可以根據分支發生後，遺傳密碼所累積的改變而推測出趨異時間。突變的發生使得變異留在遺傳密碼中，這就好比惡劣回憶在良心中引起的罪惡感，會一直累積負面效應。如果我們找到基因群組的適當區段，就能將基因中累積的突變當作一種計時器，用來估算以百萬年爲單位的時間。這類計時器有的走得「快」，有的走得「慢」。在回顧前寒武紀時，我們需要走得最慢的計時器，屬於基因群組中保存性最高的區段。我們要尋找所有動物在遺傳上共通的「集體潛意識」。

在追查遠古演化事件時間點時，有些部位的遺傳密碼顯得特別有用。每一個活細胞中都有大量稱爲核醣體的小粒子，生命所需的蛋白質就在核醣體中合成。核醣體約有百分之六十由RNA（核醣核酸）所構成。這個核醣體的RNA分子中，有某些區段的保存性被認爲是最適合用來衡量並校正我們所感興趣的遺傳變異，因爲這些區段既不會慢到看不出改變，也不會快到數不清它多繞了刻度幾圈。這個重要的RNA分子普遍分布於我們所感興趣的動物身上，因此我們得以用一個共通的時間標準，來測量幾十萬到幾百萬年所累積的遺傳變異。然而RNA計時器是否可靠，仍有很大的爭議，我的很多同僚就懷疑這個訊號中不知含了多少與地質時間無關的雜訊。

過去十年來（本書寫於一九九九年），根據基因的變異及RNA分子中不同的「小段」，我們已經估計出多項趨異時間。近來，當潛藏大量資訊的DNA分子逐漸被解碼後，有證據顯示DNA可能也與趨異時間有關。目前採用的「計時器」包括了記錄蛋白質密碼的基因，以及發現於細胞粒線體中的DNA，可以用來檢測遠古遺傳下來的資訊。我之所以認爲對前寒武紀趨異時間的估計有其可信度，是因爲用很多方法所估計出來的趨異時間，都落在同一個數量級之內。而許多不理想的估計值則都被辨識出來並予以剔除。這有點像你在不知道時間的狀況下走進一家老式鐘錶店，在嘈雜的滴答聲及低沉的電子脈衝中，你看到有些鐘顯然以自己特別的步調運行，但大部分鐘上的時間都差不多是兩點半；你仍不知確切的時間，當然也不能肯定兩點半是否正確，但你能肯定應該已超過了一點而仍未到下午茶的時間。我們的分子時鐘正是這個狀況。根據估計，在人類與海星攜手，而三葉蟲與蒼蠅同行之前，生物世系的遠古共同祖先＊大約是生存於七億五千萬到十二億五千萬年前，這在生命史中差不多是過了午餐時間，而還不到午茶的時間，這個共同祖先可能已經具有一對原始的眼睛。

如果以上的數字還算正確，那麼三葉蟲大概比眼睛的出現晚了不只二億五千萬年，而且很可能晚了五億年。三葉蟲為眼睛發育史的中期階段提供可見的證據，見證那個至今仍左右胚胎發育的基因的連續性。由於現今對遺傳知識的了解，我們能感受到自己與三葉蟲的關連，而十九世紀研究人員第一次看到三葉蟲石化的眼睛時，並無法感受到這點。對早期的科

＊這個共同祖先連結原口動物及後口動物，前者涵蓋所有的節肢動物、軟體動物以及多類蠕蟲，後者則包括了脊椎動物（也包含我們人類）及棘皮動物（海膽等）。十九世紀的胚胎學家已經確認這兩個類群在身體發育上的根本差異，這項發現也通過了一個多世紀以來生物學家的調查考驗，以及更晚期的分子分析驗證。最近我們對一大群有蛻皮激素的動物有進一步認識，並據此修正對原口動物的概念。

學家來說，三葉蟲就像外星來的生物，與世上其他生物的關係是遙遠得無從估計。或許他們也察覺到有關共同祖先的一些線索，但我不相信他們知道三葉蟲的設計程序其實也銘記於我們的胚胎中。知識的進步拉近了我們和過去的距離。三葉蟲似乎對我們說：「看著我的眼睛，你將看到自己過去的遺跡。」

生命史中視覺的共通性可不是件小事。在我們這個視覺主導的世界，看到幾乎就等於知道。當光線降臨，我們會說：「我看到了！」在表達我們的理解程度時，我們也會用上許多視覺的比喻，例如：我們對準焦點看事情、我們澄清觀點、我們瞄準目標、我們透視事件的眞相。我們相信眼見爲憑，而魔術師則徹底地玩弄影像的眞實性：這會兒你看得到的東西在下一秒竟然不見了。我們發現他的技倆之所以可以騙倒我們，是因爲我們太相信視覺的可靠度。了解視覺的歷史，將有助於我們理解在遠古地質時期就分支出來，和我們關係極疏遠的動物是如何感知世界。我們可以像描述自己的生境一樣，用影像及色彩來描述這些動物如何理解所處的環境——現在已消失了的海洋。我們去看三葉蟲曾經看過的世界，其實就相當於把三葉蟲帶進我們所認知的視野。

三葉蟲的眼睛由方解石所構成，這在動物界中獨樹一格。

方解石是種藏量極爲豐富的礦物。英國南邊多佛的白色懸崖是方解石，美國密西西比河沿岸的絕壁也是方解石，中國桂林一帶一個個像巨大白蟻窩的山峰，則是經過上千年風化的方解石岩層所形成。石灰岩（也就是方解石）常被拿來建構最具紀念性的耐久建物，例如：高尚的巴斯新月形王宮、吉薩的金字塔、古希臘的圓形劇場，還有古典時期的柯林斯石柱。磨光的石灰岩板則被拿來裝飾義大利文藝復興時期教堂的地板，至今還被用在凱悅飯店或會議廳室內以增添華彩，當建築師想要表現那種只有石材才能展現的莊嚴高尚時，就會用到石灰岩。粗獷的石灰岩可以作爲庭園假山的造景，而細緻的白色石灰岩則可作爲偉大雕塑品的素材。和石灰岩一樣無所不在的大概只有石英砂了。或許你對這類材質的普遍性毫不在意，但你知道嗎？三葉蟲之所以能看，竟然也是依靠某種形式的方解石呢！

最純淨的方解石是透明的，建築用的石塊及裝修用的石板則因所含雜質及小結晶顆粒的組合，而呈現或黃或灰等不同的顏色及斑駁的花紋。義大利教堂地板常見的深紅色鈣質頁岩，則是受到三價鐵浸染的結果。如果將方解石的所有雜質清除，則應該是無色的。但即使如此，純方解石也不一定透明。白堊是幾乎純淨的方解石，由一堆小顆粒所組成，其中大部分是化石碎屑，這些顆粒會散射及反射光線，因此就成了耀眼的白色。當英國南邊海岸的七姐妹崖自霧中浮現時，看起來眞像起伏的漿硬床單，透著一種冷冽的白。如果方解石能在自然界中慢慢地成長，就有可能構成像玻璃一樣透明的完美結晶。方解石是種簡單的礦物，化學成分是碳酸鈣。當晶體成長時，組成原子會以特定的方式堆疊起來，而且不容許其他的原子混入，破壞了原有礦物的純淨。這種固定的結構一層接著一層，形成特有的晶形，寶石的巨觀世界忠實地反映了原子結構的微觀世界。就像技藝超群的泥水匠所堆砌的作品，原子的建構過程中不容許發生任何錯誤。漂亮的大型晶體常生長於礦脈中，但採集貴金屬的礦工總是將純晶體丟棄一旁，因爲貴金屬有時還可能藏在暗淡而不透明的礦物中，而完美的方解石晶體就全然沒指望了。有些方解石結晶會形成尖銳的外形，因此被稱爲犬牙石，很像諾曼地工匠喜歡在教堂門上做的鋸齒狀裝飾。有的末端較鈍，被稱爲釘頭石。其中最純淨透明、一如赤子之心的結晶，我們稱爲冰洲石。

透視冰洲石的結晶，你就會發現三葉蟲視覺的祕密。三葉蟲用透明的方解石作爲眼睛的水晶體，這一點是相當特別的。其他的節肢動物大多發展出「軟性」的眼睛，水晶體由角質構成，和身體其他部位的成分類似。在這種條件限制下，各種動物的眼睛仍有極大的變異，例如：許多動物像蒼蠅般由許多水晶體組成複眼，而多數蜘蛛則有複雜的大型眼睛；有些動物的眼睛能適應黑暗，有些則須在燦爛的陽光下才看得清楚。軟體動物中的章魚的眼睛和脊椎動物極爲相似，成了動物界趨同演化的最佳例證。大多數人可能都看過死魚可憐的眼睛，並且注意到魚眼和我們能夠聚焦的大型眼睛有何異同。三葉蟲獨樹一格地利用方解石的透明性來接收穿透的光線；三葉蟲的眼睛和外殼是連續的，眼睛在頰的頂端像是連成一氣的鏡片，就像蛤蜊殼般地牢固。

在此有必要先對三葉蟲的眼睛稍做學理解釋。三葉蟲眼的運作和方解石的光學性質息息相關，而礦物的光學性質又必定牽涉到結晶學。如果你敲開一大塊結晶的方解石，結晶破裂的方式會與內部的原子結構有關，也就是破裂面會和肉眼無法看見的內部排列方向一致，所以你可能得到一塊規則形狀的六面體，我們稱爲菱面體。既不同於四平八穩的正方體，也不像巧克力磚般的長方體，菱面體的側面向一邊傾斜，而不是垂直的。礦物晶形的幾何性質，可以用通過中心的幾條主要晶軸的方向做個非常簡單的說明。以形狀最簡單的立方體來說，每個晶軸都通過結晶面的中心，然後在晶軸的中點以直角相交，每軸的長度都相等。我們依次將這些軸稱爲a、b、c軸，這是科學界用最簡單方式來命名的例子之一。方解石的結構中，有一根主要的軸和其他三根彼此成一百二十度的軸垂直相交，所以才形成了菱面體。透明的方解石會對穿過的光線產生一種奇特的效應，如果光線從菱面體的側面照進去，就會被一分爲二，這就是所謂的雙折射。如此產生的光線分別被稱爲「常光」及「非常光」，折射的方向則和菱面體的形狀同樣要受到原子排列方式的影響。倫敦自然史博物館二樓有一塊巨大的冰洲石，透過這塊石頭你會看到兩個馬爾他十字影像，分別是由常光及非常光所形成的。但方解石的結晶中卻有一個方向，而且只有這個方向能讓射入的光線不致產生雙折射，那就是c晶軸的方向，唯有從這個方向進去的光線才能筆直穿透，而不會被一分爲二。

方解石的這種雙折射特性，乍看之下只是個稀奇的事實，可以拿來當作常識測驗的難題怪解；但另一方面的意涵則表示，這種礦物有個特性，傾向於讓光線從c軸通過。如果晶體剛好呈稜柱狀，而c軸正好是長軸的方向，則順著長軸而入的光線將不會被折射，但從其他方向射入的光線則會被偏折爲常光及非常光，分別轉向稜柱的邊緣，然後在內部繼續產生部分的反射及再折射。只要稜柱夠長，最後將只有平行c晶軸射入的光線能順利地穿過稜柱體，從另一端出來，於是晶體只能「看」到從特殊方向進來的光線。令人驚異的是，三葉蟲擷取了方解石的特性達成自身的需求：三葉蟲具有結晶的眼睛。

三葉蟲的眼睛是由透明的方解石稜柱所組成，通常稜柱的數量很多，一個挨著一個緊密地聚集起來。在和許多別的節肢動物比較之後，我們發現這些稜柱顯然是一個個的水晶體，就像蒼蠅眼睛的蜂巢結構，其中每一個六邊形都是一個水晶體，蜻蜓、龍蝦也都是如此。三葉蟲的眼睛是節肢動物複眼的又一例，它由無數的視覺小單元所構成，合力爲這隻眼睛描繪出這個世界的輪廓。每個小單元就是一個水晶體，和其他動物不同的是，三葉蟲的水晶體是由礦物所構成，因此若說三葉蟲的眼神像石頭般冷冰冰，那也算是事實。這不禁令人想起，莎士比亞最奇特的劇作《暴風雨》中有一段怪誕的台詞：

汝父長眠在六英尺五英寸深處，
他的骨骼是珊瑚，

他的眼睛是珍珠；
他的一切不曾凋萎，
只是歷經大海的轉換
給了他華貴而奇怪的裝扮。

如果歷經歷史之海的轉換回到三葉蟲的年代，那麼最奇怪的裝扮就是三葉蟲石灰質的眼睛了。珍珠的化學成分和三葉蟲的水晶體一樣，是碳酸鈣的另一種形式，差別只在於珍珠會反射出高雅的光澤，而不是讓光線穿透。莎士比亞文字中最怪異的是：他用不透明的珍珠來暗示轉變了的遺體，死去後卻仍能視物的屍骨。三葉蟲用來看海洋的眼睛是一堆排列整齊的鈣質水晶體，不像在莎士比亞描述中死去的海上行者，三葉蟲石化的眼睛透過「活」的礦石爲媒介來認知這個世界。

三葉蟲的水晶體有固定的光學排列方位，c晶軸縱向穿過水晶體稜柱，而且絕大多數與表面垂直。如果你能看到某一水晶體的整個表面（用你的手持放大鏡試試），就表示很可能從水晶體的另一面也可以看到你。當然水晶體本身並不會看，但能讓角度適合的光線通過。

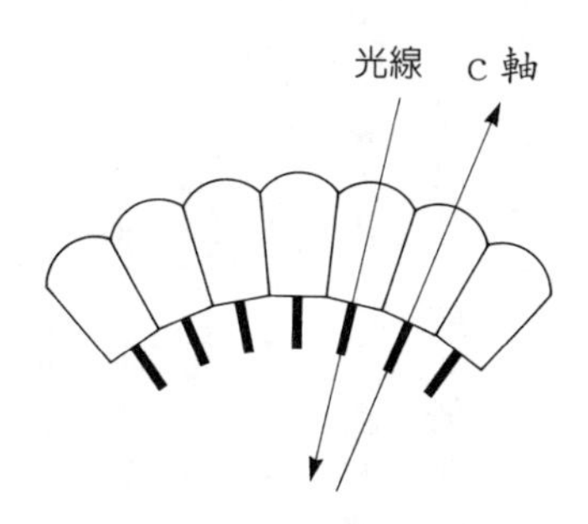

三葉蟲眼睛運作的方式。光線從平行c晶軸的方向通過水晶體，到達眼睛內側的光線受體。

三葉蟲的眼睛是由許多微小的稜柱聚集而成，每個稜柱的方向都有些微不同。一個半圓形的狹長眼睛可能有幾百個，甚至上千個這種稜柱，其中有些晶體的c軸指向前方，有些指向旁邊，也有些指向後面。你可以想像所有的c軸都從水晶體中心向外指，有如一組排列整齊的細針；一個大眼睛加上這些細針大概會像個刺蝟，每一根針都代表光線能射入水晶體的方向。有如一群各有目標的小箭頭，每一個射入的光線都爲眼睛提供了些許資訊，而每一個水晶體各有其管轄的視線範圍。

三葉蟲眼睛運作的方式很可能和現生節肢動物的複眼一樣，所以我們預期應該可在每一個水晶體的後面，找到能感應透入光線的受體細胞。在細胞上方的水晶體能保存下來，這些感光細胞卻很容易分解消失。感光細胞雖然無法成爲化石，但確實必須有這些細胞才能把一堆無意義的光束轉換成影像。光線本身並不能產生理解，池塘中的倒影充其量只是忠實地反映了眞實的景物；資訊必須經過神經的收集及大腦的判讀才能產生意義。因爲每個水晶體接觸的視野不同，所以古老的三葉蟲所感受到的世界，必定是由馬賽克式的小影像所構成；相鄰的水晶體所擷取到的影像間會有些微變化及重疊。影像的解析度部分取決於水晶體的多寡，想更清楚看出細節，就可能要靠更多的水晶體，水晶體越多，效果也越好。難怪有些三葉蟲的水晶體多到幾乎無法計算。

我曾嘗試過最困難的工作之一，就是去計算三葉蟲的大眼睛到底有多少個水晶體。我從許多不同的角度照下這個眼睛的照片，然後將這些照片放大到能看出每個水晶體的程度，接著我像大家一樣「一、二、三、四……」地算到了一兩百個，但稍一分神或打個噴嚏後，問題就來了，我忘了剛才數到哪兒，因此我只好咬牙切齒自認倒楣，從「一、二、三……」重新開始。後來我想到一個辦法，那就是用針在每一個數過的水晶體上刺出記號，如此一來就不會重複了。但在數完一張換到下一張時，又發生了很大的問題：哪一個才是我剛才數到最後的水晶體？而這些照片是從哪裡接到哪裡呢？剛才是上面有刮痕的那個嗎？還是比其他都大的這個？這種工作最適合給患有嚴重失眠症的人來做。在算出水晶體總量超過三千後，我便發誓以後要先簡單計算一小塊眼睛的水晶體數目，然後用上我的一切數學知識來估計總數。

在我們遇到的眾多三葉蟲中，水晶體的數目從一個到數千個都有，當然眼睛的功能也隨之不同。但不管其眼睛是大是小，方解石所構成的三葉蟲眼都只能接受從c晶軸進來的光線。

我們從這個現象導出了一個有趣的推論，那就是：如果我們知道從哪裡來的光線能通過三葉蟲的水晶體，就能徹底了解三葉蟲所看到的範圍。將小箭頭般的一簇c軸反轉向外，射向周遭的海底世界，所指到的就是三葉蟲所能看到的東西。我們只須綜合視線所及的範圍，就能知道三葉蟲對周遭的了解。透過三葉蟲的眼睛，我們能看到幾億年前的世界看起來是什麼樣子。這些由純淨晶體所組成的眼睛，會隨著周遭景象做適當的調節。水平排列的水晶體可能只看到水平的景象，而呈弧面排列的水晶體則能有較廣的視野。了解三葉蟲的水晶體面向何處，你就掌握了三葉蟲的視野。

最早仔細研究三葉蟲視野的是愛丁堡大學的克拉克森。他根據一首歌的歌詞：「天呀，嗨呀！哪兒來的這麼多個愛偷看的？」老是把三葉蟲的眼睛比喻成「愛偷看的」。他先把三葉蟲固定，才好精確測出三葉蟲每個水晶體的c軸方向，然後順著這些方向做球面投影到立體網格上，用這個方法來代表三葉蟲眼在三百六十度的球形視野中所看到的範圍。然後他看到了三葉蟲所看到的景象。

根據克拉克森的研究，大多數三葉蟲都無法看到周遭所有的景象。他發現一般的三葉蟲比較注意旁邊的景物，眼睛可以看到左右兩邊、前面及後方的一小部分，而且總是側目而視。為何會如此呢？這些動物的視野掃向身體的周圍，有如專門掃射地面及低矮灌叢的探照燈，卻不太理會天空的狀況。對這些三葉蟲視野的侷限性，可以做以下簡單的解釋：因為大部分的三葉蟲都住在海底，這就是牠們想要評估的環境。在這個海底世界，隨時可能有敵人迅速邁步迫近，食物可能半掩在軟泥中，獵物可能在沉積物上漫步；住在附近一小塊地盤上的鄰居可能就是未來的伴侶，必要時牠可以做進一步的確認；對手可能從旁邊突然靠過來，牠必須先捕捉到這個動靜，以便來個出奇不意的突擊。當牠前進時觸角會嗅聞，並感受拂過前方的海水，藉以偵測水流中的任何化學訊號，協助牠了解所看到的事物。對敏銳的視覺來說，觸覺及嗅覺長久以來一直扮演著輔助的角色。這是個沉積物之上的世界，不管白天或晚上，大部分的事件都發生在這小小的方圓之內。

現今的泥質海底也有很多和上述類似的環境，但這種環境不像珊瑚礁那麼有魅力，也不會在電視上播出。這裡有各種不同的蠕蟲，靠沉積物中的養分維生，這些蟲有些住在泥裡，有些會攪開爛泥來吸取營養的泥湯。在這裡，溫和的素食者被陰險或強悍的掠食者所獵捕，有些動物將自己僞裝成海草，有些則以快速繁殖策略來抗衡掠食者，以免被捕食殆盡。這是個充滿生存競爭的世界，所有的營養都源自沉積物中豐富的有機質。這是個斜眼相向的世界，你注意觀察你的鄰居，因爲他很可能並不是表面的樣子。難怪大部分的三葉蟲要注意周遭的泥質環境，不論身爲獵人還是獵物，都必須保持對環境的敏銳監測，這和生存息息相關。對大多數的三葉蟲來說，眼睛是求生的關鍵（不過我們也看到，有些三葉蟲是盲眼的）。在植物打頭陣，試探性地登上陸地之前的一億五千萬年，三葉蟲就已經發展出成功的視覺系統，任誰都要覺得印象深刻吧！

仔細觀察三葉蟲的眼睛，你會發現這些小水晶體形成一種蜂巢狀的結構。如同很多在自然界中排列緊密的東西，這些水晶體大多呈六邊形，遵循著幾何的規則，就像許多珊瑚、昆蟲的複眼，甚至類似拼布棉被的圖案。當大小相近的東西彼此聚攏靠緊，並且達到平衡狀態時，自然會傾向於擠成六邊形，而每個相鄰六邊形的中心距離都相等，這是平均分散壓力的最好方式。三葉蟲的水晶體通常是又細又長的六角柱，寬度大概只有幾十微米，c晶軸順著長軸的方向。如果三葉蟲的眼睛是個完美的平面，那麼水晶體的排列方式就會和地板的拼花圖案一樣不足爲奇，但事實上三葉蟲眼固然是由六邊形構成的彎曲表面，卻並不是個單純的弧面，於是你就會發現畸形的水晶體，或爲順應曲面而出現的不規則排列，這就像用紙張包裝球體時會遇到的問題。但即使如此，有些三葉蟲的眼睛仍然呈現了驚人的規律性，許多六邊形排成逐漸彎曲的螺旋曲線，由邊緣向眼睛的中央收攏。

克拉克森注意到大部分三葉蟲的眼睛構造都有一種現象，那就是較小的水晶體集中在眼睛頂端。眼睛的表面（也就是角膜面）在身體成長時，會跟著身體的其他外骨骼一起蛻殼，而眼睛也會隨身體其他部位的成長而長大；另外在每次蛻殼後、外骨骼開始硬化的同時，也新增了許多的水晶體。新的晶體從眼睛頂端的一個形成帶加進來。在一系列的蛻殼過程中，新的水晶體不斷被加進來，舊的便移往旁邊，與新來者形成連續不斷的系列。而新舊水晶體大小的差異，有助於維持水晶體在眼睛弧面上排列的規律性。這種「原始」的動物竟然能夠因應眼睛的外形來處理礦物的排列方式，借用克莉絲蒂筆下的名探白羅的語氣，這實在是具有「惡魔般的智慧」。

由於視覺神經沒有留下可供探索的蛛絲馬跡，所以我們無法確切知道三葉蟲是如何用結晶的眼睛來視物。這有如我們找到一件古老文明的器物，我們可以猜測大致的用途，卻無法知道原來使用者的想法。三葉蟲將永遠和我們保持一定的距離，某些限制使得我們無法完全了解這種生物。我們只能猜測，三葉蟲蜂窩狀的複眼所看到的世界，和現生節肢動物的複眼所見略同，這一類的眼睛無法對周遭環境形成完整的影像（但有些節肢動物的水晶體有特殊的排列方式，能讓眼睛合成複雜而單一的影像）。像三葉蟲這樣水晶體密度極高的複眼，對物體的移動特別敏感，一個動物接近時的影像會侵入視野中的不同區域，也因此對水晶體產生連鎖性的刺激。如果這種變化被歸類爲警告，那麼三葉蟲就會做出逃避的反應，可能把自己捲成圓球，也可能儘快逃之夭夭。透過三葉蟲的眼睛來看，就像用片段資訊來認識世界，所以我看大可以把三葉蟲改稱爲「三位元蟲」。三葉蟲無法看到我們所看到的景象，這種動物對世界的感覺是上千個光塊，彷彿腦中有個以水晶體稜柱爲調色盤的印象派點畫家。

雖然大部分三葉蟲的眼睛都和前段描述的一樣，但仍有些眼睛就是與眾不同，値得特別來說明。在上一章三葉蟲的遊行隊伍中，我們曾介紹過一種叫鏡眼蟲的三葉蟲，普遍地分布於紐約、俄亥俄、安大略、德國及摩洛哥的泥盆紀岩層中。你只要花幾塊錢就能買到一隻摩洛哥的鏡眼蟲，算是非常便宜。如果你在大型博物館中工作，你會經常碰到有人帶著鏡眼蟲標本找上門來，你就可以像老友相逢那樣和牠打招呼。指認出鏡眼蟲的新月形大眼睛是件令人愉快的事，那兩隻眼睛位於兩頰邊，就像保時捷優美而可開闔的頭燈。且慢！除此之外這些眼睛還另有些特異之處。一般三葉蟲的水晶體須靠顯微鏡才看得到，但我們幾乎不需任何輔助就能看到鏡眼蟲的水晶體。在肉眼下，水晶體看起來就像一系列完美的細小球體，剛好呼應了「他的眼睛像珍珠」。這些水晶體明顯地排成一行行縱列，通常彼此有細小間隙，而且依照六邊形的排列方式，所以每個水晶體都與另外六個水晶體相鄰。這和其他眼睛的水晶體排列規則一樣，又是個緊密排列的例子，但鏡眼蟲眼的規律性卻特別驚人。我們知道自然界的設計中本來就包含了些小小的不規則，例如花豹的斑紋便不可能呆板重複，也沒有背上紋飾完全相同的蛇。但這些眼睛卻像由機器製造的一樣，整齊得如同排在木框中的撞球。鏡眼蟲顯然和那些水晶體極小的三葉蟲有所不同，一般三葉蟲多有幾百個甚至幾千個水晶體，但這種三葉蟲的眼睛大約只有一百個水晶體，甚至只要集合一家人的手指就算得出來。

如果說三葉蟲的眼睛並不尋常，那麼鏡眼三葉蟲的眼睛就更加特異了*。更深入的研究方法是將這些水晶體切開，然後在高倍顯微鏡下研究其光學性質。雖然這些動物已經死了那麼久，但要在這群美麗的生物中挑出一隻，然後用圓鋸將牠的頭部切開，仍然令人覺得有些褻瀆。這一堆幾億年來未曾遭受侵犯的珍珠，或許只消一個下午便被摧毀。

但是這樣切出的薄片，的確透露了一些奇怪的祕密。首先是這些水晶體幾乎都呈球形，有些或許帶點水滴形。鏡眼蟲類的水晶體像個令人不安的玻璃眼球。在學生時代，有一次我正做著累人的苦工，旁邊有一位裝了玻璃眼球的校友，每當我們談話出現了空檔，他會突然拿下他的玻璃眼球把玩一番，然後又放回去。拿進拿出，對他沒什麼分別，因爲那個玻璃眼球並沒有視覺。但鏡眼蟲的裂色水晶體卻是有功能的，既不會鬆脫也不會被更換，因爲水晶體表面封了一層方解石薄膜（但是這層膜在蛻殼時會和其他外殼一起換掉）。第二點是相鄰的水晶體間常有屏障小「牆」，如此可以防止光線從旁邊的水晶體透過來並產生疊影。通常這些水晶體會稍微下陷，而水晶體之間的區域則較爲凸起。對這個古老的動物而言，這種光學結構顯然算是相當複雜，也因而令人有些驚訝，因爲照我們原先的預期，這個出現在視覺發展史半途的眼睛應該貌不驚人，不然也應該和一般三葉蟲一樣，具有類似其他低等動物的平凡眼睛。但鏡眼蟲的眼睛卻是令人意想不到地先進，就像出現在馬車時代的雙門跑車。這不單單是因爲鏡眼蟲有方解石質的水晶體，更主要是由於這種眼睛的奇異樣式。

像這樣特化的眼睛一定有其特殊的運作方式。現生動物中還找不到眞正能令人信服的類比；一位研究人員曾特別注意到，有種蟻獅的幼蟲眼睛有點類似水滴形，但卻不是由方解石構成。任職於華盛頓史密森學會的美籍研究人員托瓦，於一九七二年以最生動的方式展現了

*專業術語稱「正常」的三葉蟲眼睛是全色的，而像鏡眼蟲這類比較特別的三葉蟲眼睛則被稱爲裂色的。

三葉蟲的眼睛。上圖是鋸圓尾蟲的全色眼，由許多六邊形水晶體所組成，能偵測到極細微的動作。下圖是鏡眼蟲特化的裂色眼，水晶體呈球形，數量較少，但每一個都準確對正外部環境。（照片由克拉克森提供）

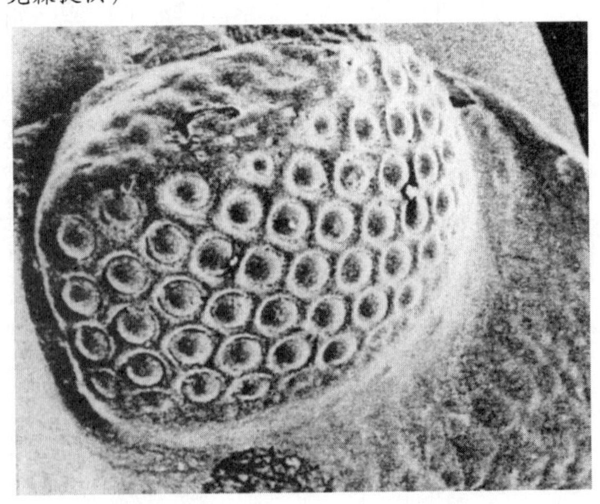

鏡眼蟲眼水晶體的效能——他透過這些水晶體拍照。

如果你以學界訪客的身分造訪史密森學會的自然史博物館，你就會先跟著人群從公共的入口進去，但接下來你會轉向一旁，用電話和你原先接洽的人員連繫，過幾分鐘後你就會通過一扇不顯眼的門，進入一個滿是櫥櫃及收藏品的世界了，那是一個完全與都會群眾隔離、清靜、充滿學術氣氛的天地。當托瓦還在那兒工作時，從他的辦公室可以看到大街另一頭的聯邦調查局大樓，很多來史密森的遊客都被帶到那邊午餐，這是種很乏味的經驗，足以消除任何對間諜與反間諜的偏執想法。托瓦用三葉蟲的水晶體取代了相機鏡頭，拍下了聯邦調查局大樓的照片，雖不完美但可以辨認。對胡佛局長而言，大概沒有比這張照片更奇特的獻禮了——用遠古化石的眼睛把他的工作地點拍下來！另一張照片則拍出當時正在流行的「快樂胸章」，成功捕捉那種令人笑開懷的圖案。鏡眼蟲的水晶體和方解石一樣透明，能將不同距離和尺寸的物體聚焦，形成清晰的影像，不但比大多數三葉蟲的微小水晶體看得更清楚，還能看到更大的範圍。靠著方解石這種自然界最普通的礦物，鏡眼蟲完成了這項了不起的光學工程。

在不久之後，克拉克森及另一位學者李維塞提發現了這個水晶體的成功運作機制。其實從鏡眼蟲水晶體的球形構造及較大的尺寸就可以明顯看出，鏡眼蟲的視覺成像方式，和其他水晶體很小的三葉蟲不同；這些圓胖雙凸的水晶體能將光線聚焦。如果你拿起一顆透明的彈珠對著光看，你就會對水晶體的運作有一些概念：你透過彈珠所看到的世界彎曲變形，而且上下倒置，三葉蟲所看到的似乎比這個好很多，但是要怎樣才能產生這種現象？光線穿過凸面之後要能夠聚焦，其間牽涉的問題是：從不同方位進來的光線，在水晶體內行經的距離也不同，而當光線穿過方解石這類具折射性質的礦物時，便會產生不同程度的偏折，這意味最後形成的是個模糊的焦點。這好比我老同事的玻璃眼珠，雖然透明卻不見得能視物。嚴格而言，這種設計上的缺陷就稱爲球面像差。

李維塞提是芝加哥大學的核子物理學家，在那裡幾乎人人都是才氣縱橫。李維塞提私底下對三葉蟲非常有興趣，他甚至比專業的古生物學家投注了更多心力在三葉蟲上。克拉克森加上李維塞提是種有趣的組合，一個是全身毛茸茸而好脾氣的蘇格蘭人，另一個是衣著講究，個性溫和的義大利人，他們共同發現了鏡眼蟲解決球面像差問題的策略。克拉克森在三葉蟲裂色水晶體的底部發現了一種碗狀構造，這個構造仍屬於水晶體的一部分，但在成分上卻有所不同。有些化石的碗狀構造被單獨風化掉，於是整個眼睛看來就好像連串的小碟子。克拉克森及李維塞提對這些水晶體做了些薄切片，從而發現這個碗狀構造的特異之處：方解石的成分不純，結晶中有許多鈣原子被最相近的鎂原子取代了。鎂之所以能取代鈣而混入結晶構造中，是因爲這兩個原子實在太相近了，這就好比間諜穿上敵軍制服滲透突破一樣。即使最純淨的方解石，也不免隱含有少量的鎂原子。這種原子的置換到了一定的程度，就會形成「高鎂方解石」，改變了原有的折射率，也就是改變了晶體偏折光線的能力。水晶體下方的這層高鎂方解石，會隨所在位置而有不同厚度，和水晶體達成不可思議的微妙平衡，完全修正了球面像差——每有向左偏折就向右校正。正是這個校正層形成了碗狀結構。三葉蟲製成現代光學儀器商所說的雙合透鏡，也就是將兩個不完美的鏡片結合成一組完美無缺的鏡片。

關於這個發現還有一段插曲，那就是李維塞提發現，十七世紀時偉大的荷蘭科學家惠更斯及法國的通才笛卡爾，已經預期到三葉蟲的這種構造。他們畫出了補救水晶體球面像差的光學「處方」，幾乎和三葉蟲的碗狀補償構造一模一樣。這是人工模仿自然的最佳例證；或者，不如說是自然界早在四億年前就已經預測出科學發展。古爾德在一九八四年的《自然史》期刊中談到：「三葉蟲眼的複雜度及精確性，後繼的節肢動物尚未超越……我認為化石紀錄中最令人不解的事實，就是在生命史中找不到清楚的『進步方向』。」古爾德的重點是，我們很難看出三葉蟲是如何發展出這麼複雜的光學設計；同時大家總會覺得，泥盆紀之後的節肢動物似乎應該發展出更巧妙的視覺機制。「生命不斷進步」這個觀念其實是個知識陷阱，其中包含了「進步」這種不牢靠的迷思。或許三葉蟲在肢體還屬於二流階段時，不應該有那麼進步的眼睛。也許在三葉蟲有了無比先進的眼睛的同時，我們應該痛批牠還穿戴那麼笨重的甲冑。你或許可以把三葉蟲想像成中世紀的騎士，儘管防護森嚴，卻是一身笨重累贅。我們也可以說服自己相信如此的進化故事：機靈的戰士最後戰勝了笨拙的分節鏡眼蟲爵士，這是鏡眼蟲的宿命，因爲生命的進步就是如此！

當然，那全都是胡說八道。鏡眼三葉蟲的眼睛又獨特又完美，我卻無法評斷鏡眼蟲和蜻蜓的眼睛孰優孰劣——蜻蜓的眼睛明辨秋毫，還能邊飛邊捕捉黃蜂呢。把鏡眼蟲的眼睛拿來和在海中適應黑暗，能夠聚集微弱光線以形成精確影像的甲殼類相比，不知道是較好還是較差。我也不知道和蜘蛛的驚人眼睛比起來，鏡眼蟲眼的地位又是如何。誰來決定進步與否？誰能立下衡量的標準？三葉蟲無疑是那個時代的完美生物，蟲眼專注於每

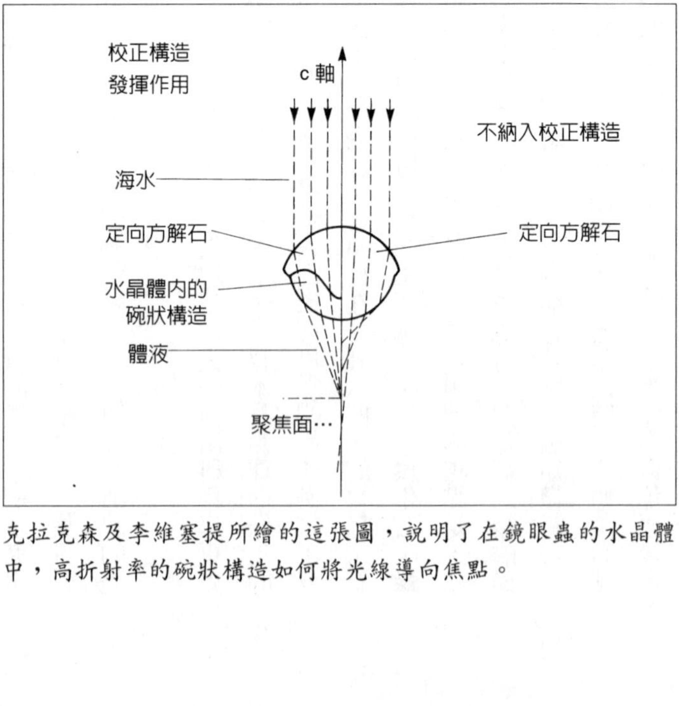

克拉克森及李維塞提所繪的這張圖，說明了在鏡眼蟲的水晶體中，高折射率的碗狀構造如何將光線導向焦點。

日生活中所遇到的問題，好到足以讓三葉蟲在海洋中繁衍出無數個體。讓我們驚訝的其實不單是眼睛的完美發展，而是就算在那個時代的海洋中，這類特化發展竟然能帶來好處。我們無法界定三葉蟲是在何時達到巔峰，然後說在那之後三葉蟲不是停滯不前就是逐漸衰落；因爲生命並不是這樣的。

我和三葉蟲眼睛的緣分是在研究一種眼睛非常凸出的三葉蟲時開始的。我在斯匹茲卑爾根的奧陶紀岩層中發現這種非常奇特的三葉蟲，長得又細又長，和一般教科書中所看到的三葉蟲差別很大；中軸占了身體的極大比例，肋節縮減成一些小三角形。然而此蟲的眼睛眞是非比尋常：又大又腫，像個吹脹的小氣囊。摸索幾個禮拜之後，我才有把握自己已經把自由頰妥善安到這個三葉蟲身上（我沒有完整的標本，所以我得像拼圖一樣把蟲體拼出來）。不過到了最後就沒有問題：眼睛十分龐大，緊貼在頭蓋兩側，幾乎是直線延伸，涵蓋了整個頭的長度。我從奧陶紀石灰岩敲出的眼睛當中，只有一個能妥善「裝」回原位。現在我已能將眼睛接到頭盾上，重建出這個動物的完整軀體。但事情卻變得更奇怪了，蟲體的眼睛像觀賞用金魚一樣往外凸出，有如甲狀腺機能亢進者的病狀。若按比例來算，這些「愛偷看的」眼睛就更大了，整個自由頰幾乎都是巨大的眼睛！這到底是怎麼回事？我在一位精通古典學朋友的幫助下，找出了在拉丁文中代表「瞪眼看的人」的字*Opipeuter*，於是我將這種奇怪的動物命名爲不眠瞪眼蟲（*Opipeuter inconnivus*）；inconnivus意謂著「不眠不休」，三葉蟲當然不會眨眼。

這種三葉蟲還有些地方吸引了我的注意。當我把蟲眼「裝上去」後，我發現眼睛位置明顯低垂，比身體的其他部位更低。如果從側面觀察大多數的三葉蟲，你會發現蟲體底部呈一直線，平行於三葉蟲所居住的海底，但瞪眼蟲卻並非如此。除了眼睛下垂外，瞪眼蟲的頰部邊緣也非常銳利，甚至還有個銳利邊緣向下方伸出。克拉克森有關於水晶體視野方向的研究就在這時派上用場。瞪眼蟲的水晶體很小，不像鏡眼蟲的特殊模式，而是類似大多數三葉蟲一樣呈緊密的六邊形排列。瞪眼蟲凸出的眼睛表面聚集了數以百計的水晶體；一般常見的三葉蟲眼睛都是新月形的，專注於觀察身體兩側的海底環境，但瞪眼蟲則不同，蟲眼中的水晶體除了朝向側面之外，也看向前方；如果我安裝的眼睛凸起角度沒錯，那麼還有幾乎相同數量的水晶體是向上看——甚至向下。而根據胸部兩側的縮減程度，瞪眼蟲凸出的眼睛甚至能掌握後方的動靜，牠能結合所有晶體來環視八方。瞪眼蟲不只是窺視，簡直是到處送秋波。

這些三葉蟲顯然需要注視周遭的一切，但爲何要如此呢？在海洋中的什麼地方才有必要擁有如此全方位的視野？也許是因爲我慣於把三葉蟲當成底棲的動物，所以才看不出這麼明顯的事實。三葉蟲當然會游泳嘛！藉由想像力，我們把三葉蟲從海底拉上來了。爲了悠游於奧陶紀的海裡，所以瞪眼蟲必須看到各方的東西。突然間我們對三葉蟲的生活型態有了不同的認識：除了在海底爬行之外，三葉蟲也遍布在海水中。遠古海洋裡成群游竄的三葉蟲可能正像今日海中群集的磷蝦。這就是爲什麼瞪眼蟲的身體和其他三葉蟲比起來特別細長，而外形更不適合在海底停留。瞪眼蟲隆起的中軸裡含有操縱肢體游泳的肌肉，外殼的其他部分則儘量縮減，以免在附肢划動時帶來過多負擔。在斯匹茲卑爾根地區，有些岩層幾乎全由瞪眼蟲及其近親卡洛林蟲所組成，所以我們不難想像在當時的海中，這種小動物成千上萬地悠游於燦爛的陽光下，而另一方面，海淵深處則有三分節蟲漫步於柔軟的泥砂上。

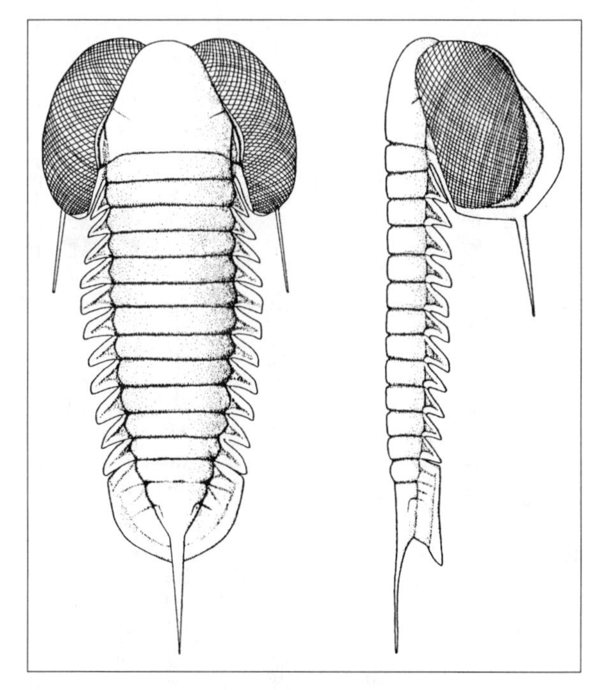

我對遠古海洋中的游泳健將，奧陶紀的巨眼三葉蟲——瞪眼蟲所做的正面及側面的復原。

經過證實，另有些種類的三葉蟲也有這種設計，能自由地悠游水中。二十世紀初，偉大的地質學家蘇斯已發現獨眼的圓尾蟲會游水，他還拿圓尾蟲和一些現生巨眼的甲殼類做比較。當我在他的巨著《地球的面相》中發現這個觀察結果後，我才了解到其實沒有多少眞正新鮮的點子。圓尾蟲的身體結構比瞪眼蟲更密實，胸節較少，但眼睛的規模可沒縮減。圓尾蟲同樣是整群出現，周遭可能還伴隨幾個眼睛突出的其他種屬。我曾對威爾斯及波希米亞地區的圓尾蟲做過研究，這些三葉蟲產自深水處沉積而成的黑色泥岩中，顯然活動範圍也侷限於深水區。我曾經在威爾斯的「梅林城堡」喀麥登附近，坐在圍堤下敲打深色的頁岩，雨水滴在我的脖子上，即使當時老巫師梅林眞的從灌叢中走出來，也比不上我第一次看到鋸圓尾蟲圓滾滾的眼睛時所感受到的那種驚奇。在經過四億七千萬年的禁錮之後，鋸圓尾蟲的眼睛仍然曖曖含光地凝視著我。相對來說，許多含有瞪眼蟲及卡洛林蟲的石灰岩則形成於較淺的海域，同時一起出現的其他化石也佐證了這點。是否圓尾蟲及其他伙伴是生活在幽暗朦朧的深海，而瞪眼蟲及同伴則是生存於表層明亮的水域呢？

感謝利華休姆信託公司的經費補助，使我得以驗證上述的想法。我很幸運，因爲仍有少數幾個公益團體繼續支持「藍天」研究計畫——這是沒有商業附加價值的研究計畫。我覺得找出奧陶紀三葉蟲的光學祕密，可能比讓天空更藍來得可行。在利華休姆的支持下，年輕的博士後研究助理麥科米克得以投入數年的時間，專注於三葉蟲眼睛的研究。我們發現，藉由對複眼進行極仔細測量所得到的數據，可以推導出節肢動物生存環境的光線強度。這個方法適用於現生種屬，所以拿來應用在三葉蟲身上似乎是個不錯的主意。麥科米克必須先將保存良好的標本固定住，然後測量相鄰水晶體的間距及角度等細節，得到的量化數據稱爲眼睛參數。這項苦差事持續了半年，所以當測得的數據支持我們的看法時，你可以想像我們有多麼高興：我們認爲應該生活於海水表層的游泳類，確實是處於明亮的環境，而圓尾蟲類的三葉蟲則是處於幽暗的環境。我們終於能夠迂迴地了解，我們最喜歡的動物的日常生活是什麼狀況。沒有史帝芬史匹柏來賦予這些生物如同電影中的鮮活假象，我們對三葉蟲的看法也仍然不脫我們的想像，卻已經比原先多了些把握。我們現今對奧陶紀海洋的清晰意象，已足以令賽吉衛、霍爾或墨啓生爵士大爲吃驚。我們已能透過三葉蟲的眼睛精確地看到海洋中的景象：海水中充滿了游來游去的動物，有些在表層靠微小的浮游動物維生，有些則潛泳於較深的陰暗世界，在眾生悠游的海水之下，另有一大群三葉蟲在海床上活動。

我們的觀察並未就此打住。這群深海中嬌小的圓尾蟲身邊有少量體型較大的動物，眼睛也很大，卻並不外凸，反而嵌入頭部的兩邊。而這類三葉蟲的頭部可眞奇異！頭部長度超長，前端形成一種鼻吻狀，這個「鼻子」由頭鞍（其表面失去了原先的皺褶，呈現出少有的光滑）的前端，以及位於其下、向外延伸的下葉板所組成，兩者合起來的確像狗鯊等小型鯊魚的「鼻子」。蟲體較大的尾部則像個碟子。整體看來，蟲體的外觀非常平滑，有如一枚魚雷。這個外形讓我想起在教科書上看到的理想水翼船插圖，船身經過精心設計以將摩擦阻力降至最低。這種三葉蟲是否也像海豚般在海中暢游呢?我需要尋求一些建議。

從倫敦自然史博物館沿著展覽路往下走，就是著名的帝國理工學院，長期以來一直是理工實務方面的領導機構之一，我想這所學校裡面，一定有位樂意自己動手做機械的教授。不久我便得知有位名叫哈德威克的講師能夠幫我設計檢測「狗鯊鼻」三葉蟲（正式名稱叫副巴蘭德蟲）流線外形的實驗。在水力學系有各種不同用途的水槽及水力實驗設備，我們所能用的最簡單方法，就是把不同種類三葉蟲的眞實大小模型懸浮於側面透明的水槽中，讓水流經其間。如果你在水中加入染劑，你就能看出最有利於水流通過的是哪種形狀的三葉蟲。我們所試驗的大多數模型都會產生各種亂流，例如凸出的眼睛會在蟲體後方產生一些有顏色的小漩渦，於是我們便了解副巴蘭德蟲的眼睛和身體側面齊平有什麼好處。實際上，染色水流在流經這種三葉蟲時，就好像一束被微風吹直的長髮，這是流線理論的最佳示範。我們現在能想像在奧陶紀時，這種動物優雅地追過水中其他游泳族類的情景。但我們仍須以證據來說服其他抱持懷疑態度的同事，所以我們進一步設計了測量阻力的方法。我們觀察這些按比例做出的模型在和緩水流中會產生多大的偏移，理論上身體較不呈流線的品種會對水流產生較大的阻力，所以將會有較大的偏移。這個實驗得在上方打開的水槽中進行。這些三葉蟲懸吊在水槽裡，有如吞了古生代漁夫的餌。接下來我們便可啓動水流，並用一個可移動的顯微鏡測量偏移量。穿著白色的實驗衣操作靈敏的測量設備，我覺得自己就像個眞正的科學家。

在實驗進行的途中，我出去抽了會兒菸（我當時仍吸菸），當我回來發現實驗室的地板積了幾英尺深的水時，眞是嚇了一跳。我想我會被帝國學院列爲永久拒絕往來戶，而我的螺絲起子也要被做出機械的教授沒收了。我很尷尬地請實驗室的技術員來幫忙，他白了我一眼（修車廠技師就常用這種眼神看我），然後涉水走到地板中間，拉開一個我所見過最大的浴缸塞子，幾分鐘後這些水就咕嚕咕嚕地流光了。我在一旁看著，下巴微張滿臉悽然。不過這個實驗已經證明了一點，那就是流線形的三葉蟲能夠在奧陶紀的海中急馳穿梭。

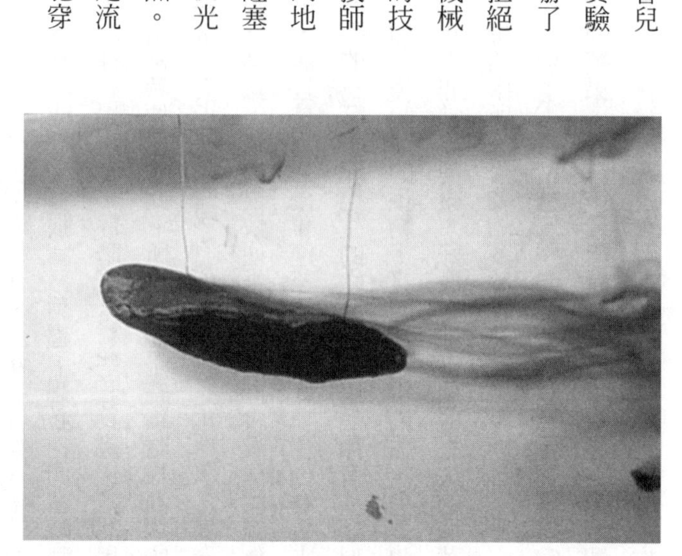

能自由游泳的副巴蘭德蟲（捷克，奧陶紀）浸入流動的水槽中，右邊染色水流形成了優美的流線形。

雖然三葉蟲已經發展出美麗而複雜的眼睛，但奇怪的是仍有許多三葉蟲似乎不需要眼睛也可以過得很好。有不少三葉蟲是瞎子，眼睛似乎是個可以隨時放棄的器官。我們甚至能從某些例子中看到整個事件的發展過程：原先眼睛很大的祖先種，後繼子孫的眼睛卻越來越小，最後在穿越頰部的面縫線上不再有任何的水晶體。部分和三瘤蟲相近的三葉蟲，最後也只剩下一個水晶體，高掛在頰部的上方。我和來自國立威爾斯博物館的同事歐文曾在南威爾斯一帶採集，我們發現當地聚集了十幾種盲眼（或近乎盲眼）三葉蟲，想必牠們當時都是在黑暗的海底世界爬行。恰巧我們採集標本的採石場也是一片暗沉，這些三葉蟲出沒的奧陶紀泥岩有如被煤煙燻過般烏黑，很可能在沉積當時便已如此。所以我們是在陰暗採石場的黑色頁岩中，找尋一直生活在暗處的黑色三葉蟲；至今我的視力都還沒有真正恢復。更奇怪的是，同樣的岩層中也出現了會游泳的大眼三葉蟲；我們很快便推斷，這群會游泳的傢伙是生活在盲眼的三葉蟲所居住的黑暗世界之上，而且是到死後才逐一沉入洋底。生物會失去眼睛是因爲生活中不再需要這個器官，這群盲眼的三葉蟲和現生的穴居盲眼甲殼類有些類似。我們每年都會發現盲眼甲殼類的新種，這是類色澤暗淡的生物，光線從眼中消失，色素也從身軀褪去；當這些甲殼類被帶到表層時，看起來非常不健康，好像在地窖中擺太久的塊莖。當然這些生物並沒有生病，只是流失了黑暗生活中所不需要的多餘性質。

雖然盲眼的三葉蟲最常出現於深海，但卻不只侷限於深海，好比有些生物就是穴居洞中。我們也不該把盲眼的三葉蟲當成退化的結果。我在一種傳統的觀念下成長，這個觀念認爲在地質史上達到某種巔峰的動物，後來一定會經歷一段衰敗期，最後滅絕的那群動物尤其如此。這中間不可避免要攙雜人類對本身虛弱缺陷的印象。盲眼或其他特化的生物被當成是退化，這種想法就好像維多利亞時代的故事情節：家族中的害群之馬染上不知名疾病，敗盡家族財富。我承認我曾被這個說法吸引，不只因爲這種說法用小說方式生動描繪了生命史事件，也因爲此說結合了對達爾文式「適應」的不正確觀念，好像有些動物注定是萬劫不復走上滅絕，其他適應較佳的生物則欣欣向榮地演化出後裔。但奇怪的是，的確沒有失去了眼睛的生物又重新獲得眼睛的例子。我們知道三葉蟲原先是有眼睛的，失去眼睛是二次適應的結果，而原來的視覺卻像童貞一般，一旦失去就無法再次擁有。但這些盲眼的三葉蟲可都是自己那個時代的優秀公民，有時盲眼三葉蟲的數量甚至超過仍然具有眼睛的表親。在英國的夏洛普郡，有一個外形奇特的瑞肯丘陵，附近的雪登河岸出露一種泛綠的軟質頁岩，其中含有大量盲眼的三葉蟲舒馬德蟲的殘骸。這個完美的小東西只有六個胸節，頭鞍的形狀像是黑桃A。舒馬德蟲也同樣大量地出現於阿根廷的奧陶紀頁岩中。在中國的南方，我也採到了這種三葉蟲，仍然是數量豐富。顯然這種三葉蟲曾大量分布於奧陶紀的世界。如果這個現象隱含了某種寓意，那就是我們所謂的成功適應，其實也取決於環境所給予的機運。就像三葉蟲發展出靈巧的眼睛，爲自己開啓了海中一片狩獵及游泳的天地，失去了相同的器官，三葉蟲同樣能夠妥善適應洋底軟泥環境並繁衍興旺。大自然的恢宏豐富特性，來自於三葉蟲時代即已開始的多樣化適應。

前面關於三葉蟲眼睛的故事，適切地闡明了知識啓蒙進步的原則，這是科學運作的一般方式。我們知道得越多，就會提出新的問題。我們對三葉蟲的知識進展，從方解石到計算量化、到確立一些事實。當然想像力仍然在其中扮演一定的角色，但我們對視覺的認識卻不像浪漫主義詩人柯立芝所說的，是「一種僅能夢想，無法言傳的觀點」，因爲我們會試著將我們的夢想轉化爲能發表在科學期刊上的確鑿論據。知識的進步首先建立在對不同眼睛的辨識，然後才開始探討眼睛的運作方式。根本上，這其實是另一種形式的分類，這是人類辨識天賦的另一種展現。而這個過程仍未結束，就在我寫本章的同時，一位匈牙利科學家在他寄來的文章中提出，有些三葉蟲可能有雙焦點。我不知道這個說法是否能通過下一代研究人員的檢驗，我能肯定的是，未來一定還會發掘出更多有關三葉蟲眼睛的眞相。由想像力與事實結合成的科學尚未探究出所有的祕密，其中仍有待我們繼續觀察，也仍有待我們的洞察。

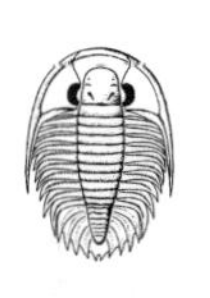

第五章

爆發適應的三葉蟲

這就像是場戲！當劇幕升起，我們都毫無預警就一頭栽進了劇中人的生活，節目單上不會印出劇中人在故事發生之前的生平。在座位上的三個小時中，我們不會期待得到比舞台上演出更多的歷史資料。如果這齣戲很精采，那麼就像其他的藝術一樣，我們在欣賞之餘已經得到心靈上的滿足，我們不會想要更進一步探究這個角色的早年生活史；這就好比我們不會希望馬克白能壓制他的良心，繼而戰勝他的敵人。

我們常用戲劇來比喻生命的歷史，動物就是生態舞台上的演員；而大滅絕事件打破了演化及衰敗的命運常規，這正是故事中最具戲劇性的轉折。比起精確的科學描述：「統計上顯著高於背景值的滅絕事件」（編按：在每個地質時期中，都會有大致一定比率的物種滅絕，這種比率稱爲「背景值」；而在「大滅絕事件」發生的時期，物種滅絕比率高於背景值，在統計上可以看出顯著的差異），戲劇性的描述更能吸引一般人的注意。好吧，稍微戲劇化一點又怎麼樣？生命史中有些事件就是那麼戲劇性，就像奈特吊在海崖邊面對著三葉蟲，並因而改變一生命運的那片刻一樣。綜觀生命的演變，的確有許多戲劇性的轉折，有時是演員的角色對調了（例如哺乳動物取代了恐龍，占領了舞台的中心），或者是一個古老物種原來扮演的角色被另一個物種所取代。我曾聽過有人宣稱：三葉蟲的生態角色在今天是由螃蟹和龍蝦所接手，而大多數對自然史稍具概念的人都知道，魚龍被描述成侏羅紀的海豚。對這些並不完全正確的觀念，我們暫且不加以細究。

當一齣戲（特別是偵探劇）開始陷入低潮，接下來的發展通常是用一個爆炸性的轉折，讓劇情再度活絡起來。砰的一聲！馬上吸引了觀眾的注意，當然，在戲劇手法上，槍響的背後可能發生了一宗謀殺。

三葉蟲的化石是突然出現於寒武紀早期的地質紀錄中的，時間大約在五億四千萬年前，但這並不是寒武紀的最早期。如果你會被「戲劇性」所吸引，那麼你一定也會被以下的狀況所吸引。當你以橫越地質時間的方式，由下往上地走訪這段早寒武紀的岩層（紐芬蘭、蒙古及西伯利亞都有這段剖面），你將發現在前面的一段岩層中見不到任何三葉蟲的蹤影，然後突然之間，你把手中的岩石敲開，霎時便出現了整隻螃蟹般大小的原法羅特蟲或小油櫛蟲。牠們帶著許多體節及巨大的眼睛，可不是不起眼的小東西。這些三葉蟲的出現就像《天鵝湖》中的魔法師一樣（他帶給我第一次的戲劇震撼），具有戲劇效果，你不禁要驚呼出來。而當你繼續往前採集，你將發現大約前方三十公分處的更年輕地層中，除了第一種三葉蟲外，又加進了五、六種不同的三葉蟲，而每一種都明顯地與其他品種有別。

十多年前，我曾在紐芬蘭島上調查含有三葉蟲的早寒武紀岩層。北方半島從這個島的西北邊伸出，就像一根手指；唯一一條通往北方半島的路是由鹿湖到聖安東尼＊。沿著這條路不到一個小時的車程，便進入葛羅斯莫恩國家公園。一路上順著蜿蜒美麗的波恩灣而行，周圍的山丘看似奮不顧身地投入這個被海水淹沒的巨大港灣。波恩灣原先是河流挖蝕出的谷地，但最後冰期結束所造成的海水面上升卻把谷地淹沒了，也因此海水幾乎深入了山谷的每一個角落。此地茂密的樅樹、白楊、樺樹及矮小的赤楊，使得內陸幾乎無法以步行通過，黑蠅及蚊子更是令人喪膽。這條路蜿蜒而曲折，所以任何駕駛都無法把目光移開太久。地層因道路的開通而被切開，我們可看出因為褶皺作用，使得地層傾入海中的角度也各不相同。在一大片平坦的棕色岩面上約一英尺高的地方，有些愚蠢的表現狂用白漆留下了自己名字的縮寫，「RW愛SDM」。他們其實應該在上面寫：「驚人的三葉蟲發現於此！」但一般人卻不可能在此做這樣的發掘，因為加拿大國家公園對採集有很嚴格的限制。但如果你也和我一樣擁有採集許可，你便可盡情地敲開這些頁岩，只要夠幸運，你可能會找到一隻又肥又大的小油櫛蟲，要不然你應該也會找到其他三葉蟲的碎片，例如，想必是依這個海灣而命名的波恩蟲。另一方面，你還可能發現種類完全不同的化石；我記得我就發現過一個非常原始的棘皮動物標本（棘皮動物是包含海星及海膽的動物類群），學名是沃氏原海果——不用說也知道這個種名依誰而取（指前面提過的沃克特）。在附近同時還出現一種小型的軟體動物。

各地方的早寒武紀岩層幾乎都是這個樣子，其中含有不同種類的生物外殼，有些可以被歸入現生的動物門中（「門」是動物界最高階的分類單位），例如軟體動物門、節肢動物門或棘皮動物門。三葉蟲出現之前的早寒武紀地層中，常出現各式各樣的小殼、管、骨板，還有不同形狀的網狀化石，有許多都無法辨識歸類，不屬於已知動物的任何一部分，我們統稱這些化石為「小殼化石」。近年來，康威莫利斯及皮爾的研究發現，許多「小殼」其實是一種較大生物（稱為開腔骨蟲）的骨板碎片，顯示了這些「小殼化石」可能沒有表面上看來那麼多樣，因為這些小骨板其實只是某種生物盔甲的一部分。但外殼突然出現倒是確切無疑的事實，這些動物在寒武紀早期極短的時間內（以地質的尺度而言），發明了以礦物作為軟體構造的支撐物。在寒武紀的地層中，還發現了一些完全沒有堅硬骨骼的化石動物群；這種軟體的生物一般是很少出現在化石紀錄中的。

這些寒武紀化石的產地中，最著名的就是英屬哥倫比亞的中寒武紀伯吉斯頁岩；因為古爾德在《奇妙的生命》（一九八九）中對這個寶庫的描述，使這處頁岩可能成了世界上最著名的化石沉積。但現今從更早期的下寒武系岩石中，也發現了種類幾乎一樣繁多的化石動物群。這些在中國澄江，以及格陵蘭西里斯帕塞特的發現，真是非常令人驚豔。所有的發現都

---

*紐芬蘭人通常幽默而好客，因為個性單純，所以他們常被內陸的加拿大人取笑。我唯一還想得起來的「紐芬蘭式笑話」，是有次我離開葛羅斯莫恩國家公園去找食物，結果在母牛頭這個地方的一家旅館中，我看到一個用粉筆寫的潦草告示：「母牛頭汽車旅館是全半島上最好的食物」。

證實一個看法：寒武紀時生命就已展現了高度的歧異性。有些動物有堅硬的外骨骼或外殼，有些則沒有，有些看起來很熟悉，有些則奇形怪狀而令人困惑。其中節肢動物要比其他動物都來得多——沒有人認不出節肢動物具有關節的腳。但在典型細長腳上的生物本體則眞是奇幻非常！我在此無法詳述這個動物群中的所有奇妙動物，我只想強調，就像迫害可憐瘋漢的眾多心魔，這些動物爲數眾多。古爾德甚至有個著名而錯誤的主張，他認爲寒武紀的「多樣性」（更確切地說，他用的術語是「不一致性」）超過後來生命史中的任何一個時段。

一場生命大戲的簾幕已經拉起，舞台上是精采的演員陣容，個個盛裝打扮成我們熟悉或不熟悉的造形，劇情的起伏甚至超過劇場大師布魯克的作品。炫惑於這一系列絢爛戲服的觀眾，在亮片與薄紗突然閃現之際變得更加困惑而懾服。當然，這是一場極致的表演，隊伍的特異外觀比起從幻覺中奇想出來的動物還怪誕。（難怪其中會有動物被稱爲怪誕蟲！）這場演出史無前例，和其他的戲劇一樣，其中的角色也不交代歷史，他們在舞台上的演出是即時的，這是一場短暫而炫麗的首演。這是在戲劇荒之後迸發的盛大演出。

把生命史類比爲戲劇所產生的問題是：生命史並不像舞台劇般不需前言後語，生命史是有開端的，在部分情況下還會有結束。我們可能被當下的演出深深感動，但隨後我們會試著除卻外表的矯飾及我們最初的驚愕，以查明這些角色的本質。生命的傳記可以溯及過去的時光，因爲所有的動物都源自共同的祖先，一個演化上的亞當。這表示所有的生物，不管大小都共享一些基因遺產。

眾多種類的化石在地質史上的這一瞬間突現，這就是眾所周知的寒武紀演化「大爆發」。這個戲劇性的比喻並不是個巧合，因爲這個比喻隱含的概念是有點失控的連鎖反應；也就是說，演化的速率出現極大的躍升。所有眞正的爆炸，都是小小的炸彈引發了不成比例的重大後果，但我們的「爆發」卻是具創造性的，而不是那種毀滅性爆炸，所以當化石紀錄的簾幕一拉開，創造性「爆發」的混亂後所形成的一切，便完全呈現在聚光燈下。究竟爲什麼要把這個現象稱爲爆發呢？原因是寒武紀之前的前寒武紀晚期（或稱文德期）的岩層中，只發現一些簡單的植物、細菌或其他軟體怪物，被統稱爲埃迪卡拉生物群；無論從哪種形式來看，這些生物都很難被解釋爲後繼者的祖先。令人詫異的是，這個更早的舞台上沒有任何我們能辨識的角色。這就好像寒武紀劇碼中的演員是從其他地方冒出來的，他們私下祕密地著裝打扮，而那些應該爲序幕做準備的前寒武紀晚期腕足動物、軟體動物、棘皮動物及節肢動物卻在哪裡呢？

老實說，我在寫這個寒武紀「大爆發」的議題時是有些戰戰兢兢的，因爲此說已在幾個闡述者之間引發了無數的激情及辯論，而其中有些人還以壞脾氣著稱；所以我不知道在沒戴安全頭盔的狀況下，闖入這個是非之地是否明智。我記得達爾文曾在他的自傳中寫道：「很高興我避開了這些爭論，而這得感謝萊依爾（萊依爾爵士所著的《地質學原理》，對年輕的達爾文有著深遠的影響。），他強力勸告我不要捲入混戰，因爲其中很少有什麼益處，只會帶來情緒及時間上不幸的損失。」然而三葉蟲卻須觸及這個議題。讀者可能會覺得奇怪，爲什麼五億多年前發生的事，仍能引發這麼多生者之間的仇隙。無可否認的，一些最明顯的「爆發」是來自於不同理論的倡議者。在寒武紀岩層底部突然出現生物外殼，這個謎團由來已久，達爾文當然也認識到這一點，他在《物種原始》（一八五九）的第九章中絕望地寫道：「眼前的案例只能停留在無法解釋的狀態……」一百四十年後的今天，我們已不乏各種解釋，我們缺少的反倒是共識。而我卻不得不加入這場爭論，因爲三葉蟲是大爆發的見證者之一（如果眞的有大爆發的話），而且還辛苦地從寒武紀走入奧陶紀，再倖存到更晚的年代，壽命超過了許多不曾留下後代，被稱爲寒武紀演化「試驗品」的其他動物。由於三葉蟲伴隨寒武紀最早的節肢動物一起出現，所以必然是「大爆發」的一部分，最終仍免不了捲入口舌之爭。

在伯吉斯頁岩中，有一種稱爲擬油櫛蟲的三葉蟲化石，這是肢體能被清楚看到的少數三葉蟲之一，伯吉斯頁岩獨特的保存狀況使我們得以清楚地看到蟲體的腳、鰓甚至腸子的印痕。一如三分節蟲，擬油櫛蟲（圖七）自從被沃克特發現以來，即廣受大多數頂尖三葉蟲專家的檢驗。現今我們並不訝異，關於擬油櫛蟲的最終描述出自一九八〇年代惠丁頓的研究。基本上，這種三葉蟲肢體的排列方式和我所描述過的其他種屬相似，頭部有三對肢體及一雙靈活的觸角，每個胸節都有一對分成二支的肢體。和一般三葉蟲不同的是，擬油櫛蟲尾部的末端有一對像觸角一樣的附肢，稱之爲尾叉，但整體上仍屬三葉蟲的形態。惠丁頓注意到擬油櫛蟲的步肢基部非常龐大，上面並布有一些朝向身體中線的尖刺。他解釋道，三葉蟲要撕碎獵物，把獵物往前移到口板後方的口中，就得經過這個尖刺走廊；擬油櫛蟲是個掠食者，擅長將「蠕蟲」囫圇吞下，蠕蟲在伯吉斯頁岩中同樣是數量豐富。掠食者及獵物在此共同上場首演。

當寒武紀「大爆發」在伯吉斯揭開簾幕時，三葉蟲僅是眾多戲劇性出現的動物之一。但在一九〇九年沃克特發現伯吉斯頁岩之前，三葉蟲幾乎一直是寒武紀地層中僅見的節肢動物，靠著方解石質的外骨骼，較其他動物優先被保存下來，成了所有原始節肢動物的代表；在一般的認知裡，三葉蟲成爲節肢動物祖先的代言角色。不過即使是早期的觀察者也能清楚地了解，三葉蟲已是種相當複雜的動物，不論在眼睛或其他各方面都是如此。那麼該如何解釋三葉蟲的突然出現呢？達爾文在《物種原始》一書中以不尋常的信心認定：「我相信『寒武紀』所有的三葉蟲都源自於生存年代遠早於『寒武紀』的某種甲殼類。」＊達爾文寫下這段文字後十三年，哈代安排他的主角和另一個這種「原始甲殼類」相遇。將三葉蟲歸入節肢動物，可能大部分靠的是直覺。人類學家歐克里曾發表一種可能被當成墜飾的穿孔三葉蟲標本，來自法國約納省的三葉蟲岩穴。這是個舊石器時代晚期的洞穴，記錄了人類與三葉蟲的第一次接觸。在那個洞穴中還發現了一個美麗的甲蟲雕刻。歐克里於一九六五年說道：「我們似乎可以很合理地推論：那群野蠻，卻具有思想且觀察敏銳的馬格德寧人，把面前出現的三葉蟲視爲一種藏在石頭裡的昆蟲。」誠如馬格德寧人看到的是一種昆蟲，達爾文看到的是一種甲殼類，沃克特最後將三葉蟲當作蜘蛛類的一員，是蜘蛛和蠍子的近親——但是他們不可能全都正確。

下部寒武系地層中最早出現的三葉蟲之一：小油櫛蟲是種特化的生物。

「和三葉蟲最接近的親緣種屬是誰？」這個簡單的問題，卻很難找到客觀的解答，而且不管你喜不喜歡，答案都不免與寒武紀的演化「大爆發」有極密切的關連。如今我們知道，寒武紀早期已經有豐富多樣的節肢動物，也奪走了三葉蟲早先獨占的原始地位，因爲其中任何一種動物都可能比三葉蟲更原始，而其中有些動物也有我們已經熟知的分叉肢體。這些肢體所刮出的「痕跡」，就是我們所熟知的生痕化石，這類生痕化石出現的年代甚至略早於實體化石本身。這些被稱爲「皺飾跡」及「克魯茲跡」的蟲跡，原先被認爲是三葉蟲所造成的，但那是在三葉蟲是唯一嫌犯時所認定的結果。現今看來，不同的可能就變多了。而發現了伯吉斯頁岩及寒武紀更早期的軟體動物化石群，都讓情況變得更加複雜。

儘管如此，我仍將試著做簡單的解釋。

七〇至八〇年代間，當惠丁頓和他的研究生布里格斯及康威莫利斯（他們現今已闖出自己的名號，成爲有名的教授）仔細研究伯吉斯動物群時，他們總傾向於強調這些化石的獨特性。畢竟在沃克特揭開伯吉斯頁岩的簾幕之後，他們是第一批詳細描述這群炫麗生物的人

---

*在我標示「寒武紀」的地方原來寫的是「志留紀」，當達爾文寫這段話時，寒武紀和志留紀地層的分別還沒有被畫分出來（見第二章）。

＊。這些動物中，有些種類具有很特殊的肢體，有些則有奇怪的背甲，另外還有一些種類具有不可解的特徵，在當時看來，這似乎都支持節肢動物（其他動物亦然）不只來自一個祖先，更精確地說，這些動物是「多系」起源。

當「大爆發說」最盛行的時候，多源說也極爲流行。惠丁頓甚至一度相信，伯吉斯頁岩中不同類型的節肢動物分別源自前寒武紀不同的軟體祖先。各家說法中最極端的是：寒武紀有些動物的身體構造特殊到足以另立一個「門」，這是動物分類的最高位階。這些生物不是軟體動物門，也不是節肢動物門，更不屬於其他的門，牠們自己就是一個門，至少就有人是這麼宣稱。康威莫利斯經常被人提及，說是他打開抽屜看到一個新化石時，還要大聲嚷嚷：「該死！這不會又是個新的門吧！」當年他那樣嘆息大概有他的道理。採取比較溫和的觀點，那些具有奇怪特徵的笨拙節肢動物，則被當成了「失敗設計」的代表。這些珍奇的生物數量頗豐：具有巨大的前附肢，或是羽毛狀的大觸角，或體節數量繁多的那些節肢動物，全被認爲是在五億四千五百萬年前寒武紀底部（或更早），突發的特殊演化過程所產生的結果，這就是所謂的「大爆發」。地質舞台上大量生命突然出現，被認爲是演化史的本質。三葉蟲僅是當時眾多趕製的設計之一，而身爲其中一員，三葉蟲必定曾以獨特的結晶眼睛看著其他奇形怪狀，或紡錘形，或長滿硬毛的鄰居。寒武紀的其他「試驗品」，沒有一種具有和三葉蟲相同的視覺機制。

古爾德在他的《奇妙的生命》一書中闡釋了早期版本的大爆發理論，他描述那些不同的動物，並從中鋪陳出他的結論。他大方地把很多對寒武紀事件的創新解釋歸功於康威莫利斯：「和這本書的很多地方一樣，這個例子要歸功於康威莫利斯的建議與先前的研究。」（引自《奇》書二九三頁。）這就是一種典型的肯定。伯吉斯化石群的重新描述工作，是由惠丁頓所督導的團隊所完成。康威莫利斯、布里格斯、伯頓及休斯分別研究不同的動物。當這些「伯吉斯小伙子」日以繼夜工作，在劍橋的賽吉衛博物館熱切地處理、拍照並討論著這些神奇的動物之時，我也剛以三葉蟲專家的身分得到第一份工作。我這個深深被吸引的旁觀者，不時也加入他們的討論及推測。我和布里格斯一起仔細觀察放在平凡木製標本盤上的節肢動物化石——耶誕老人蟲或加拿大蟲；在標本盤上的黑色頁岩看起來毫不起眼，但頁岩表面卻含有如此不尋常的標本。剛開始時，我感興趣的是：這些被重新詮釋的動物，如何增進對三葉蟲親緣關係的認識？說來奇怪，我不記得在那段早年歲月裡曾聽過「大爆發」這個

＊我必須一提，許多教授都曾在伯吉斯頁岩的研究上扮演一角。一九二〇年代哈佛大學的雷蒙，以及一九四〇年代在奧斯陸的史托馬對節肢動物所做的研究，特別是對這些動物「三葉蟲狀」肢體的辨識，對他們所做的詮釋有很大的幫助。

詞。

和其他新奇吸引人的理論一樣，我們也是在不久前才發現，其他方面的證據也支持，在某個關鍵時期發生了顚覆性的快速演化。我們在上一章曾談過控制所有動物身體發展順序的HOX基因。節肢動物基本上是由分節的「單元」所組成——讀者應該已經很熟悉三葉蟲頭部、胸部及尾部的排列。但在其他不同類型的主要節肢動物身上，這些「單元」卻可能有不同的組合：這些節肢動物的頭部節數可能不同，胸部或許也是如此，就像一列列的火車，車廂被扣在一起，但排列方式卻不盡相同。有一派理論認爲，寒武紀的「大爆發」可能記錄了HOX基因的關鍵表現期；當時，HOX基因獨自「開啓」了肢體與體節的嶄新排列組合。HOX基因像是掌管生物體車廂調度的精靈，善於創造新的調度方式。寒武紀早期的眾多生物中，有一大群這類型的造物留存下來，也有一些被淘汰。有些動物產生了演化的後裔，有些卻在地質史上的一陣榮景過後，並沒能傳下後代。而另有一派理論則認爲，在這個創新的時期，遺傳密碼中的一些小段發生了倍增的現象；而這個遺傳上的改變，增加了身體設計上創新及變異的可能。一時之間，達爾文認爲「無法解釋的案例」，似乎終於能夠解決了。「大爆發」是特殊的一刻，有可能是由於某些環境門檻在寒武紀時被突破所引發；當時，生命多樣的可能性大幅擴張，而演化戲碼中的演員也突然變得五花八門。一時之間，任何奇怪的角色都可能出現。在通俗的說法中，這成了一個古老的瘋狂時刻，演化上的盛大狂歡日；

遊行隊伍怪異的程度，就像超現實主義者在地質時間內趕工完成的作品。「看這結晶眼的怪物！」「來吧！來看這個扭來扭去的光采小東西，牠沒有任何親戚！」這個怪誕的演出令人目不暇給。

若是破壞了原有表演，剝去華麗的戲服、揭露演員的眞面目，那似乎是件很可惜的事。我們通常喜歡魅惑的外表甚過於實際的分析，我們可以帶著微笑和興奮的心情來欣賞外表的魅力，而深層的分析卻是耗費智能及心力的工作。但如果想了解三葉蟲在寒武紀這場紛擾中的位置，就必須做這件重要的工作。

從一開始，就有些科學家對古爾德的描述內容抱持懷疑的態度，儘管他們對他的表達方式有諸多讚賞。而我本身也是眾多懷疑者之一，在他那本《奇妙的生命》出版之後不久，我就在《自然》期刊上發表評論。那時候我便已經打算用不同的方式看待伯吉斯動物群，以及跟這個動物群有親緣關係的動物。

我和布里格斯共同進行這項工作，他對伯吉斯節肢動物的細節非常熟悉。我們的重點是要找出這些動物彼此共通的重要相似性，而不再強調個別的特殊性。我們所用的這種分析技巧稱爲支序分類法。雖然這種方法的細節非常嚴謹，但支序分類法的主要原則卻非常簡單：以演化上的衍生特徵作爲生物分類的依據。舉個簡單的例子：如果對地鼠、大象及蜥蜴做支序分析，則地鼠和大象共同享有一些特徵，例如兩者都有子宮、乳腺，都是溫血動物，也都有毛髮（雖然大象的毛髮稀稀疏疏），這些便足以證明地鼠與大象之間的親緣關係比和蜥蜴的密切。地鼠及大象都是哺乳動物，而我們不認爲像乳腺這麼複雜的特徵會有超過一個演化起源。另一方面，地鼠和蜥蜴食蟲，而大象則吃植物，這卻完全不是生物親緣關係的指標，只是食性適應的一種表現。大象特異的長鼻也不是歸類爲哺乳動物的依據，更不是判定大象和地鼠或蜥蜴何者關係較密切的標準。支序分類法以重要的高等特徵作爲分類的根據，而反映出更早期共同歷史的某些相似點就不重要。例如蜥蜴、地鼠及大象的四肢，僅反映了這三種動物都可以追溯到泥盆紀四足類這個更大的類群，卻無助於我們手邊要解決的分類問題。

所以布里格斯和我的工作，就是列舉出同時出現在伯吉斯頁岩節肢動物身上的諸般特徵，例如腳的形態、頭部所含肢體的數目等。我們要根據這些特徵的分布，繪出化石關係的樹狀圖。就像溫莎家族或其他任何家族的族譜樹一樣，這樣我們就可以從中看出誰和誰的關係最密切，而關係較疏遠的成員應該安插在哪裡；兩者的差別在於，我們要處理的是共同祖先的問題，而不是指認某個特定化石才是眞正的祖先。你研究的動物越多，把這些動物安插進樹狀圖的可能組合方式也就成級數增加，所以你很快就需要電腦程式來幫你選出最好的排列方式，特別是有些特徵在演化的途徑上出現了不只一次。「最好的」其實是種主觀的字眼（你怎麼知道什麼是最好的？），因此支序分類的程式就會有幾種決定方式，但最後程式將傾向得出最簡單的系譜樹。八〇年代晚期，大部分對這項技術感興趣的科學家，多數是採用一種簡稱爲PAUP的程式來進行分析；PAUP是「簡約系譜分析法」這串嚇人名稱的簡寫，這種方法是由來自伊利諾州的美國人施華富所發展出來的。在演化學界，施華富的名字就和天體物理學界的霍金一樣有名。

我們褪去這些寒武紀節肢動物（包括擬油櫛蟲）花俏的衣著，來揭露這些動物眞正的本質，看牠們能不能「吻合」納入系譜樹。如果連「怪胎」動物也能恰當地安插在系譜樹上，那就表示「大爆發學家」過度強調這些動物的個別特異性。他們可能太容易受到這群豐富繽紛的組合所炫惑，所以沒看出在表面之下，這些生物其實分享共通的裝束。

令我們驚訝的是，我們竟然非常輕易地得出幾乎涵蓋所有伯吉斯節肢動物的系譜樹。這是我們第一次製作出客觀的系譜樹，而非常有趣的是，三葉蟲居然位於系譜樹上相當高的位置。長久以來三葉蟲所扮演的角色——原始節肢動物始祖——也就到此爲止！因爲如果三葉蟲是原始的，就應該位於系譜樹較底部的位置。突然間，三葉蟲特殊的結晶眼睛似乎變得較合理了。而不同節肢動物是分別崛起的觀念，也因這個系譜樹的建立而受到嚴重的打擊。因爲根據系譜樹顯示，所有的節肢動物最終都來自一個共同祖先。伯吉斯頁岩中一些奇怪的節肢動物其實並不比三葉蟲更奇怪，只是我們多了百年以上的時間來熟悉三葉蟲，於是乎變得習以爲常了。如果眞有所謂的「大爆發」，那也是非常有秩序的「大爆發」。我們的原始系譜樹在細節上仍有許多問題，這是我們最初的嘗試，免不了會發生這種狀況。在接下來的十年間，後繼者試著做出他們的版本，其中也包括了我們的朋友維斯，但原版系譜樹的許多部分仍保留在更新的版本中。換句話說，我們的系譜樹的確揭示了真相。

布里格斯和我原先以為，有關系譜樹的這篇文章應該可以刊載在《自然》期刊上，《自然》卻不接受。讀者應該知道，在科學期刊上發表論文不是件簡單的事，你必須先送出符合規定格式及長度的原稿，然後該期刊會將稿件寄給審稿者審查；如果你投的是《自然》這類的期刊，那你就會碰到這個領域中最嚴苛的審稿者，在大多數情況下，這些審稿者都會建議「拒絕」這篇文章，只有像費曼或霍金這種天才才總是得到「接受」——其他人則或多或少要忍受痛苦。對於新手小說家來說，最痛苦的事莫過於收到「編輯群很遺憾……」這種短箋。所以你可以想像當那篇描述伯吉斯系譜樹的文章被《自然》拒絕後，我們該有多沮喪了。我們一面療傷止痛，一面將這篇文章送到在北美相當於《自然》的《科學》期刊——幾乎是唯一能與《自然》齊名的科學期刊。令我們欣慰的是，在一兩個月的煎熬後，我們這篇小文章終於被接受，並在一九八九年公開發表。

隨後，大家對比伯吉斯頁岩還要更早的寒武紀化石動物群認識更深。如今事實非常清楚，在更早的寒武紀地層中，都能找到產自伯吉斯的許多節肢動物的親緣種屬。中國的澄江動物群中出現了許多美麗的生物，但因此而產生的對立故事卻使得伯吉斯頁岩的相關爭論顯得文雅得多。敵對的採集陣營互爭第一，他們雇農夫趕著搶先採到好標本，甚至迅速地從對手眼前把化石拿走。他們搶著發表論文，也在背後搞陰謀與小動作。陳均遠與他的西方人小組試圖超越侯博士及他的西方人班底，也確實取得某些成就。有時面對一個化石，你不知道該用陳博士或是侯博士的命名。艾奇克是個脾氣超好的歸化澳洲人，他貢獻了許多心力使這些動物名聞遐邇，我向他提到將來要去澄江拜訪，他倒抽了一口氣。「絕不再去！」他說：「他×的絕無可能！」和這些遠古化石有關的某些事物，激起了這個粗魯的字眼。

科學當然毫不理會這些互相廝殺的鬥爭往例。眞相終要大白，可不管是否會傷到某人的自尊或其中有什麼陰謀。一、二十年後，在中國爲了化石的既得權利而起的這些爭端，看起來將會像是齣悲喜劇，就像十九世紀時馬許和寇普兩人比賽誰在美國發表最多恐龍一樣。至於所謂的「大爆發」，則因爲演化譜系可以延續上溯到比伯吉斯頁岩更早的地層，引述古爾德後來所說的話，這就使得寒武紀底部發生的事件更增添「錯綜複雜與神祕」。如果把這些更早的動物套進布里格斯／福提的系譜樹上（或更後面的修正版本），那麼我們就要提出簡單的問題：如果不同種類節肢動物的分布能延伸到早寒武紀（包括接近系譜樹頂端的三葉蟲），那麼系譜樹上更早的分支不就是出現在前寒武紀嗎？而因爲這些分支出來的節肢動物會依次連接到整個動物生命史中更根本的支幹上，這就會把我們帶到更古老、更深遠的地方。不可能沒有曾祖父卻有曾孫。在上一章談到眼睛的歷史時，我們就觸及了這個問題。眼睛早已被扯入生命史中，三葉蟲的眼睛和其他動物的眼睛，甚至最古老的點狀眼睛，都被遺傳的脈絡牽繫在一起。根據分子時鐘（我必須承認其中的確有些毛病）的估計，有眼睛與沒眼睛兩個主要動物類群，大約是在十億年到六億五千萬年前分開發展的。或許是動物生命華麗的開場讓我們目眩神迷，而看不清遠更爲古老之前的溫文戲碼。

幾年前，我曾對最早期的三葉蟲做過簡單的觀察，我發現這些三葉蟲第一次出現在寒武紀地層時，便已隨不同的產地而有所不同：不只是不同種，甚至連屬或科都不同。如果前往中國，你就找不到小油櫛蟲，卻可以找到一種密實的小三葉蟲，稱爲始萊得利基蟲。如果在紐約州，你就會找到小油櫛蟲及牠的同伴——但卻找不到和始萊得利基蟲親緣關係相近的種屬。如果你去了西伯利亞，在夏季蚊蚋叢生的勒那河畔，你就會看到世界上最好的寒武紀露頭，而你發現最早的三葉蟲卻是另一個稱爲伯格朗氏蟲的屬。既然所有的三葉蟲應該傳承自單一的祖先，顯然我們一定錯失了一段三葉蟲化石紀錄——錯過了能夠在不同地區演化出不同種屬的時段。許多跡象都顯示，有一大段歷史從寒武紀底部的特殊岩層中遺失了。在勒那河邊漂亮的地層剖面上，我們可以找到這個現象的明證，你在當地會發現寒武紀化石出現之前的地層中有侵蝕現象。而這個侵蝕階段，是否如同達爾文所說，是三葉蟲「在寒武紀開始前，從某種甲殼類傳承下來……」的那段時間呢？

有一件事可以確定，三葉蟲並不是任何一種甲殼類的後裔；三葉蟲和蛛形類的黨（一九七頁）具有共同的祖先，而這個共同祖先又和甲殼綱享有共同祖先。三葉蟲是甲殼類的表親而不是後裔，但在節肢動物系譜樹的底層，很多化石的確都具有原先被認為專屬於三葉蟲的典型特徵。沃克特努力發掘出來的二支肢體，最後被發現普遍存在於各種寒武紀軟體節肢動物的身上。節肢動物衍生出甲殼類時，可能也像鱟及蠍子的共同祖先一樣帶有這種肢體。總之，二支的肢體很原始，而任何具有二支肢體的動物，都可能刮出類似東紐芬蘭寒武紀最早期地層中的蟲跡。其他事實也變得更清楚了。和典型節肢動物最接近的親緣動物，是種腿部粗短，俗稱天鵝絨蟲（有爪動物門）的小動物。天鵝絨蟲至今仍然存活，大部分生活於溫暖潮濕的腐木之下。寒武紀時，有爪動物的數量遠較今日為多，變異也較大，並且都生活於海洋中。巴德已證明有些外形非常奇特的生物，其實就是天鵝絨蟲。伯吉斯頁岩中一度被認為是超級怪胎的「怪誕蟲」，也是天鵝絨蟲。由此可知，如果不加深思，古爾德理論會誤導到什麼程度：這些具有原創設計的不尋常動物，就會被標記為「失敗的試驗品」，並就此走向末路。如今，根據我們的了解，這些動物曾是生命史中的重要一步。我們從支序分類法學到，在鑑定動物親緣關係時，要著重的是動物的共通部分，而不是我們主觀認定的特異部分。如果要找出大象在自然界中的位置，我們就要根據牠的子宮，而不是奇怪的象鼻。

所以我們如今就陷入了矛盾；現在有系譜樹來幫我們了解這群生物在光鮮登台之前的歷史，我們卻找不到有關這段歷史的蛛絲馬跡。在前寒武紀的最晚期之前，就連生物的抓痕或穴痕都非常罕見＊。這些動物到哪裡去了呢？有種可能是，「大爆發」時生物創新的速度遠超過想像，於是各種不同的三葉蟲及其他生物便從「大爆發」中出現了；要不然就得另有解釋。如同艾略特的詩〈神祕貓〉：「但是當你抵達犯罪現場，卻找不到麥卡維提貓！」遺失的時段或許可以解釋某些岩層剖面，例如西伯利亞的岩層，這種說法卻無法套用在東紐芬蘭，因為當地的岩層紀錄非常完整。我所偏好的理論如下：系譜樹早期的分支都是很小的動物，因此不容易被保存為化石。不見得要身軀龐大才能成為發展成功的節肢動物（軟體動物也一樣）。現今充斥在海洋中的微小節肢動物，也都沒留下化石的紀錄啊！就以微小的橈足類為例，這些動物是浮游生物的一員，數量龐大到足以遮海蔽日，但唯一的橈足類化石，卻是保存在化石魚身體中的一個種類。而且要不是有些昆蟲神奇地被保存在琥珀中，我們對於過去昆蟲的知識也會是嚴重不足。（因為有這種保存方式，我們才能從琥珀中認識了數百個最精緻的蕈蚊類，這些昆蟲活著時甚至脆弱到一陣風就能把牠們吹毀。）在寒武紀底部，可能同時發生了生物體形大幅增加，以及新型態動物突然出現兩種現象，而且速度可能眞的很快。我們從許多化石得知，體形的增長是演化中很容易達成的目標。以哺乳動物為例，在六億五千萬年前恐龍滅絕後，哺乳動物的體形似乎就急速地增加。體形的增長甚至可能有助於外殼的分泌，因為當動物到達某種尺寸時，原先肌肉的支撐將顯得不足。所以「大爆發」只是演員戲劇性的現身，其實這些演員早就在我們看不見的地方預演了超過一億年。

以上的解釋，對未來的可能發現提供了空間。或許本書的讀者中，會有人由前寒武紀地層裡發現相當於琥珀的保存奇蹟。就在最近，中國發現了前寒武紀晚期的動物胚胎，每個細胞在磷酸鈣礦物中都驚人地保存了下來，歲月並沒有摧毀這個奇蹟。如果眞能找到證據證明這個失落的演化階段——微小的動物發展出後續的生命形式——那將會是個令人振奮的驚世大發現。在某個地方應該會有這麼一隻小小的三葉蟲，具有潛力，能發展出後來三億年間變幻不盡的外觀。目前相關的追尋仍在持續進行。

這並不全然是大爆發的完結篇。

繼《奇妙的生命》後，還出現了有關伯吉斯頁岩及寒武紀的報告，這些論證闡述動物門類「大爆發」的眞實性或其他相關細節，大多發表於科學期刊上，我們可以在其間看到溫文有禮的傳統。大家總是彬彬有禮！古爾德知道我並不同意他的結論，但這並不影響我們見面時的誠摯：我們在會議廳裡會揮手致意而不是咬牙切齒。我不認爲他會拿我的小雕像來用針

*在我撰寫本書之時，有篇來自印度的最新報告指出：最早的生痕和蟲跡可以上溯到十億年前。我很遺憾長期以來印度地質學家的報告，以及發表在印度期刊上的文章，一直被科學界所忽視；這些痕跡是由動物造成應該沒什麼疑問，至於定年是否正確，則確實有令人質疑的地方，所以目前爲止還沒有最後的定論。

戳刺，我也不會想偷他的私人物品來下咒施法。科學家很少做這種事，他們最感興趣的是眞理的進展。道金斯說過一個好故事，一位資深教授走上講台和年輕科學家握手，而那位年輕人才剛駁斥老先生最珍視的理論；老人贏得大家起立熱烈喝采。根據禮儀教材，就是應該表現出這種風度。

華盛頓的史密森博物館架設了一個伯吉斯頁岩展示品，觀眾可以在此親眼目睹那些神奇的蟲子，還可以閱讀附帶的詳盡解說。大約就在這個展示開幕同時，一所小型大學「東岸大學」的兩位教授，馬克及戴安麥克蒙發表了一本《動物的出現》書籍，裡面談到最極端的「爆炸性」觀點。他們在這本書中宣稱，寒武紀時生命所「爆發」出來的門多達一百個＊，其中大多數的門滅絕了，沒有留下任何

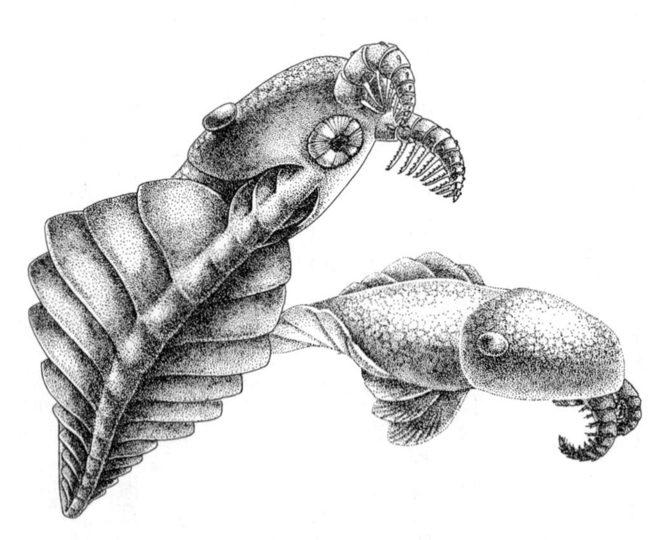

奇蝦最初被稱爲「不可思議的奇蹟」，現今已知牠和原始的節肢動物有關，也因此和三葉蟲有關。

子孫。這些門類就像突然從盒中蹦出的小丑，隨後又以一種後達達主義狂暴荒誕的方式自行消失。這個觀點比古爾德的還要誇張十倍。對一個客觀的讀者來說，書中最不合理的地方是：他們並沒有說明，爲什麼這上百個左右的「寒武紀門」能被認定爲動物界的重大分類，這些生物之間眞的差別大到能被歸爲獨立的門嗎？關於這點，書中完全沒有解釋。這些生物若不是源自共同的祖先，而是各自演化出來的，怎麼可能共享奇怪的特徵呢？而如果這些生物源於共同的祖先，不就屬於同一個門了嗎？這些在書中沒有一丁點兒的討論。所以結論是，這兩位獨特的作者認爲，不管是任何角色，只要穿著奇裝異服出現在寒武紀的舞台上，只要符合這唯一條件，都可以獨立爲門。上台演出的那一刻，本身就是獨創性的明證。

在《奇妙的生命》出版了將近十年之後，一本更具爆炸性的書加入了這個競技場。這次的作者即使在恃才傲物的劍橋人之中也是顆明星，更是古爾德寒武紀世界觀中所推崇的人物——康威莫利斯。古爾德替康威莫利斯將伯吉斯頁岩的重要性傳達給世人（至少是他當時在

＊現今的教科書多數是列出約三十個現生動物門，其中涵括了所有極端變異的生物。每一個門都代表一種解剖構造設計上的根本差異。而麥克蒙則將寒武紀生物世界的豐富性至少提高到三倍。

劍橋的看法），其後大約過了十年的時間，康威莫利斯有充分的機會做其他的思考。現今他的修正觀點顯然接近我原先的草案：威力大爲解除的「大爆發」。康威莫利斯一方面認同動物應該還有一段更早的歷史，一方面也正確地指出，在寒武紀有殼動物快速發展的同時，旁邊也伴隨著成功的無殼化石動物群。這種觀點並不含煽動性的成分；照我看來，康威莫利斯已經改變了他原先的看法，轉而以一種顧及前因後果的方式，來看待這個生命發展關鍵期的寒武紀動物群。而他的「大爆發」卻留給了古爾德。康威莫利斯在書中表現的惡意是專業界前所未見，令我

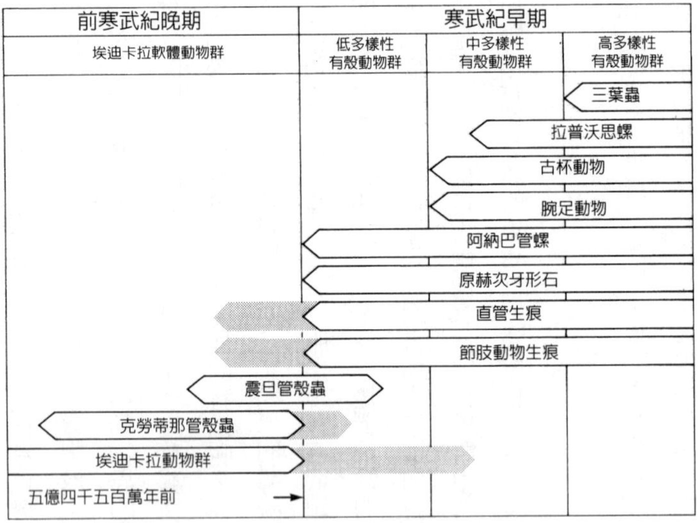

三葉蟲在寒武紀早期動物出現時所處的地位，摘自麥克蒙夫婦所著的《動物的出現》（一九八九）一書。但是，三葉蟲的祖先在哪兒呢？

非常吃驚。他在書中說明古爾德並不是在寫作，而只是在營造「慷慨激昂的結論」，還說他的主張缺乏原創性，只是浪得虛名。從《創世的嚴酷考驗》（一九九八）中的一小段文字，我們可以看出作者的態度：「我們一再地看到古爾德跳進戰場……奇怪的是，他總是對看來致命的攻擊免疫……古爾德對敬畏的旁觀者宣稱，我們現今對演化過程的了解嚴重不足……但我卻看到在他身後的陽光中，矗立著演化論的主體，少有改變。」這不啻是以較爲誇張的方式指稱古爾德是個招搖撞騙的郎中。

對成功的嫉妒是人類可厭的弱點之一。因爲在生物科學方面，幾乎沒人能挑戰古爾德在現今世界上的重大成就（至少在文壇上是如此），也難怪有些想爭奪聚光焦點的對手會以他爲目標。在科學上有不同的見解本來就是種常態，實際上這還是科學進展不可少的要素。但令我訝異的是這種不尋常的發作方式，這種滿懷惡意的流彈。想要奪走古爾德光采的企圖甚至展露在他的注腳中。古爾德（和路溫丁）曾於一九七九年寫過一篇著名的文章，標題稍嫌浮誇：〈聖馬可的拱側及樂天模式：對適應說主張所做的評論〉，但這篇文章卻指出了一個重點，那就是：在自然界中發現的任何結構是否都必須有其功能？康威莫利斯在注腳中挑出誤用建築術語的毛病，來惡意攻訐古爾德：聖馬可的結構中顯然完全沒有所謂的「拱側」！嘖！嘖！好像挑剔這個術語就能一舉戳破這篇浮誇的文章。這種過度批評的動力是打從心底發出來的。但康威莫利斯爲什麼要這樣過河拆橋忘恩負義呢？如果你注視那些躺在潔淨標本盤中光采的小化石，你很難相信這些化石就是爭論的源頭；三葉蟲或牠的同伴都不該為這些口舌之爭負起任何責任。康威莫利斯及古爾德後來在《自然史》期刊中爲文互相較量。我並不同意一些譏諷觀點所指稱的，這些爭論只是種技倆，是爲了提高書籍銷售量，因爲這種憎惡不可能是假的。我想起了哈特的一首歌謠〈史坦尼勞斯的社會〉中，描述了十九世紀科學家針對化石骨頭（還能針對什麼？）的爭鬥：

唉，我認為對科學界紳士來説這並不體面
把另一個人稱為笨蛋——再怎麼説都不應該；
而遭到這種批評的人
也不該丟出石頭作為回應……
比我寫下詩行還短暫的時間裡，大家已打成一團
沒入這場因古生代遺物而起的戰事裡；
他們在憤怒中擲出化石可真罪過，
直到後來猛獁象的頭骨敲破了湯普生的頭殼。

我所能找到讓康威莫利斯憤怒的唯一原因，就是古爾德曾加諸他身上的極力讚美。回到

道金斯的例子，這就像年輕的教授用力踩踏老教授的痛腳。《奇妙的生命》獲致了全球性的成功，而康威莫利斯的話保存在字裡行間，永遠無法不被印出來：「該死！這不會又是個新的門吧！」——八〇年代早期的那個康威莫利斯這麼說。九〇年代的他否認了早先的說法；的確，科學家應與時俱進，但他欠缺勇氣承認先前確曾存在的說法，這是依當下的喜好而不當地竄改歷史。因此，引起康威莫利斯發作的根本原因不是對古爾德的嫉妒，而是因爲他怨憤自己的過去被他人所掌握。不知道這段歷史的一般讀者在看《創世的嚴酷考驗》時，無從推知作者的觀點曾一度和古爾德極爲接近（如果還不算共通的話）＊；這些讀者也絕對想不到，康威莫利斯於一九九一年獲得美國古生物學會舒克特獎的至高榮譽，正是因爲古爾德背書所致。亨利福特曾於一九一九年說過：「歷史是鬼扯！」這種想法對汽車大亨來說可能沒什麼不妥，但歷史學家卻不該這麼認爲。

至於這些三葉蟲，牠們見證了所有的事件。我應該借助三葉蟲結晶眼睛的長遠眼光來看

＊贊同康威莫利斯對古爾德批評的人，例如道金斯，似乎也不清楚這段「大爆發」意見之爭的歷史。而古爾德其他領域的對手則以康威莫利斯的書爲工具，攻擊這位「麻州劍橋哲人」；他們奉行的原則是：「敵人的敵人就是朋友。」

歷史，而且像這些動物一樣，對人類的種種爭端漠然以對。在三葉蟲熱愛者的心中，這些動物從不可解的神祕事物變成了甲殼類的表親，牠們甚至曾短暫地遊蕩到門的位階，現今又回到了原先所屬的節肢動物門下，和鱟的關係甚至還比達爾文所想的更加親近。三葉蟲曾經和近緣親戚爆發理論扯上關係，也曾被捲入大爆發中。也許我們現在應該先把炸藥拿開，把大爆炸這個比喻擱置一會兒，因為這所帶來的麻煩已經夠多了。

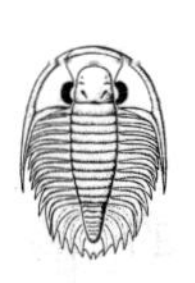

第六章

博物館

當群眾在假日上博物館，閒逛經過絕種動物的骨架，或瀏覽恐龍的假象，看那身機械骨骼及橡膠軀體，顫巍巍地試圖說服觀眾，它並沒有被那幾億年歲月埋葬。或許十個人裡面會有一人注意到怪獸身後那堵牆上有一扇門，那是個很光滑的桃花心木入口，只有專屬鑰匙才能打開這道門。有時博物館的收藏研究人員會從門後出現，然後呆立半晌，彷彿有點受到眼前群眾的驚擾。這是離開展示場進入另一個世界的門，門裡是充滿骨頭和外殼的眞正收藏世界。

我第一次進入這個門已是三十多年前的事了。當時，我加入了倫敦自然史博物館的工作團隊，同行口中稱此地爲「ＢＭ」（大英博物館縮寫）。「大英博物館」是輝煌年代所傳下來的光榮頭銜，但其中的自然史收藏品很早便與別的古物分開來；其他的古物收藏在位於布倫斯伯利區的富麗建築中，包括了埃及法老、玻璃藥瓶、船上的寶藏及古老的長柄眼鏡等器物，他們的研究部門則包含古器物、古埃及、古希臘羅馬及東方等不同的範疇。但我們仍被稱作「ＢＭ」，因爲獨立設館前，正式稱呼是「大英博物館自然史部門」。在義大利，我的同僚仍稱我們爲「大英人」，這個稱謂非常貼切，精確地蘊含了一個民族對收藏的本質主義觀點。我了解這個工作有點類似某種聖職，還得發誓安於貧困。但我很幸運，因爲我是少數夢想和實際工作能吻合的人。我，一個十四歲便愛上三葉蟲的人，是少數做自己喜歡的事還能領錢的幸運兒。我得到了鑰匙，這是一串很像牢房密室所用的那種沉重的鐵鑰匙，由鐵圈串起來，他們還告誡我，隨時隨地都要親自保管這串鑰匙。這些鑰匙上刻著「拾獲者酬金二十先令」，在鑄上這些字的年代，一英鎊（二十先令）足以讓你帶著心上人吃一頓鮮魚晚餐，找回的零錢還足夠支付回程的車資。在這串鑰匙的神奇魔力下，幾乎所有的門都可以輕而易舉地開啓。甚至還有個全職鎖匠，負責確認所有的鑰匙都能輕鬆地滑入鎖中，他工作的密室，或許連狄更斯都認得。

我奉派到古生物部門工作——那是已滅絕生物的消逝世界。當我剛進入自然史博物館時，我覺得我的辦公室就像是迷宮的一部分。辦公室不顯眼地安身於宏偉正式的博物館入口之下，在哥德教堂式的門上裝飾著自然圖樣，裡面則儲放了我們絕大多數的三葉蟲標本；這些標本被安置在古老而神聖的櫥櫃裡，房間內流露出一種學者的氣質，房間的中段部分，甚至有鍛鐵的包廂區域圍繞，上頭擺放更多的櫥櫃。辦公室外，有一隻不再展示的大象從防塵套底下浮現出來。世界級的籐壺權威威瑟斯曾在此工作，而我的前輩狄恩在被加拿大的工作吸引離開之前，也曾在這個房間裡研究三葉蟲。這對我來說可是件幸運的事，因爲能在BM工作是相當難得的機會，當我正在找尋合適的發揮場所時，正好就空出了這個懸缺。

我第一份工作的描述是「致力於三葉蟲的研究」，這等於告訴我「好好地玩，才有錢賺」。和我同樣搭乘通勤火車，八點零二分從牛津郡泰晤士河畔的漢利出發的乘客，可能也有同感。因爲當他們有人在斟酌企業併購，有人爲政府官員草擬繁複的備忘錄，有人則替牛肉漢堡設計新的廣告，同時我卻只是和三葉蟲爲伍。他們打從心裡好奇，疑惑「你到底是在做什麼工作？」嗯，國立自然史博物館的工作，基本上是要做物種方面的研究，而其他的業務也都由此衍生，不過一切工作的基本精神，都在增進物種多樣性的了解。我是少數有特權可以命名新種（用冠冕堂皇的行話來說，就是「科學上的新種」）的研究人員之一。如果你喜歡的話，你也可以把物種研究比擬成後續所有論述的基本原子，但是這方面的科學研究，並不像是把天體運行視爲掌中之物、以次

這個大托盤中的三葉蟲標本，屬於倫敦自然史博物館龐大收藏中的一部分，一旁的標籤記錄了標本的採集時間、採集者及採集地等相關的重要資訊——如同保存文明的資料庫。

原子粒子爲研究材料那麼輝煌；這是生物學的基礎工作。讓我做個解釋。

沒人知道到底有多少的現生物種。有些動物（例如鳥類）夠大也夠醒目，所以未被發現的新種相當少。至於昆蟲，則只有部分棲息於樹上或腐木下的種屬被命名，命名的工作永無止境（去問任何一個昆蟲學家就知道）。回到地質上的過去，問題就略顯不同，因爲我們所找到的只是曾經存在的生物的一小部分，我們的研究有賴於化石在岩石中的保存狀況，這本身就難以捉摸。發掘化石也得靠運氣，這就要看天時、地利、人和。通常找到的三葉蟲多已支離破碎，所以最重要的因素就是採集者是否能將所有碎片收集齊全，接下來我們才有可能著手研判顯微鏡下的是不是個新種。這不是件簡單的工作。

首先，什麼是種？在現生動物中要辨別種並不算太難：相近的物種在某些細節上總是不同，受過專業訓練的行家都可以分辨出來。歐洲常見的兩種同科鳥類；歌鶇及烏鶇，憑羽毛、蛋、叫聲及行爲差異就可以區別出來，儘管兩種鳥大體上很相像。即使是更相近的槲鶇及歌鶇，有經驗的賞鳥者只要花點時間觀察，也不至於搞混，牠們在鳴聲及行爲上的差異已足以讓人分辨。但三葉蟲的化石卻只是蛻下的外殼，幸好三葉蟲在某一方面也和鶇鳥一樣，有不同的「羽毛」；蟲體表面通常有特殊的美麗紋飾，這很可能正是不同種之間的差異；相近的不同種通常以紋飾來互相區別，而這也是找到同種伴侶的方法。基於同樣的道理，穿著一身有釘扣裝飾皮夾克的搖滾樂手會聚在一起，而通常不會找上身穿長袍，並且理光頭、留髮辮的國際黑天覺悟會教徒一起混。如果標本的保存狀況很好，我們分辨化石種的眞正特徵時，就和辨認現生種一樣有把握。接下來的問題是：該如何記錄這種知識，把我們對新種的辨識轉換爲正式的紀錄呢？

這就進入了發表科學論文的程序。你不能在下雨的週一清晨起床之後，便決定確立幾個新種。除非經過科學期刊的發表，否則便不算正式的種。命名者（通常是位專家）提出一個新種時，必須以適當的圖解來說明爲何這是新種。這是件嚴謹的工作。你必須描述出新種和同屬其他種之間的區別——專業的說法是，你必須做「鑑定」。這意謂你必須查閱至少十幾篇科學文獻，以比較手邊的標本與其他已命名的相關種之間有何差別。這個程序可能非常繁瑣，常常是因爲相關的文獻可能發表在新西伯利亞、諾里奇市或新德里等地不太有名的期刊上。顯然手邊若有個很好的圖書館，對專家來說是莫大的恩賜。偉大博物館附設的參考資料圖書館，和收藏品相互爲用，猶如燃料之於發動機。如果你由於懶惰，或不巧沒有徹底查閱相關文獻，就可能會遺漏某篇文章，或許你要命名的物種已經在那篇文章裡命名了，於是很不幸地，你的命名就成了「同物異名」（這是分類學家用來表示這個名字無效的說詞），因爲最早的命名享有優先權。學名和東歐城市的街名不同，後者可能因當下政治情勢的轉變而改名，學名幾乎是永恆的。儘管有不同的別稱，玫瑰在植物學家的眼中永遠叫「*Rosa*」。

一個新種必須有新的種名。根據多年來（就快要終止）的傳統，種名必須用古典的形式，必須源自適當的古希臘或拉丁文字根，例如我們可以將一個漂亮的種命名爲*pulcher*（拉丁文的「漂亮」）；如果牠眞的非常漂亮，我們甚至可以將這個種命名爲*pulcherrima*（非常漂亮）。新種不能被命名爲*verypretti*或*jolliattractiva*（源自一般英文）。*Rosa pulcherrima*（美豔玫瑰）是個相當符合命名規則的名字，但*Rosa pulcherrimus*就不對了，因爲種名和屬名字尾的性別必須一致；就算沒有其他的意涵，起碼這樣唸起來也比較悅耳。我一直相當喜歡這種對古典字根的堅持，因爲這能夠將我們和十八世紀的分類學先驅鏈結在一起；這些前輩不只是以拉丁文寫作，甚至以拉丁文思考，而我能和偉大的雷伊及舉世無雙的林奈共享的，就是這種古典命名的傳統。因爲同樣致力於自然界的分類，我們被連繫在一起；跨越了兩百多年，我們仍共享同樣的熱情，將我們的知識以一定的規則彙整出來。其實我還頗能欣賞這種樂趣：從古典學者編纂、猶如茫茫辭海的厚重老字典裡，找出「泛紅」或「多疣」的古典用字作爲種名。在我寫作時，桌上就放著路易斯及雪德編的拉丁文字典；我也喜歡讀奧維德的引文來印證這些字的用法。這種對古典文化的堅持，是一種牽繫而不是牽絆。

下一步是：你必須在據以命名的標本上附上新的科學標籤，而這個標籤將永遠跟著標本。這是新種的模式標本（或稱「正型」）。模式標本會永久保存在博物館裡，博物館也因此有了獨特的重要性。不論過去或現在，博物館的收藏品一直是自然界變異的最終參考。在模式標本旁還放著所有採自其他地方的收藏品，從南極到厄瓜多爾、天山或廷巴克圖等地收集而來，這是所有生物不論死活的完整清單。在倫敦自然史博物館的收藏中，單單化石部門的占地面積便超過一個足球場，而總共有四個樓層，每一層都排滿一列列的櫃子，每個櫃子有四十個抽屜，每個抽屜中至少放了約五十件標本，如果想計算出所有收藏的總量，你很快就會昏頭了。如果我想比較三葉蟲和某些現生的節肢動物，我可以去動物部門。在生命大樓中，成千上萬的罐子裡裝著魚、蛇、章魚或龍蝦等，全都被栩栩如生地泡製起來，有達爾文所採集的蜥蜴，也有從深海打撈上來的蠕蟲。這裡有我要的東西：鼠婦的較大體型親屬，生活在南極冰帽下的海床，屬名為扁水蝨。扁水蝨外表看起來很像三葉蟲（雖然這種動物和三葉蟲的關係並不那麼密切），所以我要檢查牠胸部的細部構造。我經過裝著鱈魚的玻璃罐，百年來這尾魚以下垂的嘴唇注記著牠的沮喪。因為顏色已褪去，這些生物標本幽靈般的樣貌，剛好與年代的古老相符。當你溜進門內，面對一排排玻璃罐中的生靈，你不禁啞然失聲。你想著：有限的生命，這就是你哀傷的臉了；你抵抗衰老的方式，只是把殘骸醃在罐子裡。

於是，在一個新種命名後，其他學者如果想確定他們手邊的東西和這個種是否一樣，他們都可以參考這個模式標本。博物館的收藏人員會為標本編上號碼，通常他們用一個小標籤寫上這個號碼，然後附在標本上，成為這件獨特標本的正式紀錄；有了電腦，這些資訊的利用更加方便。自從學界盛行採用不堅持本質主義的觀點來定義物種後，正型的重要性便降低了。現今我們知道，收藏一整群模式標本更能涵蓋物種在自然界中的變異，畢竟世上沒有完全相同的兩隻動物或兩株植物。這使得伴隨在模式標本旁的所有收藏品，重要性都提高了（其中有些標本被指定爲副型——字面的意義是伴隨正型）。在生命大樓的模式標本珍貴而稀有，有些從玻璃罐中透出的蒼白面孔，可能就是世上唯一已知的標本，也難怪牠們的表情會如此哀悽。

我期盼有一天，這些模式標本的影像能藉著全球資訊網路，在世界上任何地方展現。假設有位研究人員在西布馬蘇工作，他懷疑手中的蝴蝶是否和百年前某位西方研究者所命名的種一樣，只須從手邊的電腦登錄進入有關網站，網站中就有各種正型標本的彩色影像，可供他和手邊的標本進行比對。一世紀以來，收藏人員爲標本編目及記錄，並用樟腦丸保存所花的工夫，在這一刻就證明並沒有白費。只有藉著這種確實的參考資訊，我們才能眞正知道哪裡曾有過哪些生物、數量有多少。我相信未來還有很長一段時間，我們仍然要用到這些鮮活的影像。雖然物種ＤＮＡ指紋的重要性已逐漸增加，但這仍無法取代人類眼睛對外形異同的敏銳判斷，「用眼睛」辨識仍是更實際、更快速（且更便宜）的方法。畢竟，眼睛和大腦之所以是我們這個物種的最佳天賦，主要理由可能就在於這些器官有精細的辨識能力。

我在這個領域中所扮演的角色，就是能爲三葉蟲新種命名的少數特權人士。化石定種的程序和蝴蝶差不多，雖然化石新種的正型通常不像鱗翅類那麼脆弱——我曾帶著槌子採過不少化石。有些種類的化石因爲採集困難，所以樣本稀少，而這很可能無法反應這個物種在自然界的眞實數量。這些生物可能非常多刺，也可能殼非常薄。幾年來我已命名了超過一百五十個三葉蟲新種，但知道自己發現了一個「科學上的新種」，還是會讓我一陣陶醉。我也命名了幾個新的屬。我只有一次幾乎陷入了命名規則的災難中，當時我正決定以罕爲人知的山林女神之名，將一隻美麗的三葉蟲命名爲歐那蟲，這是從我的古典文獻中所找出來的名字，聽起來頗有吸引力，而且也很適合用來作這個生物的名字。幸好我在最後一分鐘發現同一個名字已被另一種蠕蟲用去了，否則這就會使我的命名完全違反了規範手冊——那是本用英文及法文撰寫的大部頭書，叫作《動物命名法規》。我得承認，在一切睡前讀物中（可能除了《甘迺迪拉丁文初級讀本》之外），這本法規在枯燥的程度上絕對拔得頭籌。書中都是在規範爲動物命名時「你應該」或「你不應該」做什麼。這就像年度報告或火車時刻表，我們需要這些規則，命名系統才能運作順利＊，但這同時也成了腐儒的樂園。法規中有一條重要的原則是：同一個屬名不能用兩次。幸好我及時在新屬發表前將原先的命名改爲小歐那蟲，這個名字之前沒被用過，所以小歐那蟲得以留傳至今。

當爲動物命名時，法規不容許你對任何人無禮，但容許你可以善意地用同僚的名字命名。兩位捷克的古生物學家便將一個三葉蟲屬命名爲福提蟲，另外還有稱爲惠丁頓蟲及沃克特蟲的三葉蟲，於是這些研究人員就藉著動物留名青史。在分類的領域中有此一說：動物界

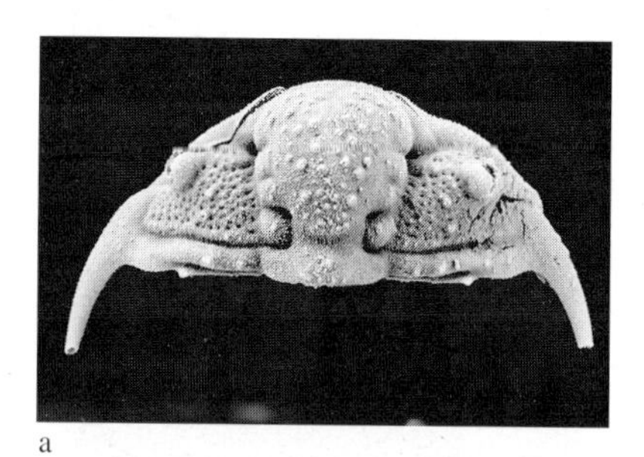
a

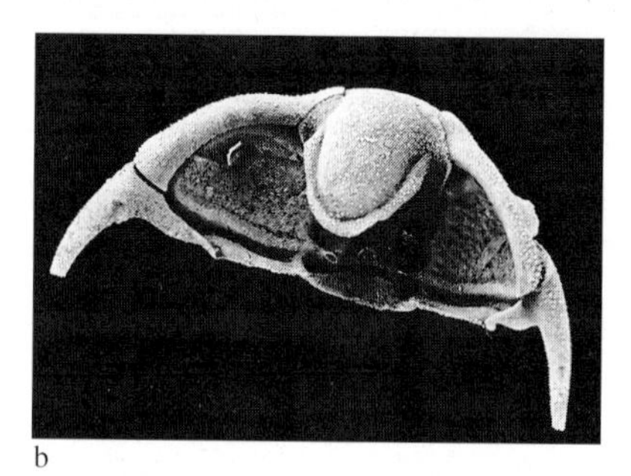
b

c

圖二　利用酸從石灰岩中溶解出來的矽化三葉蟲頭盾。這件標本由惠丁頓處理，是美國維吉尼亞州奧陶紀岩層中的三葉蟲：希若拉蟲。從頭盾的下方（圖b）可以看到唇瓣的位置，從前方（圖c）則可看到頭鞍的下方也向下凸出，形成安置三葉蟲最重要頭部器官的空間。

圖一　這隻三葉蟲可能是第一個記載在科學期刊上的三葉蟲，原先路伊德博士的「比目魚」，如今稱爲德氏龍王盾殼蟲。來自南威爾斯蘭代洛鎮附近的奧陶紀岩層；蟲體有八個胸節，尾部很大，還有一對新月形的大眼睛。照片爲實物兩倍大。

圖五　上　達爾曼蟲，最早發現的三葉蟲之一，大量分布於歐洲的志留紀地層，身長約十公分。蟲體特徵是尾部的背側有一根短刺。這個標本來自英國的夏洛普郡。

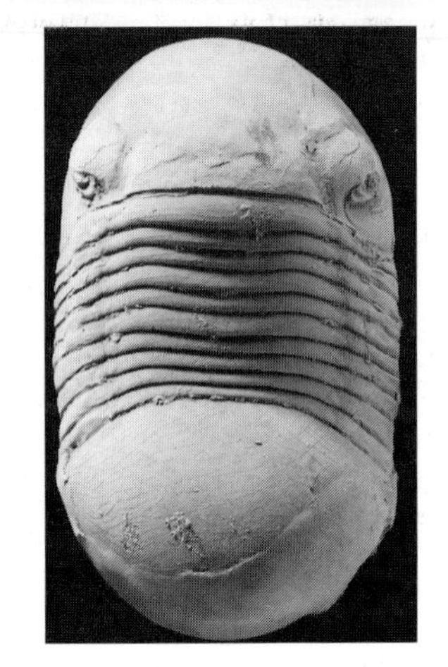

圖三　大頭蟲，體長十公分的三葉蟲，外表平滑，很多特徵都看不到，雖然眼睛還算清楚，但已經很難辨識此蟲的頭鞍。這隻三葉蟲很像是今天的犰狳。這是發現於英國夏洛普郡志留紀的標本。

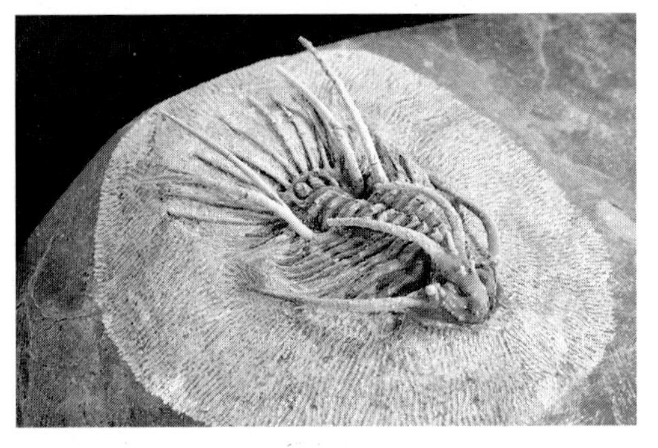

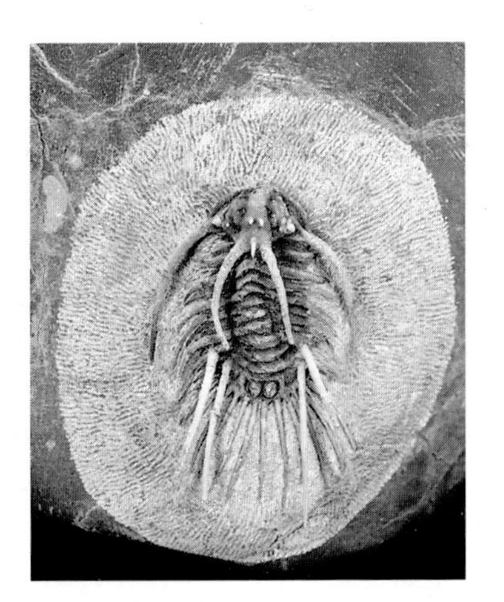

圖四　射殼蟲，來自摩洛哥泥盆紀岩層中長滿了古怪棘刺的三葉蟲。蟲體胸部向後伸出幾根呈優雅弧線的長刺，長度超過了多刺的尾部。「頸部」的位置也有一對長刺往後伸出。

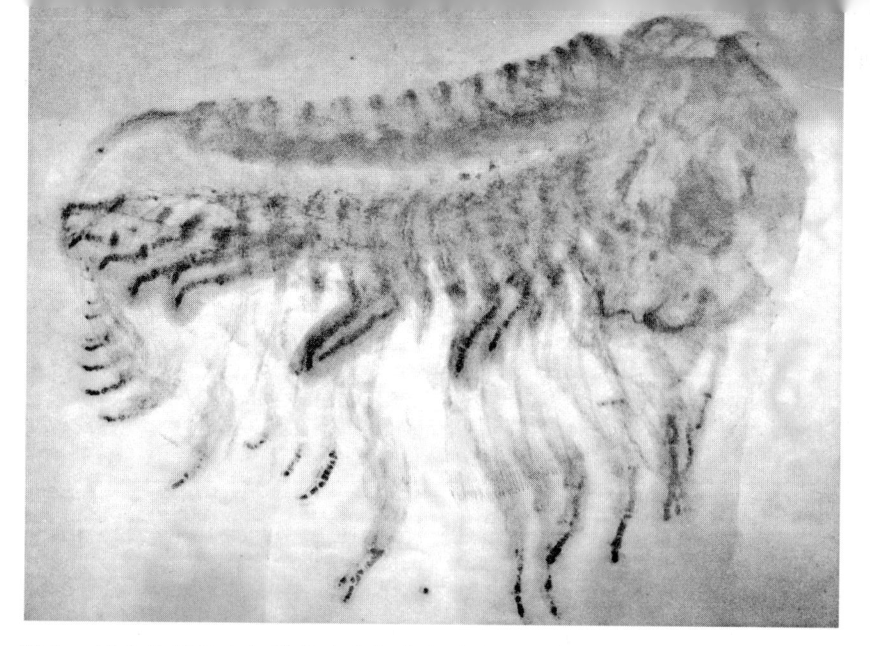

圖六　採自德國泥盆紀漢斯洛克板岩中的鏡眼三葉蟲X光照片，腳部看來像鬼影，在邊緣可以看到鰓肢上的纖毛。

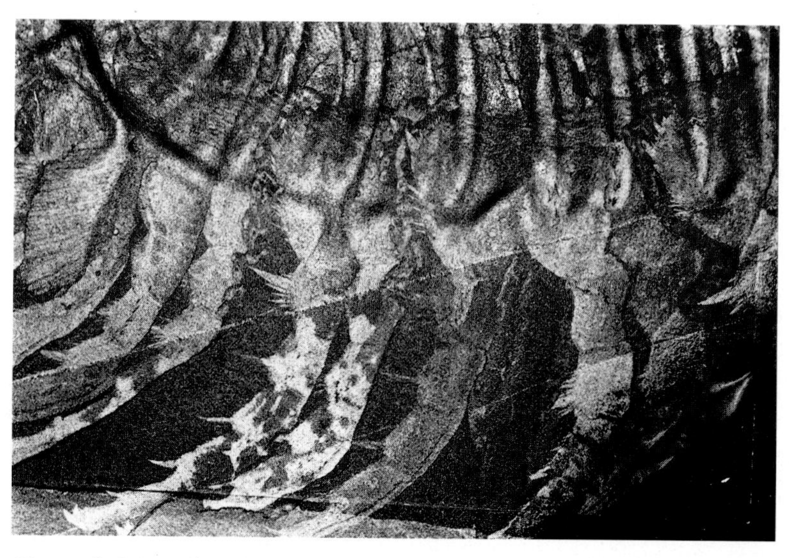

圖七　寒武紀伯吉斯頁岩中的鋸齒擬油櫛蟲，在這張惠丁頓所照的絕佳照片中，可以看到肢體的細節，胸節在圖的上部，多刺的步行肢伸向下方，並可清楚看到多刺的肢體基部。

圖八　左　屬於油櫛蟲類群的三葉蟲，稱爲超長腹蟲，約爲眞實尺寸，頭盾較小，胸部很長，有很多胸節。這個標本是底部朝上被保存起來，所以我們能大致看到唇瓣的位置（蓋在胃的上面）。這是玻利維亞奧陶紀的標本。

圖九　下　屬於油櫛蟲類群的三葉蟲——擬小塑造蟲的墳場，來自英國夏洛普郡的早奧陶紀頁岩層。這塊岩石中有各種尺寸的三葉蟲，正面朝上及底部朝上的標本各占一半，多數個體的長度都約爲一、兩公分。

圖十　小油櫛蟲，下部寒武系最古老的三葉蟲之一；圖中的標本來自美國賓州。雖然此蟲很古老，但仍已明確地發展出新月形的大眼睛。注意看照片中的第三個胸節比其他的都大。蟲體尾部很小，部分被隱藏在胸部末端的棘刺下方。通常小油櫛蟲的身長約十公分。

圖十一　一種體型細小的盲眼三葉蟲：豆形球接子蟲，最大的僅有幾公釐長。來自英國晚寒武紀的地層中，頭部與尾部的形狀幾乎相同，胸部只有兩個胸節。

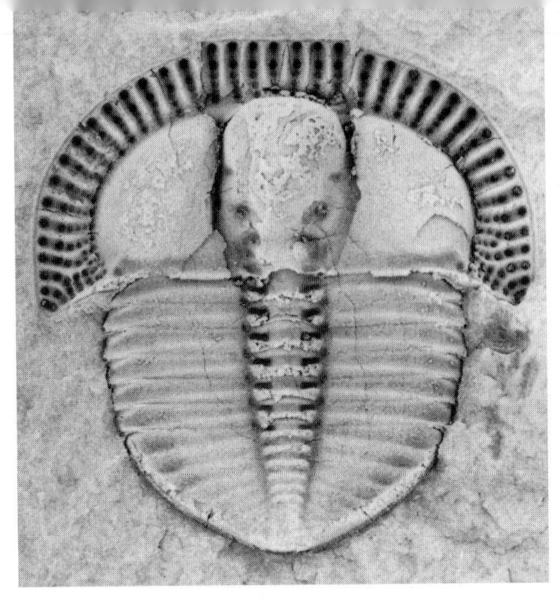

圖十三　這是像徽章的盲眼三葉蟲：飾邊三瘤蟲，頭上有明顯的「飾邊」，飾邊的功能仍有很多爭議。這是個蛻下的殼，頰刺已散失。標本約幾公分長。來自威爾斯的奧陶紀地層。

圖十二　這種優雅的三葉蟲是來自紐約州奧陶紀地層，叫作等稱蟲，八個胸節顯示這種三葉蟲與龍王盾殼蟲有親緣關係。頭部與尾部的外形非常吻合，有助於身體捲起。眼睛彎曲並凸出於頭部之上。身長約十公分。

圖十四　左中　奧陶紀的原擬羅依德蟲的頭部，牠屬於三瘤蟲的近親，發現於英國東部的鑽井中。這個美麗的三葉蟲具有對稱的飾邊，上面有近百個小孔。

圖十五　左下　眼睛巨大的鋸圓尾蟲的頭，此蟲悠游於奧陶紀淹沒南威爾斯地區的較深水域中，身長通常爲三到五公分。

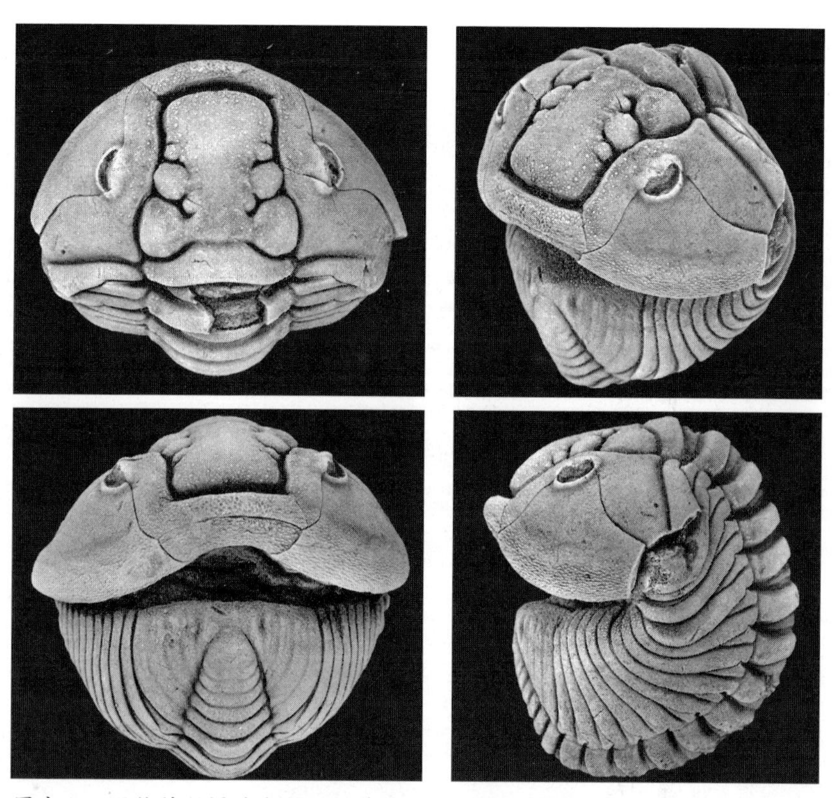

圖十六　西維特所攝的志留紀三葉蟲：隱頭蟲。標本來自瑞典的哥特蘭。照片由四個不同角度拍攝，由前方你可以看到尾部外形穩妥捲入頭盾之下。

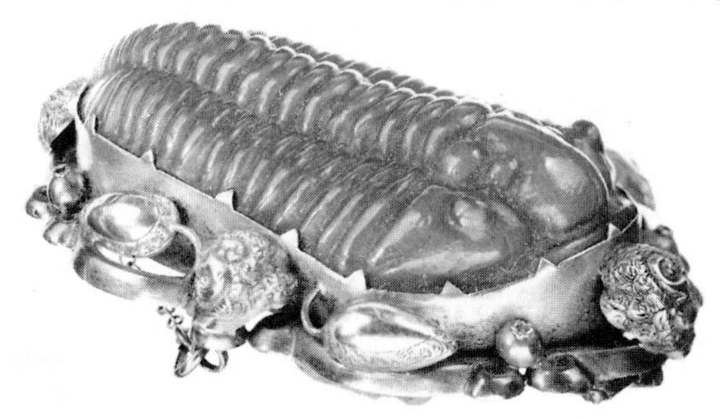

圖十七　這是獨特的古董黃金胸針，鑲在中間的是志留紀的三葉蟲：隱頭蟲。

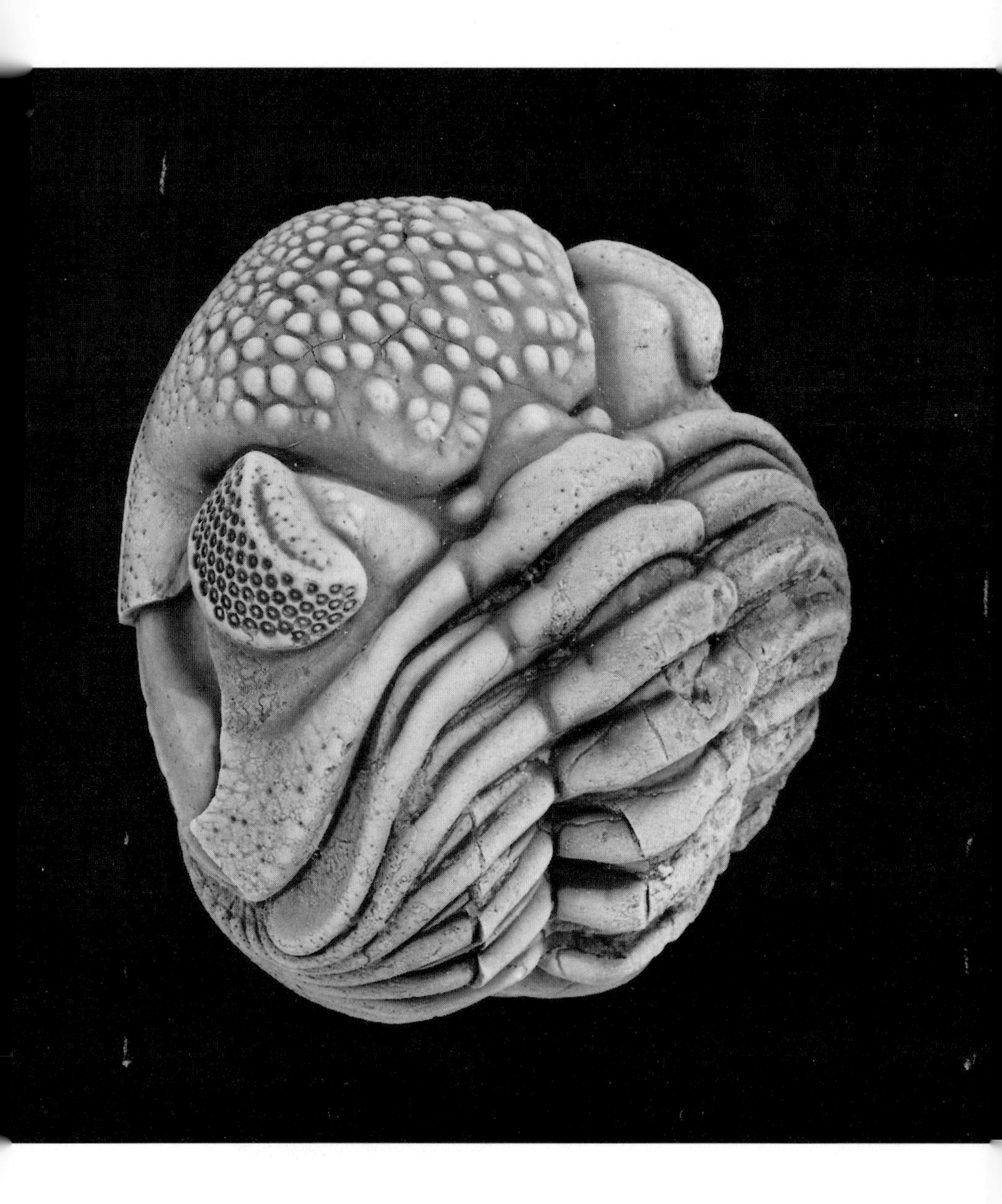

圖十八　保存完美的鏡眼蟲蜷曲側面觀，標本來自摩洛哥泥盆紀的石灰岩層。在北美、歐洲及遠東也發現了極爲相近的種類。蟲體頭鞍上布滿了顆粒狀突起，眼睛上可以清楚看到許多略微凹陷的球形水晶體。

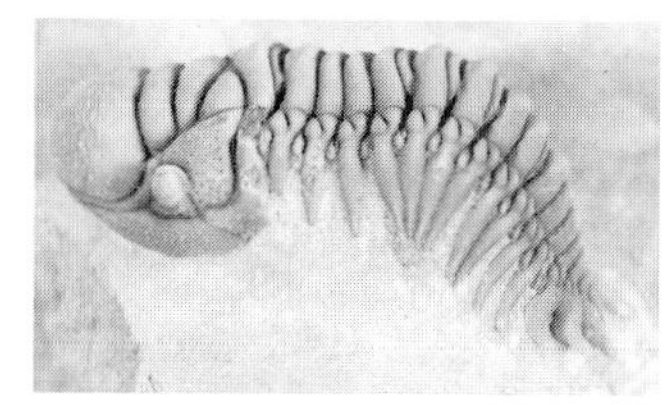

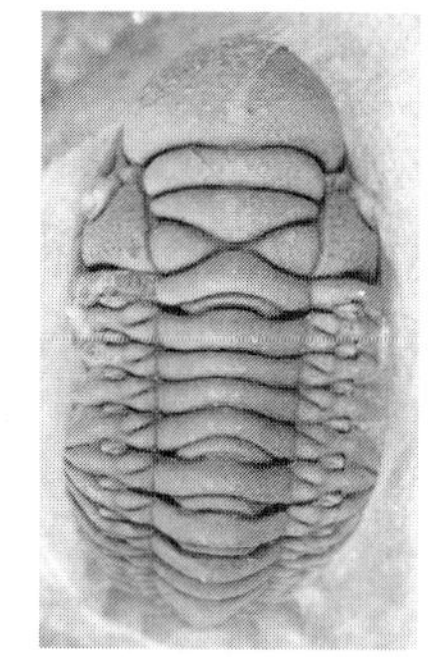

圖十九　鐘頭蟲，深刻褶皺穿過整個頭鞍，胸節的尖端及尾部的邊緣均形成長刺，側視圖顯示胸部弓起及突出眼葉。泥盆紀，摩洛哥。

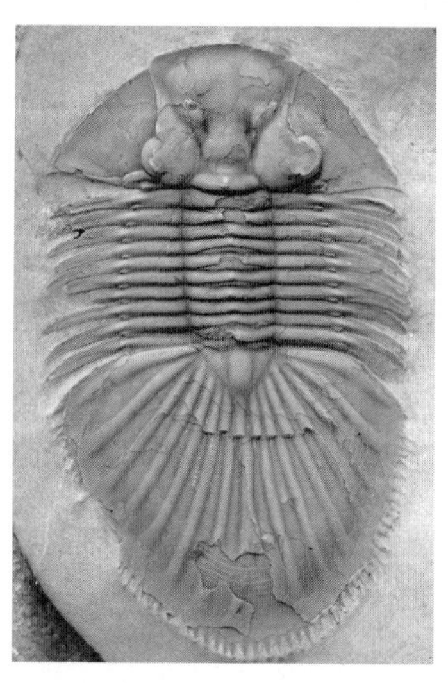

圖二十一　與盾形蟲有親緣關係的纓盾殼蟲，具有扇子般的巨大尾部，比頭盾要長得多，身長通常爲十公分。泥盆紀，摩洛哥。

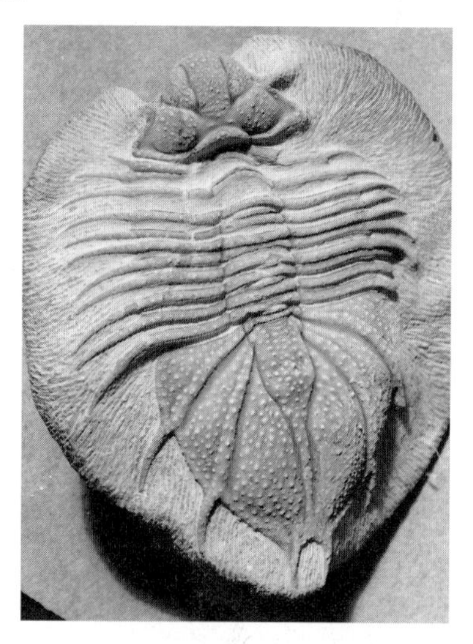

圖二十　棘尾蟲，和裂肋蟲有親緣關係的三葉蟲，大小如螃蟹，具有非常奇特的頭鞍及尾部，尾部大於頭盾。泥盆紀，摩洛哥。

圖二十二　摩洛哥泥盆紀石灰岩中一群五隻鬼鞍角蟲；世界各地都發現了非常類似的種屬。這個種在頭鞍上長出一對「魔鬼角」。鬼鞍角蟲胸部上方有長刺，或許在牠背部著地時有助於翻身回正；尾部相形較小。

圖二十三　左　三葉蟲類群中的倖存者之一：粗篩殼蟲，產自印地安那州的石炭紀（密西西比紀）岩層中，身長約五公分。

圖二十四　下　副鐮蟲，一個特別的三葉蟲，牠的頰刺延長，並在身體周圍擴展爲「帽緣」。帽緣的外側扁平，便於在沉積物上停留。這種三葉蟲的眼睛大幅退化，胸節很多（通常約五到六公分長）。奧陶紀，蘇格蘭。

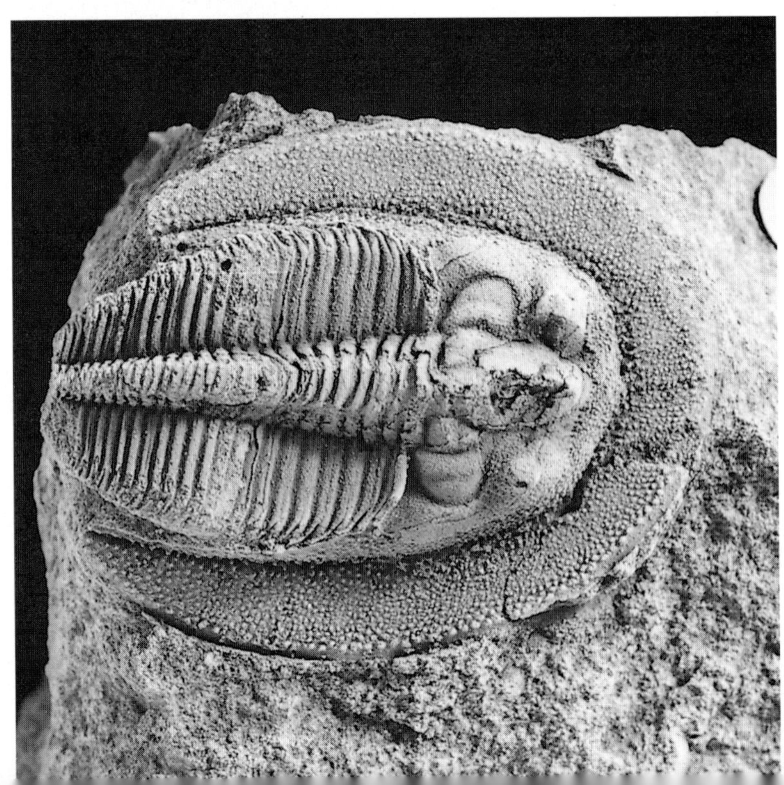

圖二十五　右　和線頭形蟲關係密切的護甲蟲，產自威爾斯中部的奧陶紀頁岩。這是個盲眼種，頭部中間長出一根很像長劍的刺。兩邊的頰刺等長，向後延伸(圖中只看到右邊的刺)，長度超過身軀。身體有六個胸節，尾部的溝紋很深。

圖二十六　下　三件盲眼的鈍錐蟲標本，產自捷克波希米亞地區的寒武紀地層，因巴蘭德而聞名。其中的兩件標本背部朝上，另一件則翻轉成背部朝下。牠的尾部較小，有十四個胸節。這是寒武紀眾多具有「花盆狀」頭鞍的三葉蟲之一。

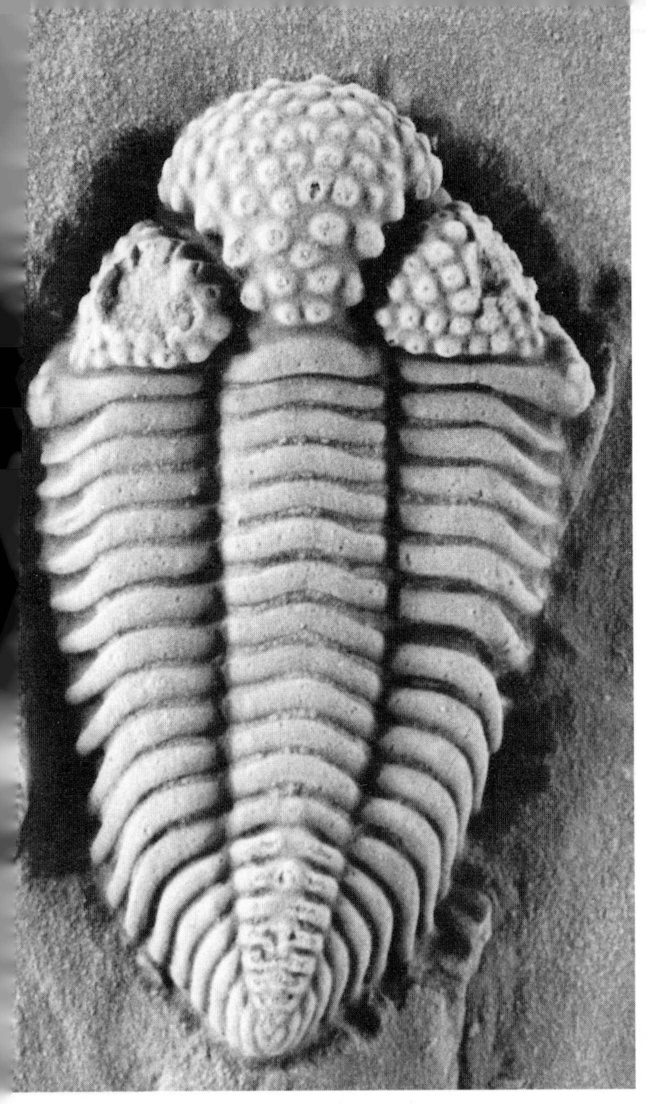

圖二十七　左　志留紀具有「草莓頭」的三葉蟲之一：球顆巴里柔瑪蟲，表面顯現漂亮細緻的自然起伏。約爲實體三倍大。第十二個胸節之後爲尾部。頭部布滿粗粒的小瘤。產自英國烏斯特郡德利鎮的溫洛克石灰岩層（志留紀）。

圖二十八　右　佩奇蟲，跳蚤般細小的三葉蟲，有兩個胸節，尾部很長，和頭部一樣大。這種三葉蟲和盲眼的球接子蟲類群有親緣關係，但實際上佩奇蟲的頰部最外側仍保留了細小的眼睛。圖中標本來自加拿大英屬哥倫比亞的寒武紀岩層。

圖二十九　右　新月盾蟲，這種三葉蟲的胸節尖端如同頰刺般延伸得很長。標本來自威爾斯的奧陶紀頁岩。法國、西班牙、捷克及摩洛哥都能找到類似的標本。奧陶紀岡瓦納古陸的範圍也根據新月盾蟲的出現地點來界定。

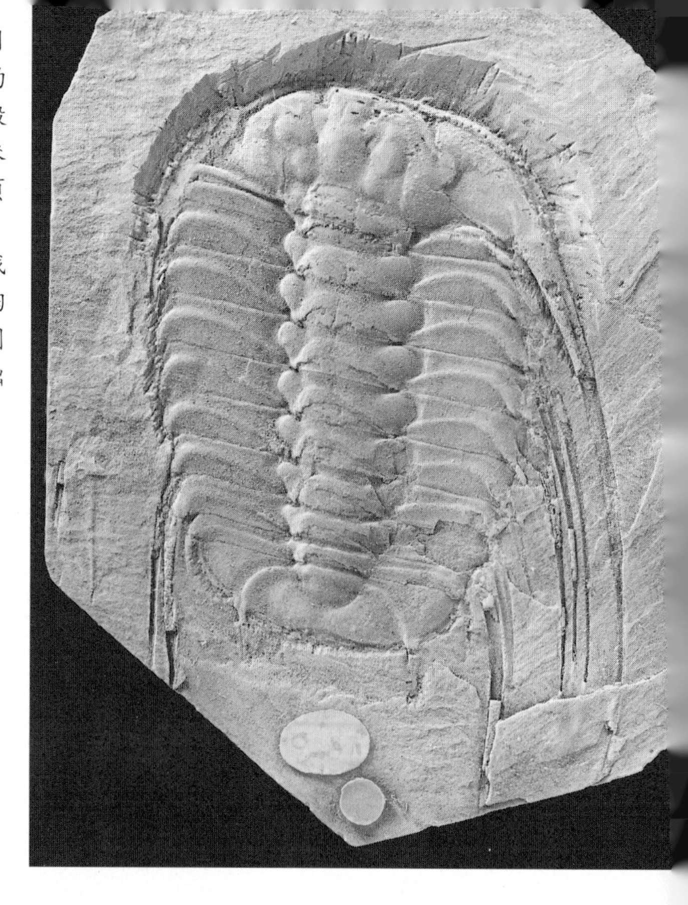

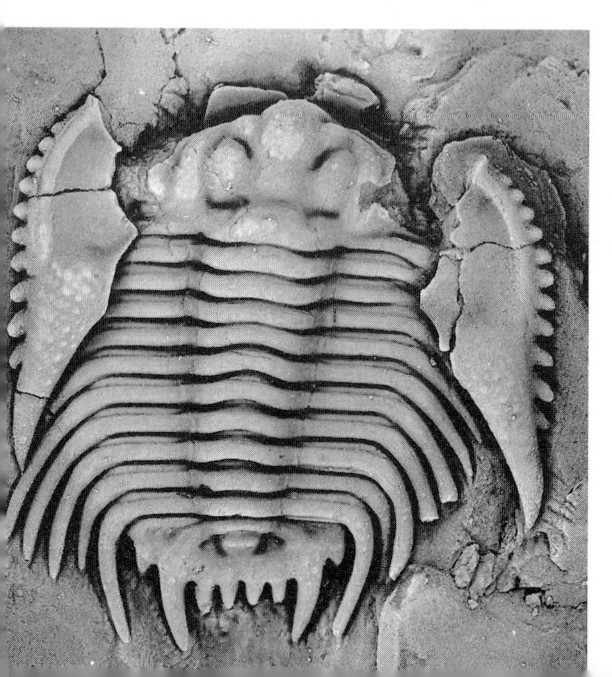

圖三十　左　完美的獅頭蟲蛻殼標本，圖中可看到自由頰在蛻殼激素的作用下，從面部兩邊的縫合線脫開的情形，爬出來的「軟殼」三葉蟲會長出新的硬殼。標本長約一點七公分。

圖三十一　產自波希米亞地區（現今的捷克）寒武紀地層的粗面叟蟲，牠的個體成長歷程參見二六六頁，這種三葉蟲的頭鞍上有很深的褶皺，眼睛呈中等大小，頰上布有小瘤，有十六個胸節，尾部很小。約爲實體的兩倍。

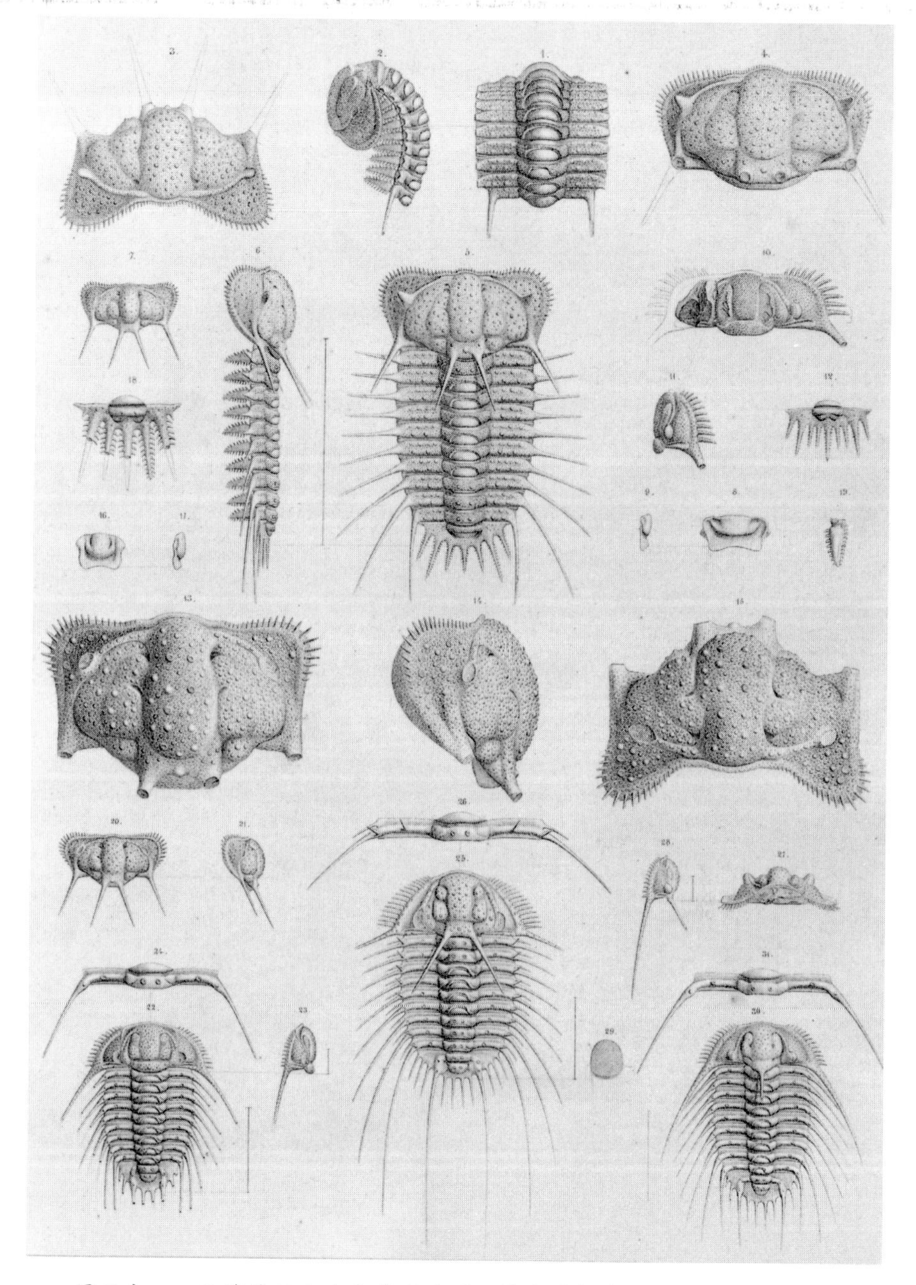

圖三十二　巴蘭德研究波希米亞地區三葉蟲獲得重大成果，這是其中的一張圖版，原圖大小爲四開，細節部分原本還更清楚，這些都是齒肋三葉蟲。

圖三十三　右　神奇的三葉蟲大集合，這是來自中國山東寒武紀地層的「燕石」，數量龐大並包含了至少三種三葉蟲的頭部及尾部。（照片由魯斯頓所提供）

圖三十四　下　具有神奇尖刺的多棘刺蟲，產自摩洛哥泥盆紀地層中。垂直長刺由石灰岩中復原，眞是巧奪天工。

有個字尾爲chisme（源自希臘文，發音爲kiss me），這誘使研究人員把他們想追求的女友名字加在這個字尾之前，於是便有了*Polychisme*及*Anachisme*等屬。我把一種頭鞍呈沙漏狀的三葉蟲命名爲*monroeae*（夢露；源自瑪麗蓮夢露），我有位朋友則將一個看起來很像駝子的化石命名爲*quasimodo*（即鐘樓怪人夸齊莫多）。這些小小的花樣能使名字更好記。法規不容許你以自己的名字命名，但如果不是惡意的侮辱，法規容許你在名字中開個玩笑。如果你把一個新種命名爲*jonesi*（瓊氏），卻在接下來的新種描述中說「這是個微小毫不起眼的種，通常生活於糞堆」，那麼這樣命名實在不算是對瓊斯致敬。通常種名能以拉丁文或希臘文告訴你一些和這個新種相關的事，例如豆形球接子蟲（*Agnostus pisiformis*；意思是像豆子一樣的球接子三葉蟲）、奧蘭奇異蟲（*Paradoxides oelandicus*；奧蘭島上的奇異蟲）等。

在學名後面會加上命名者的姓氏，所以一種從斯匹茲卑爾根奧陶紀岩層產出的迷人三葉蟲（我很自然地以妻子的名字命名），就以「賈桂琳副比里克蟲・福提，一九八〇」流傳下

---

*我要提醒對分類也許不那麼熟悉的讀者，學名中的屬名在前，且第一個字母必須大寫；一個屬可能有好幾個種，各以不同的種名接在屬名之後，種名的第一個字母無須大寫。學名必須以斜體表示，以和俗名區隔。

來。這個詳細的稱謂是有作用的，這爲後來的研究者提供資料，指出這個種的命名及描述原始參考文獻，即福提於一九八〇年所發表的文章。如果這個種被命名於一個多世紀前，這個種或許會有一些後續的描述（修定版）。許多和我素未謀面的古生物學家，可能從種名後所附加的姓氏而知道我這個人。我希望有一天會面時，他們會訝異我竟然是這麼年輕。

《羅密歐與茱麗葉》中有個耳熟能詳的句子（也許和原文並不完全一致）：「玫瑰不論叫什麼名字，聞起來都一樣甜美。」這似乎暗示了命名並沒有太大的意義。或許有人會認爲，這種批評也可以適用於物理學家拉塞福視爲「集郵」的科學上——而分類學或許正是他心目中的「集郵」科學。這種觀點眞是最嚴重的誤導。雖然訂定學名的確很好玩，但這些名字同時也包含了眞正的智慧成果。確切的鑑定是探討某些重要問題的基礎，若不是優秀的分類學家清楚界定出種、屬等分類單元，你怎麼可能探討過去生命的多樣性呢？如果你不確定你所檢驗的物種正確無誤，你怎能推想演化的問題呢？如果你無法確定這塊大陸上的動物是哪個種，而那塊大陸上的又是哪個種，你又怎麼可能發表生物的古地理分布呢？連續三個口頭問題其實都可以用整本書的篇幅回答，所以在此我只簡短地回答「當然不可能」來結束這一串問題。

爲了回應拉塞福的看法，我必須說：集郵這種陶冶性情的活動，和科學上的分類並不相同。我們可以從吉本斯目錄中查到任何一張郵票的發行日期，檢視顏色、浮水印及郵孔，我們甚至可以查出這些郵票的現值——所有問題都有個簡單明確的答案，可以用來鑑定任何郵票。但眞正科學上的疑問，卻是個朝向正確答案的旅程，正好呼應了史帝文生的格言：「懷抱希望的旅程要勝過抵達終點。」科學存在於一種持續而令人感動的樂觀精神中。我們永遠無法確切知道，在我審愼考量、多年經驗觀察之下，根據三葉蟲的頭鞍及尾部所訂定出來的種，在幾億年前還活著的時候是不是個眞正的物種。在工作中常有其他同仁不贊同我所判定的種，並宣稱那只是個變異（通常屬於他所命名的種）。像這類事情沒有最終的仲裁者。我們也不可能肯定地重建已經消失很久的生物世界，因爲每個重建成果都只是科學上的推論，而這些推論會不斷經過修正。這裡有兩個例子；首先是我們在幾年前才知道，過去地球的大氣有高二氧化碳期及低二氧化碳期，因而形成了「溫室」及「冰庫」世界。這種現象幾乎影響到地表所有的事物，從沉積型態到太陽光線——也因此影響到生物。其次是我們一度以爲魚類是起源自志留紀末期，最新的發現卻指出，在三葉蟲生存的大半歷史中，已經有原始魚類的親緣種類相伴，這迫使我們必須用全新的眼光來看待奧陶紀的生態。這是我們對過去認知的改變，當時間繼續向前飛射，所謂的過去仍將在不斷的回顧中被修正。

十九世紀時，幾乎所有已開發世界中的大城市都會蓋一座博物館。其中的部分原因是：大家相信博物館有助於教育及道德兩種普世價值。博物館通常也是市民的驕傲。在中古時期，有錢的羊毛商人對教堂捐獻；在工業時代，有錢人的捐獻對象則是博物館。在英國，哈代的故鄉多徹斯特及萊姆瑞吉斯，或是渥茲華斯的故鄉（凱斯維克湖泊區）都有博物館，更不用說像曼徹斯特、利物浦、伯明罕及里茲這種工業大城了。美國東岸的主要城市也都有博物館，有些還以慈善家爲名，例如皮博迪（耶魯大學）或卡內基（匹茲堡）。在澳洲或中歐也能找到這類博物館。很多博物館除了以創立者的品味收藏藝術品外，也收藏一些自然物，這些自然物的收藏中常含有重要的模式標本。對研究者而言，追尋這些標本有如探險，因爲有些小博物館並不盡然知道館內藏有那些標本。我的朋友魯斯頓在凱斯維克博物館中找到了一些三葉蟲標本，這是一八八〇年代波斯威特在他發表的一本不甚普及的書：《湖泊區的礦藏與礦物》中描述過的三葉蟲。你起初可能會認爲

鱟，現今被認爲是和三葉蟲親緣關係最近的現生動物。（照片由牛津科學製片的柯拉提供）

這是份不起眼的資料，直到你發現湖泊區的三葉蟲非常稀少，而波斯威特先生卻在這個地區發現並命名了很多的三葉蟲。於是，湖泊區的早期地質史，便建立在這些珍稀動物的鑑定上了。

偉大博物館的設立是文明的表徵之一。在文化沒落的時期，這種知識的寶庫會被眾人遺棄——在黑暗時代，希臘部分重大科學成就的損失就是一例。希臘科學之所以還能有東西留傳至今，是因爲回教的馬蒙君主下令在巴格達建立博物館與圖書館，這座「智慧殿堂」完成於西元八三三年；這裡可不是單調乏味的倉庫，而是古希臘文明與文藝復興時代的重要連結。在我看來，現今的自然史博物館旨在保存人類對這個星球所作所爲的事證，以及出現在這個星球上的生物。即使是最奇怪的東西也可能有收藏的價值。例如羅斯奇爾德爵士對狗種的收藏，現今已被儲放在倫敦城外的特林，展示方式和十九世紀相同，就像在閱兵場上校閱。這些東西就一定過時而多餘嗎？未來的研究者在研究犬類馴化歷史時，難道不會用到這些古老的外皮作爲分子資料的來源嗎？每隻狗都有自己的ＤＮＡ，而每所偉大的博物館則都應該永垂不朽。

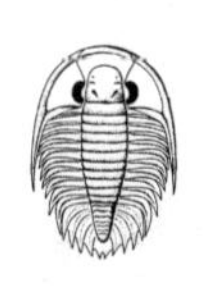

第七章　生死之事

三葉蟲和其他所有生物一樣也會演化。我指的不只是三葉蟲會隨時間而改變：這點無庸置疑。早寒武紀的三葉蟲（例如小油櫛蟲）便和晚寒武紀的不同，晚寒武紀的三葉蟲又和奧陶紀的不同，覆在奧陶紀之上的志留紀，或泥盆紀地層中所產出的三葉蟲又不一樣了。三葉蟲的愛好者只須稍具專業知識，縱然叫不出名字，還是一眼就可以猜出三葉蟲化石的年代。他們能從三葉蟲的外形感覺到賞鳥者所謂的「精神」，這是種很少出錯的總體印象。顯然，三葉蟲會隨地質時間的演進而不斷更替。雖然我們假定，在大多數岩層剖面中看到的三葉蟲創新構造都是演化上的革新，但岩石本身卻很少提供變異發生時的詳細資料。我們很少看到「演化的歷程」，因此，創造論「科學家」就誤以這種現象為「化石並不支持演化」的證據，但這完全是兩碼子事。實際上，不同三葉蟲的出現順序和演化相當「一致」：寒武紀三葉蟲的特徵比奧陶紀，或更年輕地層中三葉蟲的更為原始，我們之前也看過獨特而進步的裂色眼。要捕捉新種形成的過程的確很困難。竊案很難當場人贓俱獲，通常我們只會在回家後看到一片混亂。物種的世代交替也是同樣的道理——物種形成後的持續時間，總是比物種形成的過程要長；所以在或然率上，我們較容易發現這段持續期，而這無關乎對創造論或進化論的偏好。引用犯罪學的比喻：單單是採樣的誤差，便足以造成定罪困難。

所以，你還能看到演化在進行的例子便加倍珍貴。我們本身的人屬，以及其中和現代人有親緣關係的幾個種，並不是很好的例子，因為人屬的化石太少，而爭議又太多。但這並不表示我們對人屬沒有更多的發現，事實上，每年不斷有新的化石出土，只是人類的歷史可能仍然不是研究物種形成的最佳選擇，相關的化石依舊不夠多。對照之下，三葉蟲則曾在最激烈的演化爭論中扮演重要角色。三葉蟲構造複雜，且數量龐大，所以應該是探討物種如何形成的非常有用的「實驗素材」。多年來，和三葉蟲同爲節肢動物的果蠅一直被拿來當成研究遺傳過程的實驗動物，對遺傳的基本研究便建立在這種小蠅上。當科學家要調查某些特定基因的角色時（例如最近發現能控制動物發育順序的HOX族基因），便會操弄處理果蠅，來製造出能夠提供有用資訊的可憐怪胎。這些果蠅也許是多出一對翅膀，也可能在該長觸角的地方生出了腳。蠅類的化石細緻到只能保存在琥珀中，所以較爲結實的三葉蟲也許能在岩層中扮演果蠅的角色。

要成爲實驗的素材，所用的物種必須連續出現在同一個岩層序列中，如此才能合理地把化石之間的關係，視爲祖先與子孫。而且這個記錄了物種從老到新完整歷史的岩層序列裡，必須含有大量的標本，這樣才能夠讓完全不相信演化的懷疑者信服，還可以測量出動物的外形在這段沉積時間裡，發生了什麼樣的變化。這段沉積序列必須相當連續，不能有太長的間斷，因爲沉積間斷可能會隱匿了演化出不同物種的關鍵期。其實，大部分的岩層序列都不完整，所以我們極少看到重要層序也就不足爲奇，大部分岩層序列不是缺了這個便是少了那個。最理想的沉積序列，是在深海洋底堆積的岩層（但這類岩層在地質時間上也較爲年輕）；在那裡，浮游生物的微小外殼如同薄霧般隨時間不斷地落下。這些小化石大多是種具有鈣質外殼、稱爲有孔蟲的單細胞生物。有孔蟲提供了不少絕佳的演化史範例，因爲牠們不僅含量豐富，隨便一把岩塊便含有數百個標本，個體微小更意味著牠們的構造也比較簡單——在一毫米大的個體上就是幾個氣泡狀的殼室。但浮游生物的演化特性也許和牠們的底棲型親戚並不相同，到最後可能仍得靠三葉蟲來提供例證，因爲三葉蟲更能代表絕大多數的海洋生物。接下來馬上要面對的問題就是：必須先收集足夠的標本，才能展開令人信服的研究。這表示即使在化石相當普遍的狀況下，你還是要投入許多時間來敲打標本。三葉蟲的研究無法像果蠅那麼簡單，只要用毒氣來毒害幾個世代，就可以觀察系譜中的變化，你必須付出長期的苦力來獲得合適的標本。有幾位科學家便具有這種執著、能力與耐心。我們將會看到，他們對三葉蟲所顯示的新種起源下了極爲不同的結論。

現今人們對「間斷平衡」這個詞已頗爲熟悉——我曾聽過一位澳洲科學哲學家提到這個詞，說成是punk eck（取punctuated equilibrium兩字的第一音節），實在可怕。沒有多少人（甚至科學家）知道，「間斷平衡」這個觀念完全得自三葉蟲的研究。在一九六〇年代末期，一位年輕美國人艾德列奇研究北美泥盆紀的鏡眼蟲三葉蟲。我們之前介紹過鏡眼蟲，牠具有神奇而複雜的裂色眼，眼睛中的每個水晶體都是橢圓形的微小碳酸鈣，水晶體間有鞏膜作爲區隔。鏡眼蟲眼睛的水晶體數目相當少，所以可以用顯微鏡輕鬆清點。在紐約、愛荷華、奧克拉荷馬及其他許多州的某些地層中，鏡眼蟲是種非常普遍的化石。鏡眼蟲在石灰岩中通常都保存得很好，經得起最精密的檢查。你只要在正確的地方敲上幾下，鏡眼蟲就會從岩層中蹦出來（通常是頭部），好像在對你說：「天呀，嗨呀！我這愛偷看的眼睛長得如何？」鏡眼蟲的化石紀錄極爲豐富，所以在我們試著找出不同種之間的演化特性時，牠就成爲珍貴的例子。艾德列奇在他研究生涯的初期就掌握了這項學術機運，也因此成就了他的榮耀。

艾德列奇注意到，鏡眼蟲所屬的種在眼睛水晶體的排列上有變化。他計算水晶體「背腹列」的數量——也就是從眼睛頂部到底部之間，每一行水晶體的數目。我們且聽他自己在《演化的模式》這本新書中，描述當他在撰寫論文時所確認的觀察：

> 中獎了！另一種模式跳出來了：在阿帕拉契盆地中的族群似乎都是十七個背腹列，幾乎整個中泥盆世都不曾改變……到了中西部，這個現象就完全不同：大約兩百萬年間，背腹列穩定地維持在十八列；接下來至少兩百萬年，背腹列則是穩定地維持十七列，而不是十八列；到了我所研究的年代區間最末期，三葉蟲眼睛水晶體的背腹列變成了十五列……在中西部岩層剖面中，就在三葉蟲水晶體由十八列變為十七列，以及十七列變為十五列的岩層序列中，都出現了一大段的時

間缺失。蛙皮鏡眼蟲所生存的海洋……在這段期間乾涸了……這段從十八列到十七列，以及從十七列到十五列的演變，正好也標示了海洋的轉變。這個模示指出北美中西部第一次的海水線後退，造成了原先有十八列水晶體的三葉蟲品種滅絕；當海水重回時，有十七列水晶體的物種便占據了復原的海洋棲地。

艾德列奇會特別將焦點放在三葉蟲的眼睛，是因爲他看出這是定種的關鍵特徵。如果他研究的是鳥類，他可能會以尾羽或鳴叫聲作爲特徵；若他研究的是軟體動物，他可能以貝殼的花樣作爲特徵。每種動物各自展示獨有特性以界定自己的身分，物種炫耀自身的特徵來作爲同類間的信號。

從艾德列奇對泥盆紀鏡眼蟲的觀察可以導出兩項結論。第一點是，我們很難看到新種形成的過程——過程似乎總是發生在「其他地方」。無論如何，新種出現後，這個成功的新發明常常會入侵並取代了較早期的物種。在某些例子中，艾德列奇知道新種源自何處，卻仍然難以找到新舊交替的過渡族群。這種現象也許可以用流行音樂的轉換來比喻，在六〇年代是披頭四的天下，七〇年代則是比吉斯起而代之，到了八〇年代則是麥可傑克森。早期的唱片是收藏家珍藏的對象，晚期的唱片則彰顯全方位文化，就像沒中獎的樂透彩券一般普遍。新種通常是起源於主要族群分布範圍的邊緣，這些較小的族群因地理上的隔離造成了種的變異，當機會來時，新種便取代原來的祖先，享有屬於自己的盛世。哈佛大學的生物學家梅爾對這項學說有重要的影響，梅爾在現生世界中觀察到，新種似乎總是在少數個體和母群發生地理隔離時產生（他稱此爲「異域性」）；脫節的族群發揮演化「發動機」的功能。這個孤立族群的基因流和母群中斷，而單是隔離這個因素便足以產生新的東西，所以演化的確是發生在「其他地方」。

艾德列奇的第二個結論是：新種建立後，通常會延續很長時期並少有變化。或許我們看不到種的起源，卻看得到這個種的極盛期。就像深夜闖入的小偷在犯案時很隱密，我們只能看到事件的後果，而不是事件本身。在自然界的岩層中所看到的例子是：鏡眼蟲的新種一旦出現後，便少有變化地持續存在很長一段時間。對有經驗的野外地質學家來說，這表示當他一米一米地敲開岩石，挖掘地層中的三葉蟲化石以重建演化歷程時，手上帶著血跡，腳也濕了，還得忍受蚊蟲叮咬（特別是在紐約州），卻只能徒勞喊道：「化石沒有變化！」要證明某樣東西消失了是艱辛苦工，某些學術圈裡常稱之爲消極證據，你要有辛苦耕耘不問收穫的心理準備。

不過這個結論還是非常重要。艾德列奇說，物種通常是起源於異域，也就是所謂的「其他地方」。當某個種成功地侵入並取代祖先，便展開一段很長的持續生存期。生命會間歇演進，一個物種會一直持續到被另一個物種取代爲止，而取代的過程很短。把這兩個觀念放在一起（物種的持續，以及異域物種形成），就成了間斷平衡的基本概念，而選擇這個名稱的理由現在看來已非常明顯。「平衡」指的是物種的持續階段，「間斷」當然就是物種的突然替換。正如「哥林多書」所說：「眨眼之間，我們也要改變。」這個新理論和「漸變論」的觀念是對立的。漸變論主張物種會持續不斷發生緩慢的變化，使整個族群漸變爲一個新種。繼三〇年代演化的「現代綜合理論」餘波之後，漸變論成爲主流所接受的演化模式，前人單純地接受這種主張，因此當「間斷」觀點出現時，便成爲驚人創見。艾德列奇和古爾德共同發表了新模式並且相當成功，他們於一九七一年所發表的文章得到了極高的「引用指數」——這項指數是根據某篇已發表文獻被其他文獻引用的次數，來衡量其影響力。用間歇性的變化來描述演化過程成了很好的譬喻，其他觀察者很快指出，在其他科學或人文領域裡也有類似的現象，而不只是物種形成時才有這種狀況。即使是人類的歷史，只要稍加調整，也可以用「間斷平衡」來妥當描述，舉例來說，緊跟在文化上的革命之後，通常就是以停滯終結的朝代。吉本的《羅馬帝國衰亡史》見證，這種不可避免的歷史模式就像凡人的怪癖一樣多。那篇重要的基礎文章發表之後又過了幾年，艾德列奇在《時間的架構》一書中，自行闡述了在歷史裡隨處可見的間斷現象。在那時候看來，我們這個行星的演化史情節，大半都像是由怪胎瞎掰出來的。

要把這種感知革命放到鏡眼三葉蟲卑微（雖說很精緻）的頭上，似乎太過沉重，不過單從牠的眼睛，就看得出演化的眞相。我們也已經發現，鏡眼蟲的視覺或許相當敏銳。不久之後，化石紀錄的間斷平衡實例，也加入佐證這個現象。這種「間斷」解釋卻很快就被創造論者拿來當成支持他們論述的合理佐證，他們試圖誇大化石紀錄「失落環節」的罕見程度來對抗演化論。然而，說不定演化卻必然要出現這類缺隙。古爾德終生遵奉理性，明辨是非來對抗神祕，因此他樂見這批火力納入己方陣營，來教育寧可相信造物者在七天內成就萬物，卻否認地球壯麗史詩的人。鏡眼蟲和某些論爭陣營結合。聖經的純粹教義信徒和演化論支持者激烈論戰：這是以三葉蟲爲陪審團的案子。

艾德列奇並不是第一個看出三葉蟲「間斷」變化的人。大約四十年前，有一個來自格雷夫瓦爾德大學的德國人考夫曼，他對斯堪地那維亞晚寒武紀明礬頁岩中的油櫛蟲做了詳細研究，並獲致了類似的結論。我們已見過油櫛蟲家族中的三分節蟲屬；就目前所知，三分節蟲是保存了腳部和觸角細節的三葉蟲標本中最早的一批。這提醒我們，油櫛蟲是生活在非常特殊的環境中，那就是含氧量很低的洋底，而洋底的沉積物之下更是個完全缺氧的高硫環境。我甚至覺得，油櫛蟲可能蓄養了無色的產硫菌作爲共生伙伴。大約五億年前的晚寒武紀，富含油櫛蟲的海水侵入南斯堪地那維亞地區，這次氾濫大約持續了一千五百萬年。這個時期很特別，因爲在這段漫長歲月的大部分期間，沉積下來的幾乎都是連續的黑色頁岩，而這些地層常含有三葉蟲化石。如果你能找到明礬頁岩出露的採石場，把那些有異味、被一般人稱爲

「臭石頭」的結核（通常約橄欖球大小）敲開，你就會發現其中含有豐富的美麗三葉蟲。明礬頁岩是「濃縮沉積」的著名例子，極長的地質時間被壓縮在沒有重大間斷的薄岩層序列中，這差不多就等於是進行田野演化「實驗」的最理想例子。考夫曼明智地看出了這點，所以他仔細採集了這段連續岩層中的標本，並觀察隨時間所發生的最細微變化。艾德列奇充分了解這位前輩的工作成就，那篇報告是在一九三三年發表的，要不是刊登在流通很有限的格雷夫瓦爾德大學雜誌，否則應該會受到更大矚目。（這讓我想起孟德爾——他是在捷克小鎮布諾進行植物遺傳的重要實驗，還有孟德爾、考夫曼兩人爲了進入國際科學界所做的長期努力；如果在今天，他們的情況可能更爲不利，因爲爭相競逐的雜誌數量成長了十倍。）

考夫曼觀察到，油櫛蟲屬的幾個種突然出現在岩層中，接著就是一段相當長的

考夫曼的肖像，一位悲劇性的德國三葉蟲古生物學家。

存續時間。在這段「生涯」裡，這些種卻並非穩定不變，反而出現些微變化，特別是蟲體尾部會隨時間逐漸變得較窄長。油櫛蟲屬的幾個種都有這類變化。考夫曼明確地指出，有個種從其他地方入侵到這個斯堪地那維亞的油櫛蟲海洋，在「異域性」這個概念還未確立前，考夫曼已經預先勾勒出這個概念的具體形象。更值得一提的是，考夫曼的結論都是以大量標本爲根據，並且採用定量方式來分析這些結果。近幾年，克拉克森再次造訪位於瑞典安德倫的著名採石場，並且重複驗證考夫曼的觀察，顯然，這是位具有遠見的傑出科學家。

我一直感到困惑，考夫曼爲何在發表了那篇基礎性的文章之後，便從三葉蟲的研究領域消失。科學家通常會在他們的研究領域存續二十五年以上（你會希望某些人不要活躍那麼久）。根據留給世人的文獻，可以追蹤出他們的學術生涯——更精確地說，那是段文獻軌跡；許多人常會引用自己的文章，所以你可在每篇文章後的參考書目中看出個人的傳記。對一個身邊有優秀圖書館，又卓有經驗的研究人員來說，追蹤文獻幾乎是常態性的工作。但考夫曼卻並未繼續他的工作，他就這樣消失了。直到一九九八年我才找出原因，那是個不尋常的感人故事。

我們之所以能知道這個故事，是因爲凱撒一九九一年在梅茵河畔法蘭克福的郵票拍賣會中，買到一疊包括了信函及明信片的郵件。他花了五百馬克所買的這批東西中，包含了考夫曼寫給他的瑞典情人英格柏的信件。凱撒被這個故事中透露出的深沉痛苦所吸引；他由信中知道了考夫曼是誰，從而拼湊出他的故事。可惜英格柏寫給考夫曼的信卻沒留下來。但她終生未嫁，而且保留考夫曼寫給她的信，直到一九七二年她死亡爲止，她的眞愛表露無遺。他們相遇於一九三五年的波隆那，那是義大利東北部的古老大學城；當他第一眼看到這位黑髮的瑞典女孩時便愛上了她。從他們在波隆那的浪漫相遇，一直到考夫曼死於非命之前，他們只短暫地重聚了幾天。我們藉著他們的通信窺見了這個故事的片段；信中透露，他曾在希特勒獨裁的恐怖時代試圖逃往她所在的瑞典避風港。考夫曼曾在一封信中寫了一段民謠：「有兩個國王的孩子，他們彼此相愛，卻因水太深而無法相聚」，因此凱撒將他們的故事稱爲「國王的孩子」。考夫曼是個猶太人，卻篤信基督教。他對油櫛蟲所做的傑出研究發表於一九三三年的一月三十日，也就是希特勒就任首相並掌管政權後兩天。考夫曼幾乎馬上就被格雷夫瓦爾德大學開除，失去他的職位，但是這並沒有讓他卻步，他在德國境外還是繼續致力於古生物學研究，但是他與英格柏相遇的波隆那之旅卻是他研究的最後一站。

考夫曼知道得很清楚，他對三葉蟲所做的研究有多重要。三葉蟲是他生命中的次愛。他在信中告訴英格柏，他要把從事地質研究所寫的文章全部寄給她，因爲「不久之後，我在研究上的一切成果都要被抹煞」，這句話是指希特勒否定猶太人的學術成就。「我對自己在三葉蟲研究上所獲致的重大成果非常自豪，我能證明這類動物生命史中的一項重大發展。我想，多年之後，當動物學家及古生物學家完全了解我的研究成果之後，我就會比現在有名得多。」至今他仍未得到他應有的評價。

當考夫曼與他的愛人分開之後，他向誘惑屈服了。他於一九三六年因爲和亞利安女子非法性交而在科堡入獄。事實上，他是因爲嫖妓而染上性病，不久之後，醫治他的醫生就向警方告密出賣他。他於一九三六年八月十三日寫信給英格柏，信中說明：「我要向在瑞典的你坦承一切，不過現在說什麼都太遲了，我不再值得你愛，但我仍懇求你能把我忘掉。我很感激你對我堅貞而純潔的愛……你對我這麼好，我的表現卻證明自己是那麼脆弱，現在我得爲我的行爲付出代價……我在生命中已失去了太多東西：我母親、我熱愛的研究生涯……我這次愚蠢失足，只有承擔你的任何決定。」

雖然英格柏原諒了他，但他的失足仍讓他付出慘重代價。他於一九三九年的十月十二日出獄，此時戰爭已經爆發。如果他能早六個星期，在九月三號英法對德國宣戰之前就被釋放，他可能還有機會逃走。其他幾位三葉蟲專家便成功地逃離了納粹的掌控。歐佩克來自有名的愛沙尼亞科學家庭（他的兄弟是位著名的天文學家），最後成功逃到了澳洲；同是愛沙尼亞籍的強納森則到了瑞典國家博物館，成爲研究斯堪地那維亞地區三葉蟲的權威。波羅的海沒有阻滯他們，對「國王的孩子」卻是個障礙。一九三九年的十一月，考夫曼在科隆寫道：「當我孤單一人時做什麼？我和我深愛的三葉蟲在一起，連你都會嫉妒。我最近在讀《奧德賽》，我要向奧德修斯學習……看他忍受對碧內洛比的想望，那就像是爲我而寫一般。」面對持續擴大的不利跡象，其他人也許早已消沉絕望，考夫曼卻仍保持著樂觀。但逐漸地，他也失去了與愛人重逢的希望；在一九四〇年的七月，他說他「已沒有勇氣面對未來」。他懷疑自己是否還有力量繼續撐下去。「我們相聚是那麼短暫，分離是那麼久遠，過去一個月的煩惱和無盡的憂心，以及無望的未來，在在都令人怨尤。這些都該詛咒……你要掙脫枷鎖，儘量讓自己自由。在可預見的未來，我們相見的機會恐怕相當渺茫。如果我們不曾如此親密，如果我們不用這樣折磨自己，是否會比較好？……再一次擁你入懷，全心全意地吻你。」

一九四一年，考夫曼流亡到立陶宛的卡納斯市，波羅的海已然不遠，只是海水依舊太深，海面也依然太寬。他已經放棄了與英格柏重逢的希望。最後他被兩名碰巧認出他的守衛無情地射殺了，在二十世紀最可恥的統計資料中，他成了另一個數字。在人類史上最悖離人道的文化之下，這位間斷說的前輩成了犧牲品。凱撒發現考夫曼的幾張照片，他的黑髮光滑後梳，外貌英俊親和，神情嚴肅德國味道十足，他正是年輕教授的典型，可以了解英格柏爲什麼熱情相待。

研究三葉蟲的演化不但讓人對新種形成的機制有所認識，同時藉著凱撒的偵探工作，我也看到了人性中最好與最壞的一面。考夫曼對三葉蟲的深厚興趣和追求眞相的熱忱，和他對英格柏的眞愛相應和。如果能讓他稱心如意地繼續努力，不知他會獲得怎樣的聲譽？

間斷平衡並不是三葉蟲展現的唯一演化模式。一九七○年代晚期有另一位年輕人（這次是個英國人），他在英格蘭和威爾斯交界處的比爾斯威爾斯和蘭德林多威爾斯等古老溫泉城鎮，研究那裡的三葉蟲。這處鄉間多山，羊群散布在大片深綠的田野上，其間點綴著長滿樹木的小丘，以及邊坡陡峭的谷地，谷地裡的落枝覆蓋了厚絨狀青苔，再加上糾結荊棘，令穿了橡膠長靴和耐磨夾克的地質學家窒礙難行。雉雞在矮樹叢中突然尖聲嘶叫。在溪流中，你會看到蟾蜍在寂靜蕨叢間自在往來。這是個極爲潮濕的環境，植被非常豐富，濃密的枝葉遮住了大半光線。春天是最適合野外工作的季節，因爲此時多刺的蕁麻尚未發芽，也還沒遮住石頭，大片的栗樹葉或榛樹葉也都還沒完全張開。四月下旬，河岸邊開著藍鈴花，黃色的毛茛在風中搖曳，畫眉也隨處可見。溪流兩岸長滿地錢，還有厚重黑色泥岩，威爾斯人稱之爲「雷巴」。用地質鎚較尖的那端挖下一小塊，然後沿正確的方向劈開岩石，就能找到三葉蟲。只要朝溪流上游細心採集連續的岩樣，你就能參與講述這個隨地質時間推進的演化故事。這段岩層序列相當厚，達到好幾十公尺，和考夫曼在瑞典所採集的濃縮頁岩層不可同日而語。這是個優點，因爲就算你在幾英尺厚的地層中找不到化石，或許你仍未錯失重大的地質事件；但在瑞典，相同厚度的岩層對地質史的演繹就會產生重大的影響。這裡的岩層屬於奧陶紀，大約是四億七千萬年前。

謝爾頓花了幾年時間採集這類深色岩石。他以無比的耐心，月復一月地劈開這些不甚討喜的頁岩，慢慢收集、標示從中發現的三葉蟲標本，以供稍後作爲分析之用。他發現的大多是已分離的頭部或尾部，偶爾也會獲得完整的標本。這些標本中最普遍的，是一種我們已熟識的櫛蟲類三葉蟲：龍王盾殼蟲。這就是曾出現於南威爾斯蘭代洛鎮附近、第一隻被描述的三葉蟲，路伊德稱之爲「比目魚」。這裡的暗沉頁岩中蘊涵的這類「比目魚」，多得可以讓海神心滿意足。只要用些技巧，就可以把蟲體的具溝褶半圓形尾巴，從周圍的「雷巴」完美分離出來。這些小小的扇形物多數比蝴蝶的翅膀還大，中央部分是狹窄的中軸，可以分成很多環節；兩邊平坦的肋區也分成數目相等的肋，越往尾部後端，這些肋就越短，也越不明顯。這些是大型的三葉蟲，還伴隨著一種數量較少，體型也較小的三葉蟲，約僅幾公分長，而且標本通常很完整。這類三葉蟲屬於盲眼的護甲蟲屬（圖二十五），頭部呈半圓形，頭鞍的前端有一根向前伸出的長刺。這種蟲只有六個平坦的胸節，尾部呈三角形，而且和龍王盾殼蟲同樣具有深刻溝褶。偶爾我們會發現一隻身體捲起的標本。這裡還有其他不同的三葉蟲，包括「德利蟬」隱頭蟲的近親，以及像個小徽章的三瘤蟲。

謝爾頓執著採集了所有這些標本。他對這片鄉野及地層極爲熟悉，甚至超過了擁有這片土地的農夫。爲了要通盤認識岩層序列，他從這條溪流調查到那條溪流，穿田越野地細密追蹤單一地層。這項工作進行的得很慢，更因爲謝爾頓總是熱心地向所有來訪者解釋他們的工作，進度又變得更慢。多年來，他以源源不斷的活力與樂觀態度擔任開放大學的老師。他在寫博士論文時，總是回頭「再多採這麼一次」。他不願離開露頭去著手寫文章，在三葉蟲研究圈裡聲名狼藉。撰寫博士論文一般要花上三年左右時間，最多四年，但謝爾頓似乎永遠寫不完。他避開資深教授的嚴苛目光，繼續努力劈開更多的頁岩，要收集更多的三葉蟲。就在他幾乎把指導教授的耐心逼到極限時——中獎了（借用艾德列奇的口吻）！他的研究成果發表在《自然》期刊上。這使他一舉成名。

他宣稱，比爾斯威爾斯地區的奧陶紀地層的三葉蟲，隨時間推移而產生了漸變式的變化。他發現這個變化不只發生於一種三葉蟲身上，同時也發生在這段黑色泥岩及頁岩中好幾種不同三葉蟲身上。最明顯的例子是體型最大也最普遍的德氏龍王盾殼蟲，尾部的肋平均由十一個增加到十四個，上世紀英國的三葉蟲研究先驅沙特將具有較多肋的種類當成「窄翼龍王盾殼蟲的變種」。這種微細的變異正是三葉蟲專家用來區分化石種的依據。但謝爾頓卻證明，德氏龍王盾殼蟲及窄翼龍王盾殼蟲兩個種之間呈現了連續的轉變。他所採集的龐大族群在任何時間面上，都同時存在大量的變異；也就是說，在任何時期都有肋數目不同的標本。在部分例子中，我們甚至看到三葉蟲尾部有半邊多出一個肋、另外半邊卻沒有的現象。大體而言，在族群的尺度上，尾部的肋確實有隨時間漸增的趨勢。但當謝爾頓將觀察的尺度縮小，卻發現在整體的大趨勢中，有些極短暫的逆向變化。從某個種類轉變爲另一種類的歷程，就如同醉漢的蹣跚腳步，不會平順地前進。另外謝爾頓還發現，同一時期的護甲蟲尾部也出現了相同的變化趨勢——所以龍王盾殼蟲並不是唯一的例子。

別種三葉蟲有些也同樣發生了更為細緻的變化，這些變化全都指向一種和鏡眼蟲的演變極為不同的機制。即使在這片奧陶紀海洋中頁岩以更快的速率沉積，每個變化仍舊需要經歷幾百萬年時間才能完成——這種改變速率和異域物種形成的快速變化，完全不可同日而語。很難想像，會有某種機制以這麼緩慢的速度來完成一項改變——畢竟，在果蠅的實驗中，只要經過相對更少的世代，就能把具優勢的變異傳遍整個族群。難道說這種變化只是種「偏移」，而沒有特別的適應功能？曾有人批評尾部的這種變化和演化全然無關，只是反映逐漸改變的海底環境，例如含氧水平的變化。從部分化石（通常是浮游性生物）就可以看到這種漸變式的變異。但龍王盾殼蟲和牠的同伴都是底棲性的，所以這個例子仍然令人疑惑而有爭議。但沒人會質疑謝爾頓所發現的事實，還有這項事實和演化議題的關連，這種觀察結果的動力是來自於不凡的堅持，對此又有誰能夠不表示敬佩？

另一個以三葉蟲為主角的演化案例是所謂的「異時發生」。這是個希臘文，意思是「其他時間」，在這裡正是這個意義。三葉蟲在剛開始的原甲期就像個小碟子，長度不超過一毫米，在接下來的成長過程中，幼蟲會歷經幾次的蛻變，之後才變為成蟲。三葉蟲在初期的成長階段會分出頭尾，稍後胸節會被「釋出」構成胸部，大部分的種一次只釋放一個胸節，約發生在每一次的蛻變期，直到胸節的數目達到成蟲的標準為止。此後，多數三葉蟲就算是體型極大幅度成長，體節還是會維持固定數量。三葉蟲成體應有的胸節數量，可能在蟲體還很小時就形成了。個體成長時，或更正確地說，在「個體發生」時，外殼的每個部分幾乎都發生了改變。我們已知許多三葉蟲種的成長故事，因此在研究「個體發生」與「系統發生」的關係時，這些三葉蟲就顯得特別有用。

幾年前，魯斯頓和我便注意到，只有四個胸節的細小的小棘肋蟲，可能和具有六個胸節的舒馬德蟲（二七四頁）有親源關係。小棘肋蟲比舒馬德蟲小，我們認爲牠是由原來有六個胸節的祖先經歷「滯留發育」所演變出來的。也就是當小棘肋蟲還只釋出了四個胸節時，便達到了性成熟。這也可以解釋這種三葉蟲爲什麼那麼小，即使成體也只不過一毫米多。史特伯菲爾德爵士曾用舒馬德蟲來證明三葉蟲在個體發生時，胸節是從尾部的前端長出來的——

最小的三葉蟲：小棘肋蟲，這是種微小的盲眼三葉蟲，成熟時有四個胸節，身長僅一毫米多，產於西英格蘭夏洛普郡的奧陶紀地層。

胸節從那裡「冒芽」並往前生長，就像顧客從隊伍後面越排越長一樣。根據這個觀點，我們把舒馬德蟲當成祖先種的看法更加合理。我們很有自信，認為和舒馬德蟲相比，小棘肋蟲的最後兩個胸節是被抑制了。

大約同一個時間，麥克納馬拉也正在仔細研究蘇格蘭寒武紀早期的三葉蟲：小油櫛蟲。小油櫛蟲也出現在我們的三葉蟲遊行隊伍，往後大家會知道，這是最原始的三葉蟲。小油櫛蟲的胸節數量很多，尾部很小。在蘇格蘭西北高地的淒美沿海地區，出露了泛黃的軟質頁岩；爲數不多的高地人和他們的羊群，在這片長了水澤和草叢的土地上堅毅地生活。這是地質學上的勝地，在十九世紀後半期，學界對此地的莫因逆斷層有不同看法，引發了激烈的「高地爭論」。在這裡，寒武紀的頁岩被壓在更古老的莫因岩層之下，後來才證實這是因莫因岩層逆衝到寒武紀岩層之上的結果；頁岩中的三葉蟲爲地質時期提供了無可反駁的證據。有年暑期，我前往英國本土極西北邊陲的德內斯小鎮附近做野外考察，度過濕冷的一季，忍受鼻塞在露頭上尋找化石。我的毛襪大半時間也都在微弱的瓦斯爐旁烘烤。這段經歷讓我對皮契和霍恩兩位地質學家更爲敬佩——他們兩人在這個嚴苛的環境下完成了詳細的地質調查，大半時間都靠徒步。這兩位英雄完成了這些地質圖之後，我們這個世紀的學者都變得柔弱不堪了。

麥克納馬拉並不是因爲小油櫛蟲很古老，才對牠產生興趣，他原本就知道小油櫛蟲屬中幾個種的起源，可以拿來當作異時發生的例證。他已經了解其中一個最普遍的種——拉氏小油櫛蟲的發育歷程。拉氏小油櫛蟲是根據定出奧陶紀的偉大科學家拉普沃斯而命名的。麥克納馬拉發現，蘇格蘭的小油櫛蟲其他種的成蟲很像拉氏小油櫛蟲的未成熟階段幼蟲。舉個特徵來說，拉氏小油櫛蟲的頭盾邊緣有一對位於頰角的刺，刺的接點大約和頭鞍的末端對齊，在這個屬的其他種身上，這對刺向前方偏移，刺的接點則可能和頭鞍上的某個溝褶對齊，所以頭部的後緣也朝頰角前彎。這個現象也正好可以在拉氏小油櫛蟲的幼體發育階段看到，變爲成蟲之後，這個現象就消失了。類似的變化還發生在眼睛的大小及位置上。小油櫛蟲屬中最引人矚目的，是一種頭盾上有三對刺的小三葉蟲；這種三葉蟲因爲太多刺，而被發現者命名爲裝甲小油櫛蟲，又因爲看起來和小油櫛蟲差異太大，所以曾經被歸入另一個屬：擬小油櫛蟲屬。麥克納馬拉知道，這個怪東西其實很像一隻在發展早期就被「吹脹」的拉氏小油櫛蟲。而且，拉氏小油櫛蟲有十四個胸節，相形之下這個小東西則只有九個胸節。照這樣來看，你就彷彿聽到裝甲小油櫛蟲說：「我是個發育過速的嬰孩！」

麥克納馬拉將小油櫛蟲的五個種，從拉氏小油櫛蟲開始向上排列，越往上幼兒化程度越高；最上層是裝甲小油櫛蟲。他認爲拉氏小油櫛蟲所生存的水域可能最深，而裝甲小油櫛蟲則可能生存於最淺的水域，其他種則是界於兩者之間。他推測，可能是寒武紀的較暖、較淺海洋環境刺激生物早熟，因此這五個種便分別標示出深度不同的生境。不論怎麼解釋，小油櫛蟲都提供了最鮮活的例證，顯示僅僅發育速率的改變，就可能造成物種間的明顯重大差異。裝甲小油櫛蟲和拉氏小油櫛蟲看起來非常不同，因此一度還被認爲是不同屬，但兩者卻有根本的關連，就像外表不同的鐘，其實都具有相同機制。如今已經發現，在其他不同動物或植物類群中，也有類似的異時發生變異現象：發育期的分異作用似乎是整個生物界的重要創新根源。從小油櫛蟲這個古老的例子，可以重新詮釋渥茲華斯的格言「由小看大」＊。

如果幼體能早熟爲成體，應該也會有相反的例子，也就是未達成熟階段的子孫種卻和祖先相似。這類子孫會先完成祖先所有的發育階段，接著又進一步發展出較早或較原始種類所沒有的新東西，即大家所熟悉的「重演」現象；也就是過去生物系學生都必須當成箴言熟記的說法，「個體發生重演了系統發生史」。這項學說一度將人類胚胎的發育描寫爲歷經原生動物、魚，然後才到靈長類；如今，這個過度簡化的版本早已被揚棄。現生的鱟被認爲應該具有「三葉蟲般的幼體」，這標誌出兩種動物具有共同的祖先；但這種相似性既可以歸因於共同祖先，也可歸因於雙方身體構造都具有簡單特性。不過在化石譜系中的確發現了「重演」的例子，比方說，在我所研究的遠洋游泳三葉蟲中，有種巨眼三葉蟲成蟲的凸眼要比還在成長階段的幼蟲大得多，而幼蟲其實就很像具有普通大小眼睛的祖先。這種三葉蟲的發育時序就這樣逾越祖先，並強化了優異的新特徵，這項創新就穩定下來，成爲一種慣例。

從三葉蟲可以看出基本的演化現象。當代生物學家對演化的研究已經逐漸轉入基因領域，這方面也的確獲致了不錯的結果；但是其中卻欠缺時間的架構，缺乏能夠在實際時空中見證演化歷程的個案歷史。實驗生物學家的操弄時段最長也只達幾年，但是對於古生物學家來說，幾百萬年不過是「一眨眼時間」。三葉蟲確實能提供演化的例證，這的確值得可憐的考夫曼博士以他短暫的生命來追求。改變發育時序會大幅影響外形，卻可能只是操弄遺傳密碼的結果；這些分子不經意稍事扭動，就可能更改發育時鐘的設定：單一個基因都可能控制發育時間的啓閉，進而造成像拉氏小油櫛蟲與裝甲小油櫛蟲之間那樣巨大差異。分子生物學家的工作，便是找出這種控制基因——如果這種基因能在經歷五億年後還藏在ＤＮＡ裡，我也不覺奇怪——相形之下，古生物學家的責任，就是要是找出案例來描述這個基因對生物外表的影響，並說明這些基因需要多少地質時間和空間，來造就創新奇蹟。

沒有毀滅就沒有更新。我已經探討了種的形成，卻未提及種的滅亡。三葉蟲的歷史既是

＊這種類型的異時發生現象稱爲「幼態持續」（Paedomorphosis），古爾德及麥克納馬拉又把幼態持續區分爲幾種類型。Paedo這個字根在希臘文中是「幼年」的意思。幼態持續的相反是成態發展，意思是子孫種在個體發生的晚期增加了新的特徵，成態發展同樣也可以區分爲幾種類型。

新種出現的歷史，也是舊種消失的歷史。物種的替換——生生死死——就是正常演化過程的本質，科學家通常把這種物種的正常興滅稱爲「背景值」。適應好的取代適應差的；或者是由於氣候的轉變，對源自異域的品種較爲有利，於是當地物種就被具有共同祖先的侵入種取代。生命一向是混雜無章，生物界的成功也和人世的成功一樣，有時靠實力，有時則靠運氣。也許我們可以在三葉蟲身上找到客觀的證據，說明環境機遇和生物設計對不同品種的個別影響。當然，這些三葉蟲的分子已永遠消失，但分子留在身體上的記號，卻保留在地質紀錄中，直到岩石粉碎爲止。

三葉蟲的演化終究沒有達成演化目標，牠們滅絕了，沒有留下任何後裔。我原先還期盼在不爲人知的深海

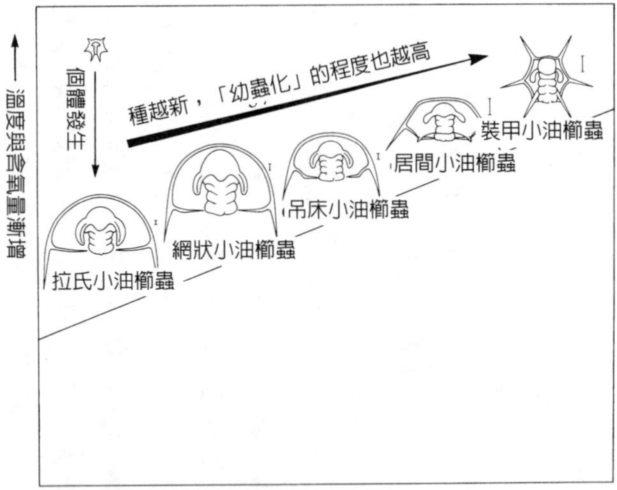

時間偏移：麥克納馬拉的蘇格蘭西北部寒武紀早期三葉蟲圖。圖示小油櫛蟲屬的種越新，和越早期祖先的幼蟲就越相像。

中，也許仍住有一隻三葉蟲能將古生代的美德帶到現今充滿口號的年代，但在深海潛水箱對中洋脊做過探測之後，我的希望破滅了。我很遺憾，並沒有像腔棘魚一樣的三葉蟲可以再引起生物學界的震撼，沒有倖存者遺留下來直接回答我們想知道的所有基因問題。三葉蟲的三億年路程也夠長了。

沒有死亡就沒有新生。滅絕——種的死亡——是演化的一部分，沒有了滅絕，新種的發展就顯得多餘。在人類的歷史中，當教條僵化思想，阻礙新的創見取代舊的想法，這時就形成了停滯期。西方的黑暗時期便是個最停滯不前而缺乏創見的年代。所以在三葉蟲漫長的歷史中，後繼種取代原先種的現象，便是演化活力不墜的明證。

我們能夠以野外及實驗室資料來了解三葉蟲形成新種的機制，同樣地，我們也能從中找出牠們衰亡的原因。在三葉蟲的全盛時期，數以百計的三葉蟲屬布滿了海洋中所有我們已知的棲地。如果你純然以數量及多樣性來衡量物種的成功，那麼眞正的三葉蟲時代應該是從中寒武紀到奧陶紀。不過綜觀整個族史，三葉蟲一直都相當旺盛；即使在牠們最後出現的地層中，也同時存在了好幾個不同的種。以音樂來比喻三葉蟲的歷史，就好比樂聲先急劇增強，然後再緩慢漸弱，終至完全沉寂。這種類比其實有些誤導，因爲大多數生物的歧異度發展興衰是交替出現，三葉蟲也是如此。牠們的滅絕期和許多其他生物一致；這是段滅絕速率加快的時期，這是失敗者被淘汰，而勝利者得以倖存繼起的時期。和三葉蟲同時出現的某些動物

——蛤就是個好例子——也和三葉蟲同樣經歷了命運起伏，最後卻存續得比同期的其他節足動物都更久遠。三葉蟲歷經的路途多災多難。在晚寒武紀初所發生的滅絕事件，便消滅了這個族群在早期歷史中出現的許多三葉蟲科。研究得較透徹的奧陶紀末滅絕事件，約發生在四億四千萬年前，那時還有更多具有早期族群特色的科滅絕了。寒武紀謎樣的細小盲眼三葉蟲球接子類消失了，牠們存續了約一億年；反觀我們人類至今才生存了幾百萬年，我們該深思「成功」的眞諦。另外有許多和等稱蟲及龍王盾殼蟲有親源關係的大型三葉蟲也消失了，還有三瘤蟲等小型的三葉蟲同樣也滅絕了；三瘤蟲的盾甲就像獎牌，是奧陶紀地層的特徵。事實上，謝爾頓所研究的奧陶紀三葉蟲，大半都是在奧陶紀末期的滅絕事件中消失。同樣的情形也發生在我的最愛——遠洋中自由悠游的巨眼三葉蟲身上，自奧陶紀後，這種三葉蟲就再也沒有出現過。而我相信從那以後，三葉蟲便不再占有那片獨特的生境。我在斯匹茲卑爾根時的最愛：油櫛蟲科的三葉蟲也同樣滅絕了；自寒武紀開始，油櫛蟲便穩定繁衍，堅守牠們的地盤，對抗所有入侵種類。奧陶紀末期的滅絕事件眞是生物世界的末日。

奧陶紀末出現了一次大冰期，以南極（當時是位於北非）爲中心，冰封範圍幾乎擴及全世界。地球歷史中不時會出現冰期，罕見而不規律，卻總是帶來深遠的影響。長毛象和洞熊生存的更新世冰期，僅是其中最晚近的一次。冰期會形成獨特的岩層，由後退的冰河遺留下來，或從漂浮的冰山上落下來，這種岩層的特徵是成分非常複雜，大大小小的岩塊擠在一起，不同來源的石礫聚成一堆。冰簡直就是個搬運工，冰川融化之後，冰塊所帶來的東西便堆在當地，因此而形成的岩石便呈現團塊狀組織，遠遠看去就像是沒有做好的葡萄乾布丁。這些獨特的冰磧岩大量出現在奧陶紀末期的岩層序列中，而經常在這些冰磧石旁採到的化石，就是所謂的海那特貝動物群。（海那特貝並不是三葉蟲，而是種腕足動物，其外殼在這段冰期頗具代表性。）海那特貝動物群的分布範圍極廣，刺斑蟲這種特殊的三葉蟲是其中的代表性成員之一，其他種類的三葉蟲則很少出現。刺斑蟲的特徵是尾部具有釘狀刺。我曾在北威爾斯微風細雨的山坡上採過這種化石，海那特貝的名稱就是源自此地的海那特冰斗。後來我又在泰國南部氣候潮濕的採石場發現牠。我從砂岩中把刺斑蟲費勁弄出來，額上的汗珠就正好滴在牠的頭盾上。我在採自南非台地的頁岩中見過刺斑蟲，在波蘭、挪威及中國也都見過，寓意明顯卻依然有趣：刺斑蟲是「寒冷」的三葉蟲。牠們把生活於冰期之前溫和氣候中的三葉蟲驅走，而這次冰期的影響甚至擴及赤道。刺斑蟲所帶來的單調統一，幾乎就像毛澤東黨徒以威權把中國變成藍衣世界。目前我們也已經知道，當刺斑蟲在大陸棚擴展勢力，約略同時在深海也發生了滅絕事件，而浮游生物同樣也受到重大的影響。許多滅絕的三葉蟲幼蟲可能就是在開放水域中浮游，因此牠們也變得特別脆弱。只有幸運的三葉蟲能通過這個危急關卡。三葉蟲無法預見天氣會變冷，也不知道非浮游性的幼蟲才能倖存，三葉蟲的基因裡並沒有備用的乾糧來幫助牠們度過難關。有些不過是碰巧擁有在危機時很管用的特徵。這是對大滅絕本質的重大發現。天知道人類這種動物——或是如美國詩人康敏士所說的「殘忍類」——最後是否能夠從三葉蟲身上汲取教訓，從而改變其作爲？而目前這些傢伙可是正在引發另一起絕滅事件，而且和奧陶紀末期三葉蟲所經歷的同樣嚴重呢……

但是三葉蟲絕對不是從奧陶紀末期開始衰亡。熬過奧陶紀的三葉蟲科在志留紀依舊繁多——事實上，種類幾乎和從前一樣多，只不過牠們是傳承自數量較爲有限的共同祖先。硬頭殼的慧星蟲及尖尾的手尾蟲能使收藏增色，也不由得讓人相信，生態系的演變能驅使三葉蟲本就多變的外殼更具創造性。這是眼睛精巧的鏡眼蟲開始取得一席之地的時代。鏡眼蟲可能布滿岩石表面；志留紀的洋底可能和從前一樣，一踩下去滿是鬆脆的蟲殼。許多三葉蟲並存續到泥盆紀，身上的刺、泡、腫、瘤、癰也在此時發展到巔峰。但在這些異乎尋常的三葉蟲之外，也不乏砑頭蟲這種外表普通的種類，乍看之下，你還以爲牠們是寒武紀或奧陶紀的生物。砑頭蟲及牠的親戚——幾若斯托斯蟲（二二九頁）——逃過了下一個發生在泥盆紀晚期的危機；從上次的大滅絕到這次的危機，三葉蟲約享有八千萬年的太平歲月。從某些方面來看，泥盆紀事件比奧陶紀更令人困惑，可細分爲好幾次事件，一起接一起發生；每次事件都伴隨了缺氧的海水侵襲大陸棚，這使得許多三葉蟲賴以棲息的珊瑚礁消失。泥盆紀事件比較像凌遲處死，而不是一擊斃命，至於「弗拉斯——法門事件」（這個名詞標示出兩個地質分區的地層界面）則是致命的一擊，這個事件被歸咎於巨大隕石的撞擊——據說也就是因爲同類事件，在三葉蟲消失後一億八千萬年又造成恐龍滅絕。

不論眞正的原因是什麼，在弗拉斯——法門界面之後，只有砑頭蟲及牠的親戚倖存至石炭紀，原來的幾十個科已經大幅減少，而且剩下的都是親緣關係很近的種類。即使如此，石炭紀的三葉蟲還是發展出許多創新的樣式。我大概每年都會收到兩次德國專家寄來一大堆描述新種的文章——這些發現似乎無窮無盡。威爾斯國家博物館的歐文，在散布羊群和石牆的本寧山坡上，也就是英格蘭分水嶺的石炭紀石灰岩中，也發現了一些新型態的三葉蟲。砑頭蟲已擴散到許多原先棲息了其他不同科三葉蟲的生境中，牠們使用不同演化路線所創造出來的裝備，扮演和前輩相同的生態角色，還擴及深水與重新復原的珊瑚礁中。結果，這些晚期三葉

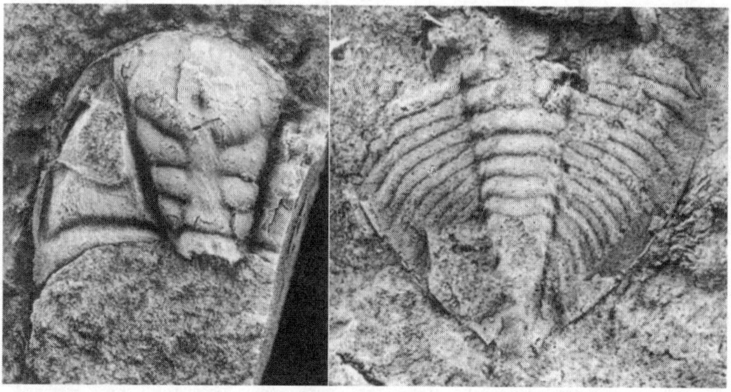

刺斑蟲的頭部與尾部（圖中標本來自泰國的奧陶紀地層），這是奧陶紀大冰期隨處可見的三葉蟲。

蟲的外表，也逐漸發展成類似奧陶紀、志留紀或泥盆紀的生態彎生角色。石炭紀時期的某些三葉蟲看起來甚至就很像鏡眼蟲——雖然並沒有發展出裂色眼……大自然眞是個僞裝高手。如果我抱持更強的人類本位觀點，我甚至會懷疑，岩石中古生物的謎團是否就是用來測試科學研究熱忱。生物學家和古生物學家似乎花了太多時間來解開大自然的僞裝。外形的相似無所不在，因爲生態上的需求會決定外形；動物在自然界中以相似的外形過著近似的生活方式，例如蝙蝠和鳥，或石龍子和蛇。要更深入了解演化眞相，就必須確認解剖構造的起源——也就是所謂的同源，同源顯示了在基因及個體發生基礎上的一致程度，至於外表是否相似就沒有必然的關係。頭鞍是否就是從某種更基本的設計演變而來？而這種基本設計是否眞正能顯示，牠和另一種三葉蟲都是起源於共同祖先，而且不須再加細思？生物的外形是否主要和生活棲地有關（就像所有的「比目魚」都是扁的，但可能來自不只一個祖先）？也許當路伊德注視著龍王盾殼蟲時，已經察覺牠和其他的生物雷同，也就是具有生態等值特性。不過，他對眞正的親緣關係判斷卻完全錯誤。三葉蟲有可能還具有魚類的特質；古生物學就和人類事務一樣，眞相可能不只一端。

二疊紀時，倖存的三葉蟲已然不多，約只剩下二十個屬。即使如此，牠們偶爾也成爲相當常見的化石。最後一批三葉蟲似乎在稍早於二疊紀末期的大滅絕時消失，當時三葉蟲已不是海洋中的主角，全盛時代已經過去。這些末代三葉蟲大多是發現於相當淺的熱帶海域，或

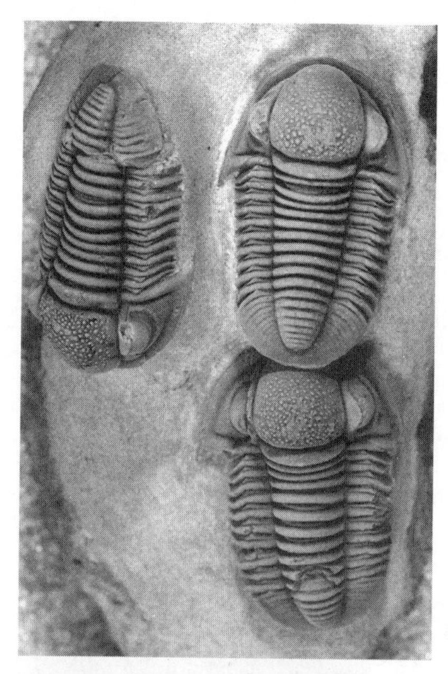

左圖：幾若斯托斯蟲。砑頭蟲類三葉蟲的三件精緻標本，似乎正在說：「兩人爲朋，三人成黨！」牠們的大眼睛和頭鞍緊緊相依，頰刺已破損，胸部有十節。泥盆紀，摩洛哥。（照片爲查特頓教授提供）

下圖右：最後的三葉蟲之一：雙切尾蟲，產自堪薩斯威奇塔的二疊紀地層。圖示爲同一件捲曲標本的兩幅畫面（實體三倍大）。（照片由歐文提供）

下圖左：捲起來的奧陶紀三葉蟲：黏殼蟲，產自瑞典。照片爲實物大小。

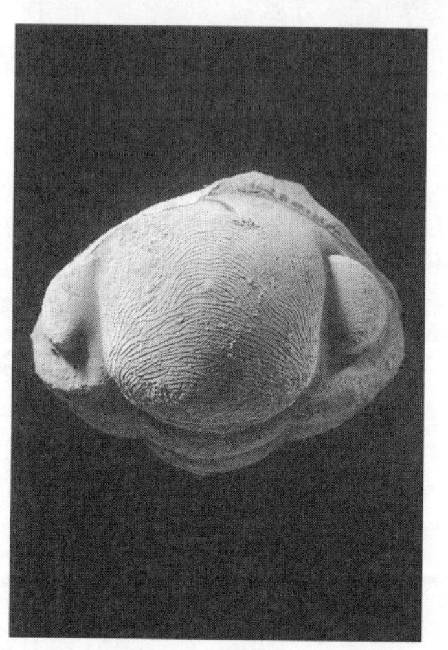

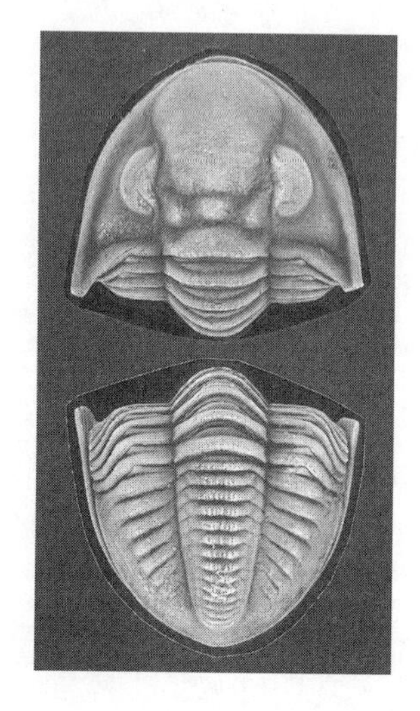

許就是這樣，牠們面對天氣的變化時才格外脆弱。我感到惋惜，這些晚期三葉蟲不像同時代的軟體動物或腕足動物，都沒有適應深海環境，熬不過橫掃陸地及大陸棚的劇變；結果三葉蟲也成爲被換掉的布景，預告了生命故事中全新的一幕。我懷疑我們並沒有找到眞正的最後三葉蟲。恐龍的祖先在岡瓦納古陸的溪畔昂首闊步之時，這些最後倖存者應該仍然生存於古生代的某個角落。這些三葉蟲是逐漸凋零而不是毀於一旦。這讓我想起海頓在埃斯特哈奇王府中，對薪資微薄含蓄表達抗議的作品。在這首《告別》交響曲的最後一段裡，演奏家在激昂樂聲中相繼離席，最後剩下獨奏的小提琴——隨後才嘎然而止。

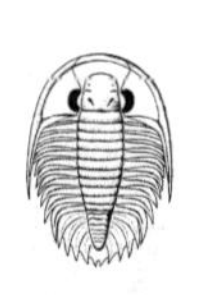

第八章

懷想過往世界

我的工作生涯大半都是在重現世界。我推動半個歐洲跨越半片大西洋，我封閉古老海道開啓嶄新海洋。我有本領替比地中海還大的海洋命名，之後又宣判令它毀滅。我的工作是勾勒出消失大陸的輪廓，並描繪出環繞大陸的海域。總而言之，就是畫出將近五億年前的世界地圖。我用三葉蟲來輔助這項工作。當我搭上六點二十一分回泰晤士河畔漢利的班車，在列車上遇到通勤同伴時，偶爾他們會問我今天做了什麼事。我大概就會回答：「我把非洲往南推移了六百公里。」他們通常就趕快回頭看手中的足球報導。

爲我啓蒙，讓我認識科學方法迷人之處的書籍之一，是本叫作《可能的世界》的散文集。這本書的作者是位偉大的科學作家霍爾丹，書中有篇〈做自己的兔子〉，寫出了典型的實驗冒險精神；這個章節鼓勵我大膽臆測世界的許多神祕現象，也說明爲什麼解決其中一兩個小問題，便是生命中最值得做的事。如今，由於機緣巧合，我得以建構自己的可能世界：已消失的世界從我想像中的地圖重現，我也和十幾位同僚爭辯釐清眞相。我想像系列火山島冒出煙塵、噴出岩漿，羅列在充滿三葉蟲和鸚鵡螺的海中，我看到這些動物在遭受火山荼毒的洋底窒息，一擊致命卻因而不朽。我在威爾斯的山坡上，敲開堅硬的岩石探究遠古悲劇的眞相。岩層中含有火山灰，表面呈現柴煙般灰色，埋藏其間的三葉蟲身影，則化爲石頭訴說牠們恐怖的末日。我在想像中，看到大陸相互碰撞毀滅火山群島，大陸撞擊的威力巨大無匹，古代的史特龍博利島就像葡萄夾在胡桃鉗下那般脆弱。這是奧陶紀的世界，一個和現今地圖難以對照、全然不同的世界。當然，那時也有大陸和海洋，但那時的大陸和我們最早從課堂上學到的並不相同，陸塊的形狀陌生，排列奇怪。

不久之前（以地質學的標準來說），我們現今世界的地理分布還只能臆測。在英格蘭中部的赫勒福大教堂裡，掛了一幅古世界地圖，光線暗淡以免造成損傷；不過這種神祕照明氣氛，看來也非常適合用來審視霍丁漢的理查描繪在羊皮紙上的十三世紀晚期世界。這幅世界地圖所呈現的世界架構非常奇怪，其中陸地比例超過海洋，和現今我們所熟悉的麥卡托投影世界地圖差別很大。這幅地圖以耶路撒冷爲中心，英倫諸島在圖中的邊陲地帶。圖中對天主教城鎮林肯的描繪卻頗爲眞實：兩邊排滿房子的街道從山坡上的教堂往下延伸到威瑟姆河。這就像《紐約客》雜誌的一幅知名漫畫封面，把曼哈頓標示得很詳細，而世界的其他部分則被逐漸簡化爲潦潦幾筆；想必繪製這幅世界地圖的人，心中是以林肯鎮爲已知世界的軸心，所以林肯鎮以外的地方就只是粗略繪出。當時很難外出旅行，地圖製作也不精確（也或許理查並不喜歡探險，就像有些紐約客只想待在布魯克林，不願意到更遠的地方一探究竟）。乍看之下，地中海周圍的陸地極不清楚，但細看後大致還能辨識出塞普路斯及西西里等地。地圖上的偏遠地區住著怪獸和巨人，包括獨角獸、埃及的撒特及撒馬爾干一帶的鳥人；在印度還有種叫作艾弗利的鳥，在六十歲時會生下兩顆蛋，把蛋孵化之後，牠們便投水自盡。文藝復興之後，地圖繪製精確，已經把神祕的動物驅逐到遙遠的古堡中。有些地圖則仍舊把這些怪物放在安地斯山的深湖，或偏遠亞馬遜的最後祕境。我在製作奧陶紀地圖之時，也拋棄傳說，來確立陸塊的輪廓，並重建出某些眞相。

如今多數人都已經熟悉二疊紀納入盤古大陸的世界地圖。把我們現今所有陸塊聚集在一起的超大陸已經是普通科學常識，就好像大家都知道π值無法精確求出，或黑洞會吸收所有物質一樣。南美洲東岸和非洲西岸驚人的外形吻合也找到了合理解釋：這是超大陸分裂所留下的印記。海洋地殼自大西洋的中洋脊不斷生成，大西洋則是不斷擴張，並從原先的一條裂縫逐漸變成今天的大海，非洲和南美洲則是各自隨所在的板塊分離，一度屬於荒誕不經的想法，如今已經得到普遍認同——大陸當然曾經聚在一起啊，那很明顯嘛！印度從非洲的東邊裂開（馬達加斯加島則留在當地），隨後撞上了亞洲大陸，接著便形成地球上最高的喜瑪拉雅山脈。從衛星照片可以看出，褶皺區域似乎是在這片楔形次大陸前方推擠。你幾乎可以感受到形成聖母峰的那股巨大壓力。從太空高處看地球，要形成這些山脈似乎很容易，就像推動桌墊讓桌布起褶皺。阿爾卑斯山脈也以類似方式蜿蜒橫過歐洲，這個大地皺摺接縫構造也呈現出大地變動擠壓地殼的情節，這是非洲向北推移，挪動系列板塊橫過地中海所造成的。盤古大陸裂開了，當初的結合也不是永恆，不算是天作之合，只是地底板塊的湊合排列。

盤古大陸形成之時，三葉蟲也走向滅亡。部分研究人員試圖找出更早陸塊的接合現象和重大滅絕事件之間的關係，毫無疑問，多數生物無法適應這個新形成的超大陸所造成的反常環境。我們前面談過，當時三葉蟲類群已經很脆弱。但早先當三葉蟲仍主宰世界時的陸塊歷史又是如何？（我知道自己過度強調三葉蟲的地位，但偶爾當我跳脫科學體統，我是有點瞧不起恐龍的霸權。）在過去二十五年期間，大家都知道盤古大陸不過是大陸歷史中的一個階段。板塊運動並非始於盤古大陸的分裂，也不會終止於蒙塞拉特的火山爆發。實際上，大陸漂移的軌跡只是地球內部動力的表徵。內部熱力所造成的深層對流帶動了表面的板塊，於是板塊就如同一鍋熱湯上的表皮：永不停歇的熱流幾乎和地球本身一樣古老。在盤古大陸之前是其他的可能世界，各有不同的世界地理。盤古大陸本身是由更早的分離陸塊集結而成，但這只是短暫的聚合，接著就是陸塊逐漸分離的較長時期。更早期的陸塊經板塊活動拼接出盤古大陸，於是這塊大陸就像是一張手工粗劣的百衲被。更早的陸塊還可以追溯到前寒武紀的大陸地殼，包括了現今非洲的絕大部分、北美洲（勞倫古陸）、西伯利亞或波羅的地盾。但這些陸塊的組合部分和我們在學校的地圖中所看到的不同；大自然沒必要用相同的方式來設計奧陶紀世界。

古代的海洋一度隔開這些大陸，但在盤古大陸逐漸聚合後，這些海洋便一點一點地消逝了。古生代時，板塊潛入海溝並使海洋地殼隱沒消失的機制，就和現今在日本東岸所發生的完全一樣。而含三葉蟲的奧陶紀火成岩可能是成形於火山島四周（就像現今印尼群島上的巨大火山），這些火山島是板塊破壞力的爆發式表現，三葉蟲則是這片海域飽受噴發氣體及熾熱塵雲荼毒之後的遺物。

既然奧陶紀的海洋已經消失，那麼我們又怎能知道那些海洋曾經存在？如果海洋不曾留下蛛絲馬跡就這樣消失，那麼現今就無跡可循了。但實際上，所有古代的海洋都在地表留下了印記。原本被大洋阻隔的陸地最後聚攏碰撞，並推擠構成山脈，就像印度撞上亞洲而形成喜瑪拉雅山一樣。橫跨現今大陸的古老山脈有如一條條舊傷疤，標示出原先海洋的邊界。數千萬年的侵蝕作用把早期山脈部分磨蝕，所以和較年輕的阿爾卑斯山或安地斯山比起來，這些山脈比較低矮。任意找出一幅亞洲地圖，你都能輕易發現，其中的烏拉山脈蜿蜒橫過這塊大陸，從北邊極區的俄屬新地島（我的奧斯陸前輩霍特爾，便以描述此地的古老岩層而成名），直到東南邊的裡海。烏拉山脈看起來就像條接縫，也的確是波羅的板塊及西伯利亞板塊間的接縫。奧陶紀時，這兩個板塊相距遙遠，中間隔了大洋，但卻注定要相撞。兩個板塊要能接合，必須等間隔的海洋完全隱沒消蝕才能成形，但是遠在盤古大陸結合之前，接合作用早就開始。幾種現象會洩露訊息，顯示曾經有海洋存在，包括因隱沒作用殘留的死火山，或海洋死亡時從地殼內滲漏出來的銅礦和揮發性礦物。非常古老的板塊界線或許並不是那麼明顯，特別是當界線還可能部分被更年輕的地層覆蓋。要重建遠古時代的地理分布，科學家必須找出並揭開這些舊傷疤，再次開啟已消失的海洋，讓時間倒流，一步步回到過去。距今越久遠，各大陸的位置就越不明確，我們就越像霍丁漢的理查。我在通勤列車的同伴也許會率直地問：「把非洲推移六百公里？那爲何不是九百公里或二千公里呢？」我們很努力，卻仍不足以完善了解奧陶紀的世界，這就好像是反向用望遠鏡努力要完成拼圖：昏沉午後的稍一閃神，可能就意味著上百公里差距。

所以我們必須先忘記已知的地理，來重新思考可能的世界。有些工具可以幫助我們，其中包括了藏在某些岩石中的磁鐵礦。這種又黑又重且具磁性的鐵礦，最早是由伊莉莎白一世的御醫吉伯特拿來做磁性的研究，他在《磁體》（一六〇〇）一書中正確地指出，地球「就像個巨大磁鐵」。磁極間的磁場流就像「力線」一樣，會讓鐵屑在紙上圍著磁棒排列。同樣的道理，懸浮的磁鐵會指向地球的兩極。磁鐵礦在自然界中很普遍，散布在砂岩中有如蛋糕裡的堅果仁，當岩石沉積時（或熔岩噴發時），如果內含磁性礦物，就會根據當時的磁場磁化。即使岩石所在的板塊可能已遠離原先的位置，這個磁化作用還是會一直留在岩石中，有如磁性的化石紀錄。我們只須簡單測量出岩石的磁傾角及磁偏角，就能找出磁化當時的磁極位置，岩石中的磁性就像指向兩極方位的手指，洩露了自己的發源位置。這個方法可以讓我們得知古緯度，但經度只能勉強求出，並很不準確，所以我們永遠無法確知某塊大陸的眞正位置。但這些資料仍然是復原古地理的最好起點，也因此古地磁學家常被同僚戲稱爲「古魔法師」。當你將時間不斷回推，所碰到的問題會越多，到了三葉蟲時代，許多古地磁資料就不可靠了，因爲岩石可能在後來被重新磁化，磁性訊號也可能已散失。這就引發了古魔法師及古生物學家間的衝突，兩造各對自己提出的古地理解釋辯護。有時，這種爭執還變成純粹比聲量。古魔法師認為他們的科學是貨眞價實的自然科學，我還聽過一位古魔法師宣稱「一筆古地磁資料勝過一千件化石」。我懷疑他是否也要宣稱，一位物理學家勝過一打古生物學家——眞是個偏見鄙夫。

用化石來重建消失的世界具有悠久的光榮傳統。早在大多數物理學家接受超大陸這個概念之前，化石便已經在盤古大陸的眞假之爭上扮演著關鍵角色。南非、南美及印度若不曾聚攏接合，那麼為什麼這些陸塊的二疊紀地層中具有類似的動植物？三葉蟲也可以被應用在類似的議題上：我們可以藉著三葉蟲的分布畫出古大陸的地圖。牠們成群聚居北美內陸奧陶紀的氾濫淺海，集結在岡瓦納古陸的寒冷岸邊（見二四四頁），在今天相當於愛沙尼亞及瑞典南部的軟泥上爬行。這些三葉蟲不理會我們的政治關卡，完全按照自己的地理喜好分布。在氣候和環境的影響下，淺海中的三葉蟲也和今天的海洋生物一樣，在熱帶生活的種類和溫帶的不同。海洋生物各有其適應溫度，而且大多數對食物種類及進食場所也各有偏好。掠食者對獵物的選取十分挑剔，就像行家從尋常餐酒中挑出頂極的拉斐堡產酒。有些動物在石灰岩礁流連；有些則選擇藏身砂中；更有些耽溺於污黑爛泥中。海洋生物對於環境各有主見，三葉蟲也不例外。

當奧陶紀的大陸還散置全球各海洋，三葉蟲也在隔離的陸塊上各自發展，特別是處於不同緯度的種類，差別還更大。每個大陸各有其特色，或者我該說是各有其特殊的生物組合，這個組合中也包括了許多三葉蟲。畫出三葉蟲的地理分布，你就等於是畫出了各大陸的地理分布。在古地磁資料的輔助下，我們有希望找出不同三葉蟲組合的適應緯度。同樣的，不同的岩石類型通常也都沉積於不同的緯度，如果我們能辨認出適當的岩石組合關係，我們也就能對古代的環境做出合理的推測。石灰岩形成於熱帶的陽光下已無庸置疑。石灰岩通常是由稱爲「霰石」的碳酸鈣泥固化成爲巨厚岩層。今天，你必須到巴哈馬這類地方才能找到雷同的岩層。在原爲熱帶石灰岩礁的巨崖上採集化石是令人沮喪的經驗，因爲岩面堅硬，用鐵鎚敲擊老是要彈開。累積經驗之後，你就會先檢視岩石表面透出的三葉蟲生命徵兆——也許是一小片隱約浮現的尾部。但是當你要撬開這個含有珍貴標本的岩塊時，你不禁要咒罵，三葉蟲和周圍的石灰岩怎麼都是方解石所構成。我還曾因此弄掉了兩片指甲。但是只要你能夠把牠們弄出來，石灰岩中的三葉蟲通常都保存得相當好。在那個古老世界另一端的近極區環境就沒有石灰岩，當地的三葉蟲都保存在頁岩中，你在那裡可以輕鬆採到完整的殼體，卻很少會像石灰岩中的標本那麼完美。至此，沉積岩、化石及古地磁三者共同提供了線索，顯示某地塊在三葉蟲時代是位於何處。

想像你是兩億年後造訪地球的外星地質學家，兩億年前，由於人口過剩，地表早就耗蝕盡淨貧瘠一如奧陶紀。在我們全都滅亡之後，板塊運動仍未停歇。再想像澳洲大陸就像盤古大陸一樣分裂為三大塊，假設這些陸塊分別移向南極、非洲和亞洲，外星來的古生物學家要如何重建原來的大陸呢？他可能會先確定這三塊大陸在地質上的完整性，接下來就蒐集化石取得資料，透露出這些地塊之間的強烈關連，因為這三塊大陸都擁有袋鼠、袋熊、負鼠、無尾熊等各種有袋類動物。若把這些陸塊拉到一起，就形成有袋類家族的共同家園。除非後續的板塊運動擾亂了陸塊的輪廓，否則這三個陸塊就可以像拼圖一樣互相吻合。

在三葉蟲的例子中，我們就像是未來的訪客，造訪同樣陌生的世界。也許有人會反駁說，澳洲的有袋類是陸生動物，所以牠們比在海中游來游去的動物更適合作為原來大陸的指標。這樣說當然也沒錯，但是奧陶紀和現今的世界有很大的不同，當時的海洋比今天更深入內陸，因此形成的淺海就成了地方性物種演化的溫床。如果今天的海水也氾濫深入廣大的澳洲平原，滲透到沙漠和漫無邊際的灌木林，那裡也會產生和奧陶紀類似的狀況。我曾深入澳洲內陸採集三葉蟲，當地十分偏僻，就連野犬都很溫馴，只會偷偷接近窺伺。奧陶紀時，這裡和大陸邊緣的距離就和現今同樣偏遠，因為海水氾濫深入內陸遠處。野犬好奇地看著我，我也同樣詫異地看著全新的三葉蟲，在某種程度上，我們都是外來訪客。我從所站立的小山丘上可以遠眺整個準平原。侵蝕力量發揮到極致，就像《以賽亞書》所說，讓「大小山岡都要削平……崎崎嶇嶇的必成為平原。」我不難想像這片荒蕪之地被溫暖淺海淹沒的景象，那是個三葉蟲活躍其中、生機盎然的海洋。在相同的岩層中，我們還發現了已知最早期的魚類：這又是個外來訪客。後來證實，其中有些三葉蟲還就像袋鼠，是當地的特產。

現在我要嘗試畫出奧陶紀的地圖。我推斷的可能世界，四億八千五百萬年前的世界地圖（見二四三頁），其中有些陸塊看起來依然眼熟。勞倫古陸由北美洲和格陵蘭組成，兩塊陸地就像今天一樣合併，卻是傾側橫躺。當時，赤道穿過勞倫古陸中央，而（現今）陸塊的東邊有部分也不相同。那裡缺損分離，形成現今的英倫群島西部，所以西北蘇格蘭和西愛爾蘭的三葉蟲，和西紐芬蘭及格陵蘭的相同，斯凱島（查理王子逃遁去處）則和紐約州一樣，都有在熱帶陽光下沉澱的石灰岩。另一方面，紐芬蘭只有西半部屬於勞倫古陸；紐芬蘭北邊臨加拿大側，有一個看似豎立大拇指的大北方半島，從其中所含的三葉蟲及岩層看來，此地應該曾和內華達及奧克拉荷馬相連。

十九世紀中葉的古生物學界先驅——比林斯曾爲許多化石命名，其中包括了深溝蟲科的兩個三葉蟲屬：小深溝蟲及佩蒂蟲，這兩類三葉蟲是奧陶紀熱帶勞倫古陸的典型種類，就相當於今日的澳洲袋鼠。只要在岩層中找到這些化石，就表示你所站的陸地曾經是勞倫古陸的一部分。在紐芬蘭島，只有西半部才找得到這類化石；在東部找到的同時代化石就完全不同了。島上有條東西橫跨的縫合線，代表消失的海洋（古大西洋）。奧陶紀早期，紐芬蘭的東西兩半由海洋區隔，遼闊一如今天的巴西和奈及利亞。深溝蟲科的地理分布也遍及蘇格蘭和格陵蘭；我的地質啓蒙地——斯匹茲卑爾根，同樣是勞倫古陸的一部分。這些指標性的三葉蟲，分布地從加屬的北極埃爾斯米爾島延伸到阿拉斯加，接著從加拿大的西部往南至美國西部，包括廣達猶他州、內華達州及愛荷華州區域的大盆地，接著橫跨德州、奧克拉荷馬州，然後沿阿帕拉契山的西側北上，一直到無所不在的沃克特第一次描述深溝蟲的紐約州。幾十位古生物學家努力用三葉蟲的確切記號追蹤大陸的移動行跡。我造訪紐西蘭多年之後，曾在內華達州清香的矮松下敲出三葉蟲，和北極石灰岩中所發現的一樣，當時我太接近燕鷗巢穴，那隻燕鷗還衝著我叫罵。這些地區的三葉蟲像得驚人，證明奧陶紀時，赤道是縱向穿過今天的北美洲，當時這塊大陸並非南北走向（這可說是最好畫的古大陸）。

岡瓦納古陸西部呈現另一種極端氣候。岡瓦納古陸的原始意思是「土著之地」，這個名稱在認識盤古大陸的歷程裡，扮演了重要角色。世紀之交的偉大地質學家蘇斯，認為南美、印度及非洲（如今我們知道還包括南極）同屬岡瓦納古陸，因此才具有一致的地質特性。這些陸塊在二疊紀時是接合在一起，隨後才分散區隔。但是岡瓦納古陸早在二疊紀之前就已經存在，那是地球通盤歷史中極重要的一部分。岡瓦納古陸在前寒武紀的晚期聚攏成形，這個陸塊的基盤岩石非常古老，超過地球歷史之半，歷經了好幾次重大的地殼劇變，卻依然維持原樣存續不朽。我小時候所用的教科書，便將這些古老而穩定的地塊稱為「地盾」（例如加拿大地盾），我喜歡這個名稱，因為這隱含了防護盾牌的意味，就好像是種能抵擋攻擊的東西。奧陶紀時，岡瓦納古陸的西緣靠近南極，那裡可能就相當於今天的北非。當時的大陸多

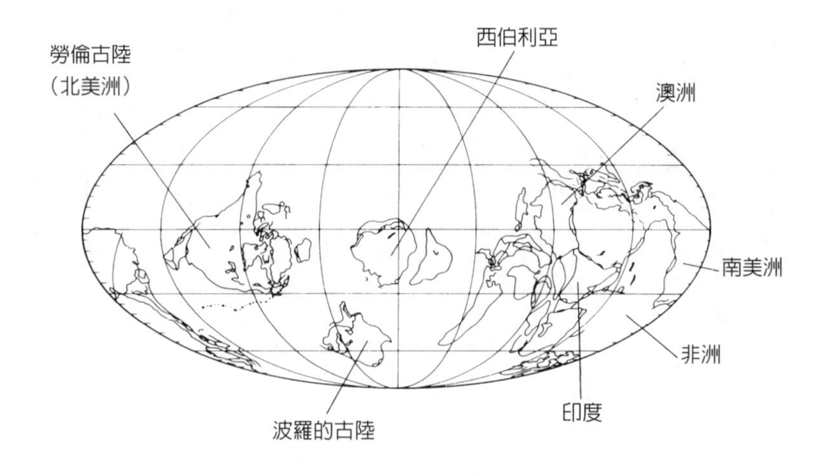

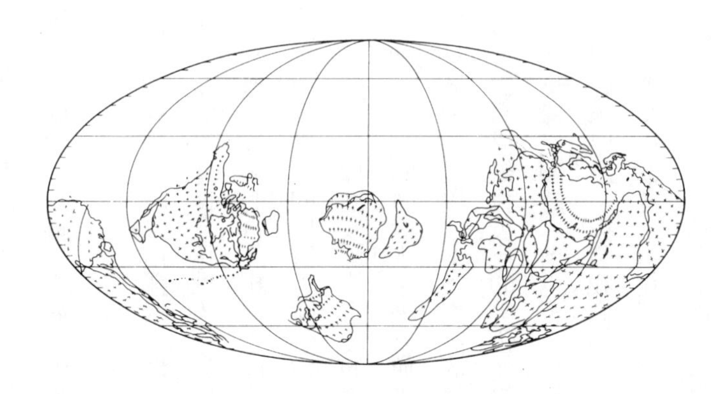

根據三葉蟲資料復原的奧陶紀早期世界（四億八千五百萬年前），包括各大洲名稱標示。圖示爲麥卡托投影地圖，其中古赤道穿越中央。上圖標示現今大陸在奧陶紀時的位置，下圖中的十字記號則標示出現今的地理緯度線。

數都聚集在南半球，分布的範圍很廣，可以從極地到當時跨越澳洲的赤道，現今沒有任何大陸有那麼遼闊。在岡瓦納古陸上還有另一整群獨家專屬的三葉蟲，正如深溝蟲科只產於勞倫古陸。

第三塊大陸是波羅的古陸。對照現今的地理，波羅的古陸是由挪威、瑞典及波羅的海區立陶宛、愛沙尼亞及拉脫維亞三個共和國所組成，並向東延伸遠達俄國的烏拉山。前面提過烏拉山脈是古老大陸的邊緣，這道接縫是在西伯利亞和波羅的古陸相撞組成亞洲大陸之後才淬煉成形；奧陶紀時的西伯利亞本身是個分離的板塊，當時的所有大陸都尚未接合，縫合帶也仍未縫合。一九七五年，我和瑞典教師傑夫克先生一起探勘波羅的古陸的奧陶紀岩層；他帶我去看瑞典南邊一處小型石灰岩礦場的岩層序列，那裡的岩層水平列置並未變形，從四億五千萬年前到我來此造訪，期間完全沒有受到任何外力的侵擾。令人驚訝的是，這麼薄的岩層中竟然濃縮了這麼悠遠的時間。在威爾斯，我已經習慣幾百英尺的黑色泥岩就代表一兩百萬年的沉積。在瑞典，一個採石場的岩層便涵蓋了半段奧陶紀（至少三千萬年）的沉積。從奧陶紀細分出來的次一級單元，則可能只有一片餅乾那麼厚；按照我們的術語，這是經過濃縮（沉積速率極慢）的岩層序列。不過這裡的三葉蟲非常豐富，和我們在紐芬蘭所採的三葉蟲也都不相同。這裡到處可見一種三葉蟲的大尾巴，這種三葉蟲就稱爲大盾殼蟲，和龍王盾殼蟲是遠親，不像深溝蟲類那麼稀少。我造訪瑞典之時，傑夫克已經八十幾歲。他的英文非常流利，他從沃德豪斯的小說中學到很多俚語，因此言談中會有古今錯亂的迷人特色。當有特別好的大盾殼蟲標本出現時，他會說：「篤定一流，老小兒！」如果他想告訴你重要訊息，就會說：「可否在你的『貝耳』*旁說句話？」收工時他會說：「回見，老兄！」我在此地發現的每樣東西，再再顯示波羅的是塊分離的大陸。不論岩層的形式或三葉蟲的種類（加上後來古地磁的資料），都指出奧陶紀早期的波羅的是處於溫帶緯度，位於勞倫古陸及岡瓦納古陸之間。至於三葉蟲，那就是「全然的鐵證！」。

長串的種名和地名總要令人望而生畏，也似乎只有腐儒才有那種超人本領，去記誦那種毫無意義的瑣碎細目。畢竟，誰有興趣知道最近幾世紀的閏年中，二月二十九日是星期幾這類事情呢？光是列出三葉蟲的名單就夠煩人了，但是耐心整理出廣大區域的化石名單，卻能提供地理分布的基本資料；這些資訊能顯示原來大陸的界線。資訊的重要性莫此為甚。今天的名單就是明天的世界！所以這裡要打破我儘量避免使用名單的原則，我現在要公布一串發現於較早奧陶紀岩層中的三葉蟲名單，這些三葉蟲生存於岡瓦納古陸西部（而且只產於西

---

*源自沃德豪斯「貝殼般的耳朵」，他簡稱為「貝耳」，這原來是詩句裡用來描述美麗女人的陳腔爛調。

部），屬於靠近奧陶紀極地的冷水種：鳥頭蟲、車利斯克拉蟲、歐瑪蟲、歐幾龍王蟲、凹頭蟲、隱頭形蟲、新月盾蟲、布雷多拉蟲、盾板蟲、梅林蟲……聽起來有如一連串古文繞口令，不過還不只這些。每個種都有其特色，結合起來就描繪出大半的生態系統，我之所以特別列出這份名單，是因爲這份名單讓我保住了我的學術飯碗。

英格蘭、威爾斯，再加上紐芬蘭的東部，組成了阿瓦隆陸塊。阿瓦隆這個名字帶有亞瑟王傳奇的色彩，但實際上這個地名是源自紐芬蘭聖約翰港所在的阿瓦隆半島。根據岩層的資料，東紐芬蘭及威爾斯曾連在一起。而奧陶紀時，東西紐芬蘭間則間隔古大西洋。阿瓦隆是所謂的微大陸（獨自漂移的較小陸塊），不屬於勞倫古陸或岡瓦納古陸。也許，沾上亞瑟王的傳說畢竟是有幾分道理，因爲阿瓦隆陸塊以蠻勇展開地理長征，留下分合衝突故事。一九八〇年代，有關阿瓦隆地塊和岡瓦納古陸的相對位置出現爭議，我和我的老朋友考克斯（腕足動物專家）共同提出一種看法：在奧陶紀的較早期，阿瓦隆地塊可能是岡瓦納古陸的一部

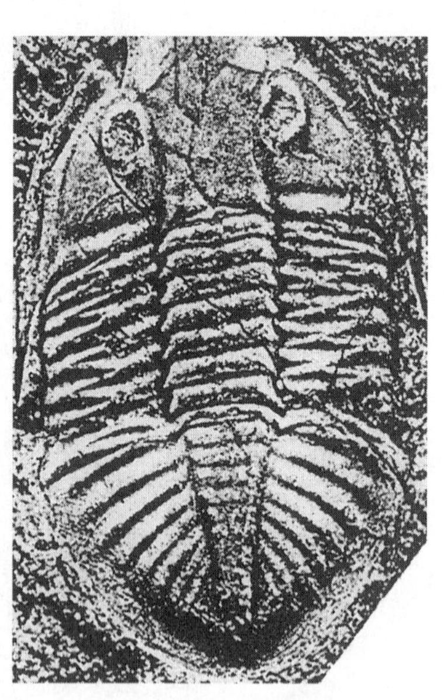

奧陶紀岡瓦納古陸的代表性三葉蟲：歐幾龍王蟲，標本來自英國的夏洛普郡。實物大小。

分。我有採自威爾斯及夏洛普郡的岡瓦納古陸三葉蟲的長串名單可供佐證：鳥頭蟲、隱頭形蟲、歐瑪蟲、凹頭蟲、歐幾龍王蟲、盾板蟲、梅林蟲。這些紀錄的重要性在這時就很明顯了；有了這份名單，阿瓦隆還能在哪兒呢？而且阿瓦隆陸塊和波羅的陸塊也沒有共通種（不論是三葉蟲或腕足類），所以我們的結論是：冷水域的阿瓦隆地塊和溫帶的波羅的古陸之間一定間隔海洋。一九八二年，我們將這處海域命名為圖奎斯海；圖奎斯是曾經研究這個關鍵課題的著名地質學家。我就是這樣替一個消失的海洋命名。在稍晚的奧陶紀，三葉蟲動物群發生變化，表示阿瓦隆已經脫離岡瓦納古陸，並向北移入圖奎斯海中，並和波羅的古陸相撞。我就這樣妄自尊大扮演上帝，移動現今住有五千萬人口的陸地，自己想想是有點不安。

這個議題引發學界衝突，因為古地磁有個「定位」，把阿瓦隆地塊安放在遠靠近赤道的位置，和我們的推斷相差幾千公里。這次就像一般學術爭議，各種不同意見幾乎是馬上就鬧僵。有人鹵莽告訴我們：一筆古地磁資料勝過一千隻三葉蟲，我們則反駁說：如果阿瓦隆和波羅的真那麼接近，為何兩者所含的化石會如此不同，而且阿瓦隆的化石還和法國、西班牙及北非的那麼相像呢？這個案例成為我們的考驗——「軟性」科學對抗「硬性」科學，化石對抗機器！最後是化石獲勝——梅林蟲贏了。或許就因為梅林蟲是依亞瑟王的巫師梅林而命名的，所以阿瓦隆的命運根本就不必去談科學常規，本來就很明顯了。後來證實，當初那個古地磁定位是有問題的，之後比較好的古地磁資料則與三葉蟲的解讀一致。今天，所有奧陶紀的地圖都會標示出圖奎斯海，這片海洋已經跨越神祕的界線，從理論成爲公認的事實。三葉蟲獲勝了。後來，阿瓦隆地塊離開岡瓦納古陸移向波羅的地塊之時，圖奎斯海本身也逐漸隱沒消失；新的海洋在阿瓦隆後方出現並取而代之。凡生於板塊運動者，也毀於板塊運動。

然而，在遼闊岡瓦納古陸東邊的澳洲又是如何？昆士蘭西部及鄰近的北部領地區域，同樣淹沒在廣袤的奧陶紀海洋中。當我和謝格德來到這個偏遠地區時，我們實在不清楚會在岩層找到什麼。這裡是空曠的鄉野，強健的尤加利樹點綴在廣大的半沙漠地區，此外那裡還有少數肉牛，勉力飲用風力地下井水以維繫生存，而地下井經常乾涸或帶有毒性。那裡的道路沒有鋪面，一出波利亞就進入無邊曠野。這是片「荒礫漠」，風稜石散布，幾乎看不出路徑。在這裡很容易迷路，我大部分時間都在探出車外尋找折斷的碎枝，因爲殘枝可以指出上個野外季時，路華吉普車曾經走過的路徑。世界上最毒的荒漠太潘蛇便住在這片荒地上，牠的毒液強到只要一口就能殺死幾百隻實驗鼠。顯然在這個糧食短缺的土地上，這種蛇必須具有高強掠食本領——但是爲何要這樣駭人致命呢？畢竟蛇並不吃袋鼠啊！這是自然界中「過度殺戮」的最眞實例子。這裡的天氣酷熱，每天太陽下山之前的半小時卻是相當宜人，拉開罐裝啤酒，聆聽燒烤牛排的嘶聲，你會發誓，能在這裡工作眞是科學家能夠擁有的最大特權。突然之間，研究生時代的窮日子，還有隨後少得可憐的助教薪水，似乎都不冤枉了。「這就是我的報酬。」你自言自語，難以置信。但是接著天氣就開始變冷。

我對沙漠生活的熱情只有一次受到打擊。內陸地區的酒吧非常少，即使有，也都很糟糕，只是聊備基本功能：就那麼一處吧台、木質地板，加上酒吧後方的廉價旅舍。牧場上的雇工工作數月積攢工資，打算前往布里斯本追求上流生活。通常他們一進入酒吧就哪兒也去不成了。他們先把手中的金額記在「板」上，接著就坐在那兒（大半就站著）喝到錢全部花光。他們這樣神智不清一兩個禮拜，最常見的狀況就是攻擊鬥毆：醉眼朦朧，酒精裡全是他們的不滿。他們成爲澳洲人口中的「彆扭怪人」，隨時準備打架。如果有帶著「英國鬼子」腔的人走進這種醉鬼的窩，正好就成爲他們找碴的對象，他們會張牙舞爪大聲宣告：「該死的英國鬼，別站在那！」在這個島嶼大陸的遙遠內地，我們依舊可以見到野性西部作風。在這裡不管是眞有爭端或只是誤會，一言不合還是要打架來解決。這對我這種天生的膽小鬼來說實在嚇人。有次我首度和這種醉漢遭遇，趕緊改用中歐口音，裝模作樣了三個小時，來避開他們的注意。他們碰到來自羅馬尼亞瓦拉幾亞的人，就很難表現出那種惡劣態度。

澳洲奧陶紀的熱帶三葉蟲又和其他地區的不同。澳洲和西岡瓦納古陸在緯度上的隔閡，和勞倫古陸又間隔大海，使得澳洲發展出本土特殊種類。這裡有頭上布滿疙瘩的奇怪動物，乍看之下很像是泥盆紀著名的三葉蟲：鏡眼蟲，但仔細端詳之後就會發現，這些動物更接近路伊德博士發現的龍王盾殼蟲及櫛蟲，我們稱之爲北櫛蟲。這是個好例子，說明了棲地相似的三葉蟲彼此也相像，有如不同演員穿著相同的服裝演出同樣的角色。這個現象就是所謂的

「異質同形」。就在我們從較軟的石灰質砂岩中把這些三葉蟲弄出來的地方，現代版的類似生物則正在濱刺草灌叢下打盹來躲避炎熱：一種有袋的「鼠」，外貌及習性都像鼠，卻和袋鼠及無尾熊同樣都屬於有袋類。大自然盡情玩弄著這類的花樣。我和謝格德從內陸奧陶紀早期的岩層中敲下了另一個標本，也呈現了四億多年前的相同把戲。

三葉蟲在解決部分爭議時確實非常重要，但是要假裝單靠三葉蟲便能重建奧陶紀的世界，則是不切實際。雖然有幾分不情願，但我仍須承認從前我用紙板來拼湊大陸的日子已經過去。現今，這類複雜的資訊都交由電腦處理，電腦能整合各方面的資料，包括古地磁、三葉蟲、沉積物及其他的一切。電腦能處理所有的投影及比例問題，要能求出有意義的結果，電腦不可或缺：只要敲個鍵便能讓世界轉向。在電腦得出的奧陶紀麥卡托投影圖中，岡瓦納大陸被壓縮在世界底部，形狀很奇怪；格陵蘭在現今許多地圖中都呈三角形，也是由於這種投影效應所致。你也可以像二五二頁所示，以南極爲投影中心，來看出岡瓦納古陸的眞正形狀。對電腦來說這僅是例行公事。但不論是用什麼方法，要把圓形開展爲平面都很不容易，再加上我們對這些大陸的外形陌生，那就更難了。電腦復原工作的好壞完全取決於輸入的資訊品質——所謂「垃圾進，垃圾出」，不管是在這裡或在紅娘交友中心都同樣適用。眾所周知，機器會把不能匹配的陸塊湊合成對，注定不能成就好姻緣。

在本章中，我在三葉蟲的三億年歷史中挑出幾千萬年，描述了當時的世界。這幾乎就是個時代寫照（更恰當地說，是個時間片段），不過在變化無常的世界中，這也只是奧陶紀時期的瞬間，因爲這些大陸始終是在漫遊繞行全球，幾乎不曾停歇。經過了四千五百萬年，到了志留紀，一度使波羅的和阿瓦隆脫離勞倫古陸的古大西洋，已經由於隱沒作用而消失。隨後又發生大陸碰撞，結果便形成了宏偉的加里東造山帶，山脈從阿帕拉契延伸到蘇格蘭，再伸展到多山的峽灣國挪威。這次碰撞和兩億五千萬年之後，推擠產生阿爾卑斯山的過程幾乎是同樣精彩複雜。原本住在不同地方的三葉蟲，受外力強迫一起生活，動物群因地理連結而趨於一致。經過了很久，泥盆紀時盤古大陸再次分裂，大西洋沿著加里東造山運動的接合縫線開展，不過這次張裂和原先的接縫並不完全吻合，結果早期大陸破損，殘塊被留在和奧陶紀老家相距遙遠的地方：原先屬於勞倫古陸的北蘇格蘭，當時則隔著大西洋與勞倫古陸遙遙相對；另一方面，原來相距遙遠的東西紐芬蘭，如今則聚攏接合。其實在古大西洋閉合之時，海西寧海道也已經開展，橫過中歐並往東歐延伸。我們在本書的開頭就談過這片海域，這處海洋很接近哈代的三葉蟲（假定那不是杜撰的）所居住的海岸，康瓦耳的崎嶇懸崖及高貴的花崗岩，就是在下一個構造大循環時，這片海洋湮滅留下的遺跡。地球就像良心自責自行揭開舊創，誰知道幾千萬年後，亞洲會不會再次沿著烏拉山裂開？誰知道在破碎家園的召喚下，動物會不會再演化出新的物種？

要根據三葉蟲眼中所看到的整個大陸分合史來說明，還要另一本同樣厚重的書才寫得完。從寒武紀開始的五億四千五百萬年前到三葉蟲的滅絕，幾乎經歷了三億年時光。世界在這段漫長期間兩次重組，而每一次的地理重組之後，三葉蟲都會隨著新的氣候及海域的分合變化而進行調整。即使在今天，科學界對奧陶紀晚期及志留紀早期的陸地所在位置，仍然充滿爭議。當時地理的分布也還沒有定論，世界仍然可能是別種樣貌。但這已經足以顯示，演化和地理是貼頰起舞雙雙變遷，而三葉蟲則提供了變換舞伴的證據。

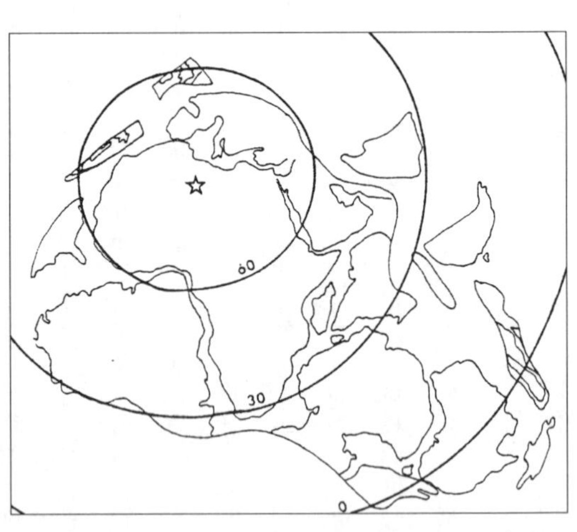

奧陶紀岡瓦納古陸以非洲爲中心的極投影圖，印度、南美洲和南極洲都清楚可辨。英國南部在當時是個小岬角，位於圖中上方。

如今我們終於有可能重建三葉蟲的世界，我們也終於有辦法看到三葉蟲結晶眼中所看到的海洋。我們能夠理解，如果哈代筆下絕望的主角能在康瓦耳崖頂的瘋狂時刻，與三葉蟲產生靈光一現的交流，那麼他也可能已經洞見了時間的深邃。奧陶紀時，三葉蟲遍及全球，從珊瑚集結成礁的熱帶海域，到兩極的寒冷海洋。極區地表當時仍然寸草不生，在暴風與洪水的侵蝕下，表面的沉積物沖刷入海，把三葉蟲殼覆蓋埋藏。最後，這些三葉蟲才在我們的鐵鎚下，透露牠們的祕密。我們可以看到如今不復存在的廣袤海洋，很少有三葉蟲橫跨數個大洋，卻有些雙眼像昆蟲的傢伙，面對熱帶風暴擴散到赤道，就像鮪魚，牠們也無視遼闊海域，跨越恢宏距離。每塊古陸都有三葉蟲棲息，數目以百萬計。海水入侵深入大陸，形成豐饒的淺海生態，特化的三葉蟲便在這裡恣意活動，各自占據生態地盤，當時在所有陌生環境中，依舊有空缺的角色，稱為生態席位，這種現象在現生海洋也經常可以看到。（三葉蟲不曾侵入淡水，眞有的話，牠們或許就能存續至今）。當時那裡有飯碗一般大的三葉蟲，好比等稱蟲，牠們會掠食小型「蠕蟲」，這些小東西不是紛紛走避，就是蜷縮成球來保命。這類相形龐大的動物，有些會用強壯的肢體抓住獵物把牠撕成小片，用唇瓣後端的分叉抵住獵物的殘骸，接著就將殘骸支解。有些種類的頭鞍適度脹大，能夠把可憐的獵物塞進底下的鼓脹胃裡（圖十九的鐘頭蟲）。像螃蟹般大的鏡眼蟲，或許能用敏銳的視覺，在昏暗的環境中找到食物。鏡眼蟲並不是原始、簡單的掘土三葉蟲，牠們都是精心設計的毀滅者。這裡有偽裝也有隱藏，多刺的三葉蟲捲起身體時就像個針球般令人無法消受；有些種類或許會用小物件（苔蘚蟲或水螅）來裝飾自己，在族群繁茂的古生代海底隱身效果更佳；有些種類在白天會將身體埋進沉積物中，只露出長柄上的眼睛謹慎張望，直到晚上才現身在海藻間覓食。住在潮線附近的厚殼三葉蟲會在海邊進進出出，觸角探尋化學訊號，來「嗅聞」食物、察覺危機，眼睛還能看出最微小的變動。這些動物能看到我們永遠也看不到的東西，例如沒留下化石的微小生物，或早已腐敗消失的飄曳海藻；歷史不見得都能完整留傳下來。

富含有機質的柔軟海底住了掘土三葉蟲，這些小三葉蟲就像寒武紀的愛雷斯蟲（二八六頁）一樣，在沉積物中搜尋可吃的顆粒，牠們在海底拖著步伐，在沉積物表面不停翻動，撿拾碎屑清除殘渣。少數幾個地方曾留下這些動物的足跡，那是牠們的肢體在覓食時所刮出的辮狀溝，有時兩邊還有頰刺所劃出的凹槽。這些痕跡就像砂灘上的腳印，大半會被抹去，下午的印記到了早上便消失在潮水中。但是如果這些痕跡在適當的時機覆蓋了大量的砂，或許就能保留下來，成爲凝結在岩層中的片刻，在時光舞曲中留下的足跡。有些掘土者還會深入挖掘表層下的沉積物，有如三葉蟲中的鼴鼠。今天，上千種像蝦子的動物也有相同的生活習性。三葉蟲的世界裡有像步兵或無產階級般的種類，在海底不停梭巡，度過短短幾個季節。這具有這類習性的三葉蟲，通常頭部下方都有活動唇瓣，方便把噁心的泥濘食物舀入口中。這類三葉蟲的外表從寒武紀到石炭紀都很相似，體形細小結實，具頰刺，頭鞍相形較小，胸部及尾部具有不少節數，牠們需要成對的附肢，才能從爛泥中濾出所需的養分。這些三葉蟲就像好兵帥克一樣，當其他更搶眼，或位於食物鏈更頂端的三葉蟲在奧陶紀末或泥盆紀末滅絕時，牠們還能存活下來。我們發現在這類三葉蟲身側總是有些咬痕，可見有些掠食者覺得牠們的味道還不錯。或許我可以下此結論：最好還是心懷希望、卑躬屈膝以求生存。

接著還有幾種濾食者，這類三葉蟲通常不會比掘土者大，但牠們的頭盾卻總比後方軀體來得膨脹突出，在頭部下方體內形成腔室。從三葉蟲的遊行隊伍中，走出了前刺如長矛的護甲蟲，以及具有布滿小孔的奇特飾邊的三瘤蟲；牠們用肢體將沉積物翻攪進入頭室成爲細緻懸浮物，然後從中吸收可利用的物質。你可以把這想成翻攪湯汁撈出麵條。這些攪動泥巴的爬行者是行動遲緩的動物，無力的肌肉只夠讓牠們在食物變少時在兩地間爬行，繼續攪動稀少的糧食。濾食者停靠在雪橇般的頰刺上，多數是瞎子，彷彿牠們平靜的世界中不須太爲掠食者煩惱。但當威脅來臨時，濾食者便將胸部及尾部縮到隆起的頭盾之下，直到危機解除。

掠食者、掘土者及濾食者可以共同生活在一個群落中。現在，如果你願意，你可以想像由各式各樣的動物所組成的不同群落，從被淹沒的大陸中心往外延伸到環繞在四周的深海。在不同的深度及生境中，一群群三葉蟲各自忙著狩獵、清除、挖掘及搜尋等工作，如果沉積物夠軟，有些三葉蟲便會把這些沉積物攪成懸浮物。到了更深且含氧量極低環境中，三分節蟲（我們在第三章描述過）這類特化的三葉蟲，就會從其他種類的手中接管這個生境；只要不因含氧量過低而悶死，三分節蟲就能一族獨秀。在海床上方游來游去的是一群生機盎然、形狀有如扁豆的球接子蟲。在昏暗的深處，眼睛便失去了功用。這裡是瞎子的領地，在這裡觸覺和嗅覺比視覺更重要，在這個黑暗世界中要依賴探觸和接收微弱訊號。每個古老的板塊周圍都環繞大陸棚，大陸棚上聚集著一群群不同的三葉蟲，各自忙著自己特殊的生計。現在我們就能理解，爲什麼會有這麼多不同種類的三葉蟲了。由於生態不同，加上地理分隔，使得三葉蟲的世界被切割成多種生態席位——於是三葉蟲就這樣變成「古生代的甲蟲」。

如果我們能划過奧陶紀的海面，就會發現當時海水嘗起來也是鹹的，在陽光照耀下同樣耀眼，和今天的海洋一樣也會遭受風暴的翻攪。海平面上冒煙的火山，是潛藏的板塊活動正在緩緩進行的證據。我們看不到尖嘯的海鷗，也看不到魚群銀白的身影。如果我們從船上撒下拖網，把撈上來的東西倒在甲板上，我們就會看到一堆蠕動的三葉蟲。一個像餐盤般大的怪東西突然疾竄到水閘試圖脫逃，牠被水面上的強光弄昏了頭。撈上來的東西大部分都是小生物，大概像甲蟲一樣大。有的背部朝下無助地躺著，肢體離水後只能無奈地胡亂拍打。網子底部有一些像彈珠的圓球，細看之下才發現這些圓球也是三葉蟲——也許是大頭蟲？——牠們將身體緊緊地捲起，因應突來的驚擾。在乾燥的陸地上，這些三葉蟲的防衛姿勢沒什麼作用，但當你將牠們輕輕地拋回水中，牠們先是像石頭般沒入海底，經過這次經歷，結果是毫髮無傷地爬走。在泥砂中還蘊藏了些很小的三葉蟲，有些就像瓢蟲那麼大，這些在泥中的盲眼小爬行者是體形極小的三葉蟲。當你在撈上來的糾結海藻中翻揀時，裡面卻藏了個美妙多刺的齒肋三葉蟲；你在裡面摸索，唉唷！你機警地縮回手指。

除了三葉蟲之外，或許我們也應該看看還撈到什麼……在剩下的漁獲中，我們發現了相當熟悉的動物：幾隻蝸牛、好認的鸚鵡螺和幾十個小蚌殼，其中還有些像蝦子的動物及苔蘚蟲類（或稱海席，是種群居動物，常在海藻上形成斑點），也有腕足類的貝殼，其中有一個種和現今紐西蘭附近的某些種類還是遠親。所以，不是每樣東西都是陌生的。若在泥巴中進一步探索，又會發現各種不同的蠕蟲，如星蟲或多毛目的環節動物。如果在顯微鏡下檢視這些泥巴，你就會發現其中的單細胞動物（有孔蟲）及細菌，這些生物從前寒武紀以來便負責處理海中的廢物。奧陶紀的海洋是陌生與熟悉的組合，我們這些漁夫急切地向網中張望，試著認出我們所知道的，也發掘我們所不知道的。三葉蟲正好介於兩者之間，屬於我們所熟悉的節肢動物，卻又具有我們會感到陌生的獨特構造。現在如果我們把船划向更深的水域並再次撒網，我們就會撈上另一網驚奇，牠們會是另外一群蠕蠕而動的三葉蟲，有些可能和前次網上來的東西一樣。大海是如此豐饒。

生物世界由許多小組件所構成，牠們在生命的舞曲下聚在一起。在大自然的舞台上，即使最小的生物也有一定的角色。在眾多繽紛的物種中，每個種都有其相關地位。小小的三葉蟲可以牽扯上整個世界。近來威爾森把各種不同的知識做了一番統合，他稱此爲「融通」，也就是在闡述人文與科學之間的關連。我們的三葉蟲故事，剛好展現了某種小規模的「融通」；在這裡，光靠著三葉蟲鑑定名單，就能和地磁學與板塊構造結合，共同描繪出消失的世界。科學之美並不僅限於抽象純淨的數學定理，在愛因斯坦、納許及海森堡這類大師，以及數論家和幾何與代數學的發明人的傳記中，我們都能看到對數理之美的讚頌；他們化繁爲簡的才智，無疑產生了極輝煌的科學成就，但是，其實綜合和分析幾乎是同等重要。基礎方程式的迷人之處，在於讓我們有可能藉著絕對的眞理推導出其他一切的事物，甚至包括我們這個混亂而複雜的世界。在研究三葉蟲的過程中，我們也在尋求不同知識領域間的結合，有如思想上的盤古大陸。或者你也可以把這想像成某種殊途同歸，就像哈代筆下的角色在生命關鍵時刻所走的康瓦耳崖頂小徑，與三葉蟲隨同古海遺跡變成摺曲頁岩所歷經的時空路途，把兩者都帶到同一個地方。我自己的足跡和本章的故事是依循相同的路徑。我們探索了三葉蟲身爲目擊者及受難者的過去，並經由牠們的見證，重建那個時代的可能世界。然後在知識互相啓迪的效應下，這個重建的世界便幫助我們更了解三葉蟲。我看不出以詩意的想法來進行重建工作有何不妥。在心智互相融通的架構下，任何東西都可能有助於我們對世界的了解。我不禁想起了崗恩的詩句（〈靈草〉，一九七一）：

> 鸚鵡、蛾、鯊、狼、鱷、驢、蚤。
> 在我的心中，滋生了那些熙來攘往的生物。

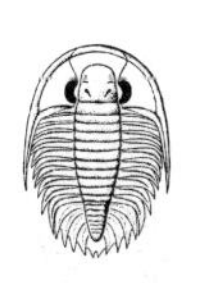

第九章　時間

我們都在和時間角力。死亡的宿命使得時間成為我們的主宰，但我們仍舊假裝自己能夠用意志控制時間：我們「騰出」時間來做事；我們稱早逝的人未能享盡天年，好像我們都會擁有一段生命和光陰完美匹配的時段，就像衝浪的人，能夠掌握浪濤前行。我的孩子提出問題時，起頭就說「在你們那個時代……？」這隱含就某方面而言，我的時代已經過去了；那是昨天的事嗎？也許吧！但為何我沒感覺呢？和一般人比起來，古生物學家有更多的理由去思考和時間有關的問題，包括時間如何測定、持續長度，以及所帶來的後果。現今我們能以原子的振動來測量時間，可以達到某些尖端科技才需要的精確度。幾十億分之一秒，也許關係到影響大腦皮質某個神經元的化學反應，和我們的日常生活或生命步調卻是毫無關係。我們的思想靈光乍現，但無論如何，或許我們最自然的生物時間卻是以一天時段為單位。當郝思嘉在《飄》的結尾時說出：「明天又是新的一天！」時，我們不會認為那是陳腔濫調。我們都認同新的一天的開始令人滿懷樂觀。法庭上的證人會被要求回憶某一天發生的事，但即使是美國的律師也不會強迫問出某一秒鐘發生的事。偉大的阿根廷作家波赫士在名為《記憶專家芬尼斯》的短篇故事中，敘述一個不幸能記得所有事情及其相關細節的人，這種對時間的精確掌握令他完全癱瘓。我們很幸運可以選擇性失憶，但這並不表示我們（尤其是科學家）可以漠視眞理；接下來我們將看到一個故事，三葉蟲學家違反了這項規則。

讀者在面對幾億年這種時間單位時，要嘛就漫不經心，不然就是手足無措。我則是以一次一千萬年的間隔揭開大陸過去的歷史；寒武紀開始於五億四千五百萬年前，泥盆紀則持續了五千萬年。一般認爲這麼大的時間尺度適用於三葉蟲時代，而年代越久遠，我們的認識就越不精確，幾百萬年的時間也就不那麼值得重視。對三葉蟲而言，人類統治地球的時間還比不上某個種的存續期。雖然這些都很有道理，但我們仍有可能避開令遙遠事物顯得渺小的時間望遠鏡，窺見三葉蟲生命中的某一天。沉積物的表面有如古生代的日記，可以記錄在某個日子裡發生的事。如果那一天能被快速掩埋起來，就有希望在後世爲人所見。

我在前面描述過三葉蟲的蜷曲行爲，這是面對威脅的反射動作，這樣形成的時空膠囊凝住了某個驚慌時刻。隨後我描述了三葉蟲如何經由蛻變而成長，牠們拋棄的外殼就是身上行頭汰舊換新的見證。有時這些殘片被丟在一旁，就像青少年把外套丟在房間地板上一樣。有些三葉蟲對蛻皮採取審慎策略，畢竟這是牠們生命中最脆弱的時刻，絕對有必要小心。這些三葉蟲不只蛻去堅硬的外殼，連肢體上最細緻的纖毛也同時褪皮。若是在平靜的海床上，這些棄置的舊殼就不會被擾動，你才得以採集到蛻殼時的焦慮不安。想像你正從三葉蟲的生命中擷取簡短片段，生命本身則是物種存續期的瞬間，每個物種的存續期又是地質時空中的片刻，你可以細細品味這特別擷取到的遠古剎那。

三葉蟲在蛻殼前，會先分泌一種特殊的荷爾蒙來軟化腹側的表皮，然後頭部的一些縫合線就會裂開，等到時機成熟，許多三葉蟲就會利用頰刺輔助，將頰刺插入沉積物中，使自由頰從頭部鬆脫（唇瓣也跟著一起脫落）。由於多數三葉蟲的眼睛都位於自由頰上，因此這個最爲脆弱的部位在初期就完成蛻皮動作，是十分有助益的。較原始的三葉蟲類眼部周圍有一圈縫合線，所以能單獨脫皮。頰部的舊殼脫落後，身體前端便出現開口，三葉蟲可以緩緩往前爬出外骨骼其餘部分，讓留在身後的頭、胸廢殼，對人訴說牠的冒險經歷。

不過，蛻殼這件事通常不像我前面說得那麼輕鬆，而且蛻下來的胸殼和尾殼多半會分散開來，有些三葉蟲還會帶著要掉不掉的頭殼爬走，牠們的甲殼就像我們穿的無袖背心，有時很難脫除。有些三葉蟲在蛻殼時會把頭部反轉過來，方便刮下頭部的外皮，因而留下的外殼頰部向一邊傾側，頭部倒轉介於兩頰間，而胸部及尾部位置正常。鏡眼蟲這類三葉蟲，頭部的功能性縫合線已消失不見，因此牠在蛻殼時經常會把頭部反轉，甚或把整個身體顛倒過來蛻皮，旁觀者會覺得牠是在做特技表演。有些三葉蟲在「軟殼」期交配，許多現生的節肢動物也是如此，這使得整個蛻殼過程更加緊張。古生代的海洋中應該充滿了能引發蛻殼、產生精子，及傳達訊息等各類的荷爾蒙。有些三葉蟲在新殼尚未完全硬化的「軟殼」狀態下死亡並保存下來，這些化石看來就像鬼魅，一種若隱若現的鏡眼蟲標本。有些三葉蟲在蛻殼的關鍵期會躲起來，我的同事查特頓曾經告訴我，在泥盆紀一個沉積物洞穴中（這個洞穴可能是其他種類動物造成的），擠了一堆正在長新殼的三葉蟲，這個洞穴原本應該能保護牠們，反倒成了牠們的葬身之地；片刻的悲劇卻又使牠們成爲化石，得以長遠地保存下來。

奇異蟲蛻下來的殼，這是寒武紀的大型三葉蟲。圖中的標本來自東紐芬蘭的中寒武紀地層。奇異蟲通常和龍蝦差不多大。圖中可見奇異蟲肥大的頭鞍及長了長刺的胸部，長刺甚至還向後延伸超過小型尾部。蛻殼時，牠的自由頰會反轉到身體之下，然後維持這個姿勢往前爬出，完成脫去「舊」皮（或稱外骨骼）的動作。圖中標本約十五公分長。（照片爲惠丁頓所提供）

我在第七章討論三葉蟲的演化機制時，曾提到過三葉蟲的個體成長。這種成長歷程標示了生物的一生，這是最密切關連的時間尺度，刻畫出生物從生到死的經歷。我們能這麼了解三葉蟲個體的生活軌跡，實在難能可貴。三葉蟲會蛻殼——也就是脫去過緊的舊殼，並重新長出較大的新殼——所以想追溯某個種類的成長軌跡，最好的方法便是找到這個品種不同大小的系列外殼。這就需要有某種特殊的環境，才能原封不動地把成體和幼體保存在同一地點。最偉大的三葉蟲學者巴蘭德（一七九九〜一八八三），在波希米亞某處採石場「一棵梨樹下」發現了這樣的地方。這片現今稱為捷克的土地上，具有豐富的古生代岩層剖面，巴蘭德則動手為這些岩層寫傳記。倫敦自然史博物館的珍本書收藏室裡，有滿滿一架子巴蘭德的巨著：《波希米亞的志留系》＊，每本都比電話簿還厚，全是巴蘭德的心血結晶，只有得到特許的訪客才能翻閱這些珍藏。對研究三葉蟲的學生來說，這些著作

偉大的波希米亞古生物學家暨三葉蟲命名者巴蘭德。

幾近於聖地。一張張美麗的石版畫圖版（巴蘭德終其一生都聘用最好的藝術家）在今天看來是如此地賞心悅目，想當初，這些圖畫一定也曾讓同時代的人驚豔不已（圖三十二是其中的一幅）。現今，即使是最先進複雜的攝影設備也不見得能做得更好。

巴蘭德不只研究三葉蟲，他也描述軟體動物、珊瑚及其他多類化石。不過，他還是投注了大量精力來鑽研三葉蟲標本，並自一八五二年開始，根據從蘊藏豐富的化石產地所採回的標本繪製圖解。到了十九世紀末期，所有專家對我們現今稱為沙卡及克雷洛夫杜夫爾的化石產地都是耳熟能詳。布拉格有處整潔郊區稱為巴蘭德夫，你在那裡還可以到「三葉蟲酒吧」喝上一杯呢。事實上，這個美麗的城市幾乎到處可見三葉蟲的影子。巴蘭德的研究生涯是在意外中展開的，他在一個星期天外出散步，在里契夫教堂附近發現了兩個皺殼齒唇蟲的尾部。他把這兩件標本帶回家，管家芭比卡**卻把它們給扔了（自古以來，通常是妻子做這種事情）。巴蘭德叫她把標本找回來，從此便注定了他的研究生涯。這兩件標本現今和他其

*在巴蘭德的年代，我們現今所稱的寒武紀、奧陶紀及志留紀，全都歸入「志留紀」。
**後來巴蘭德將一個化石蚌殼命名為芭比卡蛤來紀念她——不過以她的名字來替蛤命名，恐怕算是明褒暗貶。

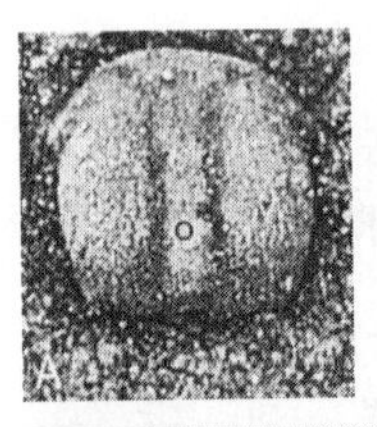

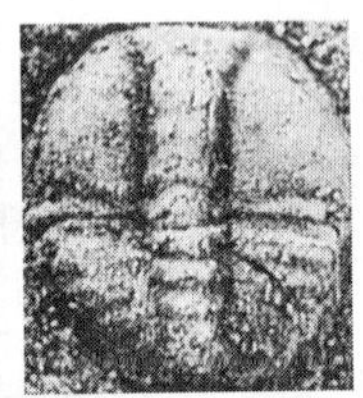

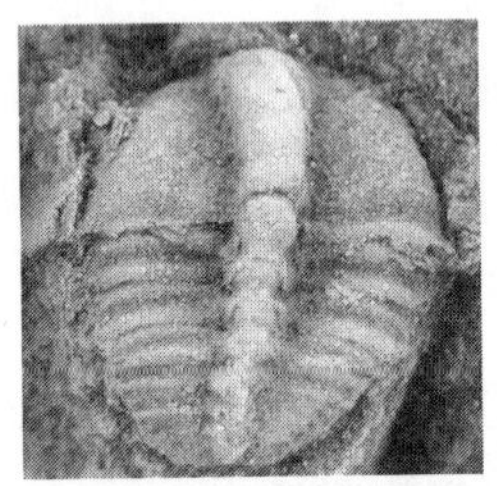

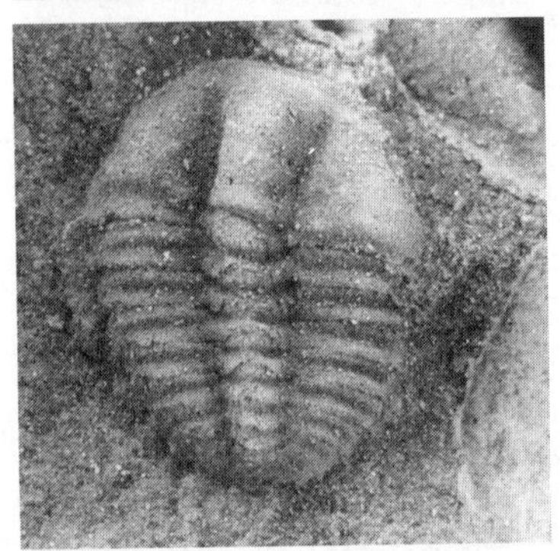

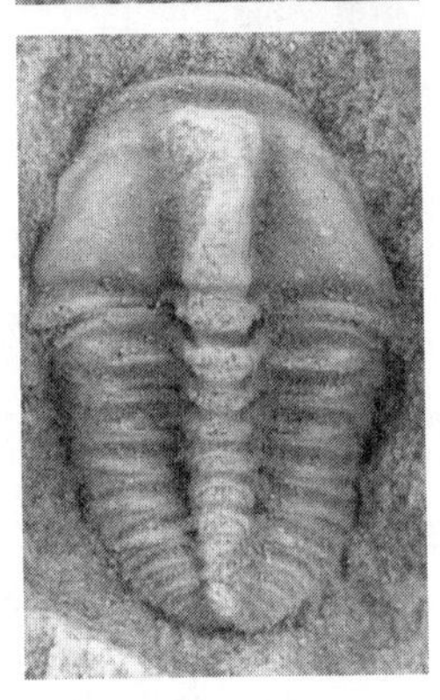

波希米亞寒武紀地層中的三葉蟲——粗面叟蟲的生長序列。左上圖是微小的幼體，或稱爲原甲。在逐漸長大的過程中，胸節也跟著增加，一直達到成體應有的數目爲止。在最小的兩個成長階段，蟲體身長約一毫米，甚至不超過一毫米。圖中所示的標本逐漸從一個胸節、三個胸節、四個胸節、六個胸節長到十三個胸節。六個胸節階段的三葉蟲身長僅超過兩毫米。圖中的「e」標示出眼睛的位置。

餘的大批收藏一起儲放在納瑞尼博物館，這是棟壯麗的柱列式建築，俯視布拉格的溫斯拉斯廣場。這兩件標本受到極高尊崇，猶如聖徒屍骨，科學家來訪時，都會被帶去同時瞻仰這兩件標本，標本前分別標示著偉人巴蘭德的肖像。巴蘭德死後一年，布拉格的泥盆山坡上豎立起一塊巨大匾額向他致敬。

巴蘭德的三葉蟲著作中，有一本描述的是如今我們稱爲寒武紀中期的三葉蟲，這本書中有張圖片，描繪某種三葉蟲的一系列圖像。這個種和我早年第一次在威爾斯聖大衛崖上所發現的大衛奇異蟲有親緣關係。巴蘭德在波希米亞發現了一個三葉蟲的溫床，其中保存了三葉蟲從初生到成體的完整生長序列。這些三葉蟲最小的幼體幾乎不比針頭大，因此，成體能長到龍蝦般大小的確很神奇。另一個種：粗面叟蟲，甚至還透露出更多的細節。我在幾年前曾造訪波希米亞斯克村附近那棵有名的梨樹——現今已經凋萎，枝上掛著零星的葉子，我懷疑巴蘭德是否還能認出這棵樹。在樹下的採石場頁岩裡，仍能發現三葉蟲的幼體。

三葉蟲終其一生不斷地改變外貌，變化最劇烈的階段則是在牠們非常小的時候。三葉蟲從針頭般大小開始，經過一次次的蛻變逐漸成長。巴蘭德發現，三葉蟲是由於胸節逐漸增多而變大，直到達到成體該有的數目爲止：假使某種三葉蟲有八個胸節（例如路伊德的龍王盾殼蟲），那麼牠的幼體將一次增加一個胸節，直到達成八個胸節爲止。此後，蟲體仍將在每次的蛻變後長大，但胸節則不再增加。三葉蟲完全不同於受到大自然設計師所眷顧的烏龜，一孵化即具備成體的完整形貌，而是在每次的蛻殼中逐步改變。當這些自由鉸接的胸節到達了足夠的數目時（我們稱此時的三葉蟲已達成年階段），三葉蟲也只長到其最終大小的幾分之一而已。在成年階段之前，三葉蟲會歷經一系列蛻變，同時伴隨「釋放」胸節：通常，越小的幼體，胸節也越少。追溯這段歷程的起點，也就是幼體大小僅一毫米左右時，三葉蟲並沒有任何的活動體節：牠的「原頭」直接和「原尾」鉸接，中間沒有夾入任何的活動節。再回溯至前一個階段，最初的幼蟲只是個簡單的盾狀物，頭尾都結合在這個小碟中，我們稱之為原甲。有些種類的原甲比一毫米還小。原甲無疑是由蛋孵化而來的，但是三葉蟲蛋化石的認定仍惹人爭議。若不是因為有明確的證據顯示，原甲和三葉蟲成體之間有一系列連續性的過渡階段，這個小東西還不太可能被認出是三葉蟲的幼蟲呢！巴蘭德所收集的原甲大多已顯露出「三葉」的特徵，特別是頭鞍的輪廓，即使在這麼小的時候也已顯露出來（許多其他的種類並不是如此）。從平坦的迷你碟狀物，變成奇異蟲這樣的大型掠食者，的確算得上是種脫胎換骨的蛻變。生命的故事從古老地質時期的岩層中流洩出來，竟和我們所熟悉的毛蟲變為蝴蝶的蛻變故事很類似。

許多三葉蟲在最早期的幼蟲階段可能是浮游性的，以微小的植物或其他動物的幼蟲為生，就像今天許多藤壺或蝦子幼蟲的行為一樣。在生命早期的某個時間點上，這些幼蟲開始定居於海底，進而展開了成年的生活。在矽化三葉蟲被發現後不久，科學家就在篩網底部的

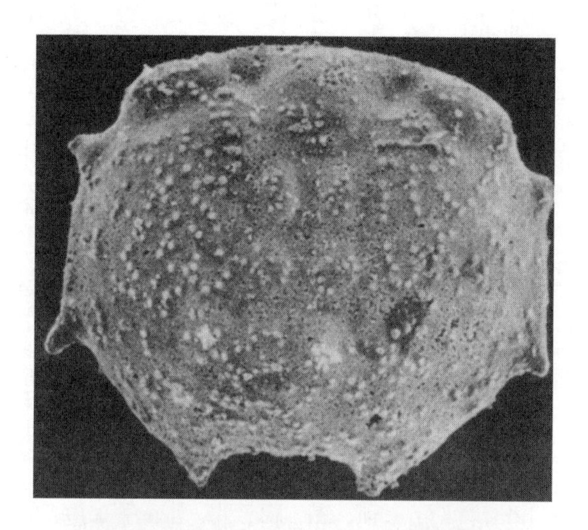

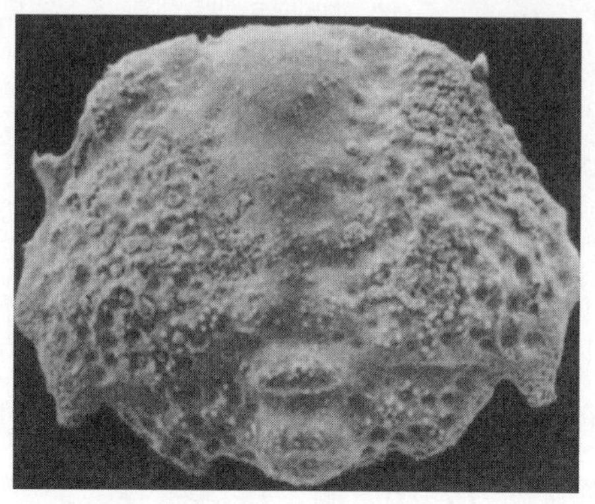

斯匹茲卑爾根的奧陶紀地層中，擬賽美蟲原甲期的電子顯微鏡照片。即使只有一毫米長，這種單一盾甲仍含有許多細部構造。下圖爲較大的幼體，已具備了原頭及原尾。

細顆粒中發現一些很漂亮的早期幼蟲。將這些幼蟲對應到正確的成體，是一件需要技巧的偵探工作，因爲這必須先找出已知種屬的漸變序列。我很幸運地在斯匹茲卑爾根的奧陶紀地層中，找到一些很完美的原甲。原甲上薄薄的石灰質外殼，由於被磷酸鈣取代而保存了下來，其細緻的程度甚至連千分之一毫米的小刺也留了下來；東西小不表示就一定平淡無奇。這群豐富的小生命中，有一兩個很像汽球的標本（而且還是長了一對角的汽球），被惠丁頓歸爲漿肋蟲的幼蟲，成蟲的外觀看來和幼蟲極爲不同。這種和龍王盾殼蟲具有親緣關係的三葉蟲，幼蟲的外表相當平滑；三瘤蟲也是如此，牠們的幼蟲都沒有未來成蟲所具備的顯著特徵。我的加拿大籍同事查特頓認爲，這些扁豆狀的小東西是爲了適應浮游生活，由不同的途徑所特化出來的，牠們的腹側幾乎全被長滿刺的原唇瓣所封住，只留下一個可容三對小肢體划水的洞隙。在淡水池塘中，你偶爾會看到成群的小水蚤（枝角目）機械式地搖動肢體，游過水草豐富的水中。我父親曾大量捕捉水蚤，擺在他的水族店中當魚飼料販賣。我對奧陶紀海洋以及其中浮游性三葉蟲所產生的視覺意象，主要來自於午後時分觀察在池塘中群集飄忽的浮游動物。和水蚤不同的是，這些像跳蚤的三葉蟲幼蟲會發生很大的轉變，並可能長成原來的百倍大。

當然，如果沒有性就不會有三葉蟲寶寶，可惜我們卻不清楚三葉蟲的性生活史。如果三葉蟲的性生活和多數的現生海洋節肢動物一樣，那麼應該是由雌性先把卵產下，然後由雄性使卵子受精。有幾種方式可以完成此一受精作用，其中最簡單的就是雄性將精子釋放到水中，讓精子自然流過水中的卵子。三葉蟲的性別很難判定，即使蟲體的柔軟組織保存了下來，也沒人曾辨認出三葉蟲的性器官；牠們也沒有像「攫握器」（某些公蝦會用攫握器抓住母蝦）的第二性徵。大部分三葉蟲的兩性差異都很小。一九九八年，我和同事休伊斯認爲，我們應該發現了幾種三葉蟲中的雌性個體，牠們的共同特徵是頭鞍的前端膨脹，而其中有幾個標本的膨脹現象特別顯著。現生的節肢動物有些也具有這種膨脹現象，這是雌性個體用來攜帶卵子或幼蟲的孵育囊。三葉蟲或許也具備了這種攜帶式育兒袋，而囊袋的位置更提高了這種解釋的可信度。

幾年前，有次我在泰國南方海邊的一家餐館點晚餐。當時我注意到他們的水族箱，箱裡是各種爬來爬去等著上桌的佳餚，裡面有隻鱟（或者牠的近親）則沒精打采地混在一群看起來較好吃的魚蝦之間。我被迷住了；鱟是現生動物中和三葉蟲關係最親的種類（一九六頁），或許可算是遠房表親。將近一個世紀，鱟的幼蟲都被稱爲「三葉蟲的幼蟲」，和原甲階段的三葉蟲也的確有幾分相似。我想這可能是我品嚐三葉蟲實際滋味的最好時機！我點了這道菜。食物端上來時，我才驚訝地發現，竟然是整隻鱟蒸好上桌，而且看起來非常倒胃口。掀開頭盾露出下面的東西（我們稱三葉蟲的這個部位爲腹邊緣），我更驚奇了，鱟的可食部分位於頭內，分量很少：粗粒的「蟹黃」。顯然，鱟的蛋是位於頭部，不像蝦子或其他甲殼類的蛋是在胸部的下方，這正好和三葉蟲頭部的膨脹位置吻合。當然這只算是間接證據，但總是遠勝於完全沒證據。至於鱟的味道，雖然我搭配大量麵條一起吃，仍然有股強烈腥臭味。我覺得三葉蟲嚐起來應該會比較甜美。

三葉蟲從幼蟲到成體的成長軌跡，稱為個體發生。所有複雜的動物都有其個體發生，就像我們從受精卵經歷捲曲的胚胎，到發展中胎兒，再成為嬰兒，這是一般人最熟悉的個體發生。我們仔細研究了三葉蟲的個體發生，產生一些意外發現。我曾描述過一種藉由控制發育時序而產生演化創新的機制。許多成體很小的三葉蟲，可能就是由大小正常的祖先提前性成熟而演變來的；對生長軌跡的研究也顯示了這種可能性。根據對三葉蟲早期生長階段的鑑識，我們發現有些三葉蟲的幼體非常相像，這表示牠們的親緣關係很近，但如果只看到外表不同的成體，我們是猜不到這種關係的。幼體能揭開傳承的歷史。但這並不是五十年前動物學所教的「個體發生重演系譜發生史」；比較恰當的說法應該是：「你可以藉由生物的幼體來了解牠們。」所以，幼體告訴我們隱頭蟲可能和鏡眼蟲有親緣關係；而愛雷斯蟲則和三分節蟲有親緣關係。在三葉蟲的世界裡，親緣關係之謎大半仍待破解，而這個繁茂的類群有可能導出一個新的分類系統。能看到三瘤蟲飾邊的發展是件有趣的事：最初僅有一列小坑疤，然後飾邊逐漸變寬，最後在上面形成對稱的點刻系統。你也可以看到，線頭形蟲的刺在個體發生過程中逐漸變長，就像小木偶說謊令鼻子伸長。惠丁頓發現，線頭形蟲即使在尚未長出胸節的幼年期也能把身體捲起來。作爲一隻三葉蟲，似乎再小都需要有防衛措施。齒肋蟲及其親緣種屬在幼蟲期便已長滿了刺，牠們從生命的開始就讓人難以入口。我們尚未發現最原始的三葉蟲（如小油櫛蟲及球接子蟲）的原甲期幼體，除非牠們在原甲期尚未鈣化，否則或許根本就沒有這個階段；牠們的生命軌跡從幼年期的最早階段就開始了。

關於胸部是如何釋出胸節的問題，我曾提過史特伯菲爾德於一九二六年證實了胸節是從尾部的前端「萌發」，而不是從頭部的後端長出。他用奧陶紀的小三葉蟲——舒馬德蟲的生長序列爲例，來說明這一點。舒馬德蟲有個胸節特別大（或稱爲大肋節），也就是成體六個胸節中的第四節。舒馬德蟲的成長方式和其他三葉蟲一樣，從微小的原甲開始，接著中間出現一條界線，把原頭及原尾分開，隨後則持續蛻變，並生出一、二、三、四、五到最後第六個胸節。當成長到四胸節階段時，大肋節是最後一節；到了五胸節階段時，大肋節仍是第四節，只是後面多了一個大小正常的胸節。成體的大肋節後面則有兩個正常的胸節。換言之，這些節是從大肋節後方加進來的，所以應該是由尾部的前端所萌發出來。我在史特伯菲爾德發表了這篇文章的六十四年之後，重新檢視了他的樣本，我發現他的報告幾乎完全正確。自一九二六年之後，他的觀察所得在其他許多三葉蟲身上也得到證實。我在一九九九年撰寫本書時＊，他已經活了將近一個世紀，大家都暱稱他爲史特比（甚至他的妻子也這樣叫他）。他在發現了三葉蟲胸節發展的基本現象之後，就從大英地質調查所的基層，一路爬升爲所

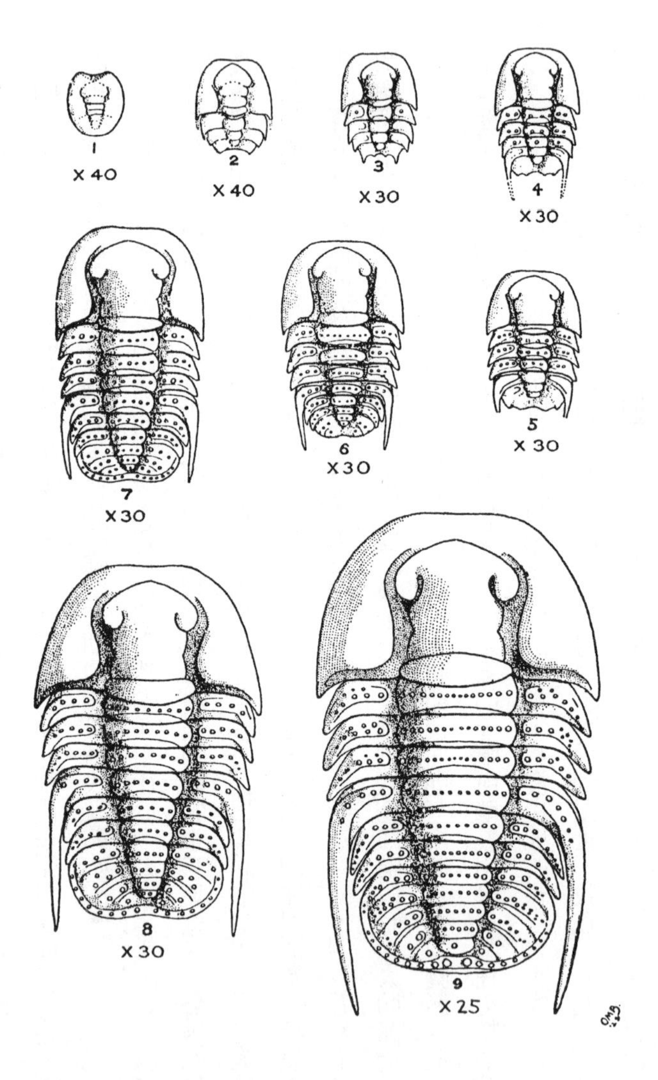

舒馬德蟲的個體發生。史特伯菲爾德爵士於一九二六年說明了三葉蟲是如何藉由尾部前端釋出胸節而成長。圖中最大的舒馬德蟲長僅幾毫米。

長，最後並受勳爲爵士。這位三葉蟲專家就憑著他對微小三葉蟲的仔細觀察，獲得了極高的地位。八〇年代晚期，我和同事歐文開始到爵士在半世紀前工作過的夏洛普郡溪谷中採集標本；當時爵士則在某處忙著爲我們找一份他早在一九二七年發表的文章複本，並在封面上用藍墨水寫著：「致上遲來的問候……」

三葉蟲的生痕化石是生命瞬間的印記，或許是記錄下牠生命中的某一餐，化石時間還能比此更短暫嗎？要知道某種獨特的生痕是由哪種三葉蟲所造成並不容易。生痕大多保存在砂質的沉積物中，而在這類沉積物中的實體化石卻很少。畢竟，如果你在砂灘上一列腳印的終點發現一具死屍，那可是非常驚人。其他節肢動物無疑也可以形成類似三葉蟲所造成的生痕，所以我們該如何指認出到底是誰幹的呢？幾年前，我曾在阿曼蘇丹國一處從未被探勘過的晚寒武紀地層（約四億八千萬年前）進行野外工作。當地的三葉蟲破碎稀少，但因爲此地是阿拉伯半島上唯一屬於這個特殊年代的地層，所以仍然值得努力研究。這裡地處偏遠，除了偶爾出現一棵孤樹之外，幾乎沒有其他的植物。砂岩及石灰岩層形成矮峭壁，所以當你要

---

*史特伯菲爾德在一九九九年過世。

追蹤某個岩層時，你可能得手腳並用，在布滿古老抓痕與足跡的寒武紀海底攀爬。岩層中的一切特徵，全都顯示出岩層是沉積在非常淺的海裡，這裡的海水偶爾會後退，水分開始蒸發產生鹽分。很少三葉蟲喜歡在這種淺水中生活。結果我們卻有令人興奮的發現，這些層面上具有美麗的生痕，更不尋常的是，這些布滿生痕的岩層中竟然含有某種三葉蟲的殼，顯然這是種喜歡近岸生活的特殊三葉蟲。我們可以把生痕和造成生痕的動物連在一起嗎？如果是這些三葉蟲造成這些生痕，那麼蟲體和生痕起碼在尺寸上會互相吻合。

一九九四年，我和著名的德國古生物學家塞拉赫再度造訪阿曼。塞拉赫是生痕化石的首席專家。我們花了幾天的時間測量生痕的大小並採集三葉蟲。我們小心地翻開岩板，一方面因爲岩板下

史特伯菲爾德爵士（右邊持菸斗者）攝於一九三六年前往謝德蘭及奧克尼群島途中，同行的是地質調查所的兩位同事。

面保存著完美的生痕鑄模，另一方面更因爲有些蠍子白天就躲在這些石板下。我從阿曼當地的東道主得知，黑色的大蠍子（和淡水長臂大蝦一樣大）還不足懼，躲在岩石下的小傢伙才可怕，後者只有黑色大蠍一半大，顏色偏黃，螫彎向一邊，像個索套。在這處空曠的沙漠中，我覺得自己和岩石遮蔽下的蠍子與三葉蟲之間具有極密切的關連；蠍子所屬的蛛形綱是節肢動物中的一大類群，包括了蜘蛛、蝨子以及這個類群中最原始的成員：鱟——我曾有幸在泰國嚐過牠的蛋。根據現今對節肢動物的演化研究＊，和三葉蟲關係最密切的現生動物是鱟，再遠一些是蠍子。所以，在阿曼的一個遙遠角落，對於蠍子和三葉蟲這兩個遠古親戚能在遙遠的時空間隔下相逢，我不禁感歎大自然造化之奇。在沙漠的清晨，你會看到一堆蠍子的足跡行過沙地，混在我們所研究的幾公分大古老生痕化石之間。塞拉赫告訴我，在泥盆紀的岩層中便已有類似的蠍子生痕。想想看，當鏡眼蟲仍十分繁盛時，我們所熟知的蠍子已經帶著牠們求生存的致命毒液出現在地球上了。如果古代的蠍子能穿越時空從岩層中爬出來，那麼牠們就會在現生後裔所形成的生痕旁邊留下類似痕跡。當我在阿曼的酷熱正午，坐在低矮發燙岩壁上，我深自領悟到過去、現在，以及恆常的時光。

我們的測量相當成功。我們發現三葉蟲殼的大小落在生痕的尺度範圍之內，而三葉蟲頭部兩邊的頰刺也和挖痕兩邊的小溝相符。塞拉赫指出，這個特別的三葉蟲似乎是在繞圈翻尋食物——有點類似清潔工在擦窗子。這種生痕甚至有個學名，叫「半褶紋克魯茲跡」，這是

「英國的巴蘭德」沙特在一個多世紀前所命名的。這種生痕最早是發現於威爾斯莫里內附近的晚寒武紀岩層中，當地是荒涼、潮濕、多山的鄉野，和阿曼有天壤之別。最後，我們在北威爾斯距離沙特所發現的生痕不遠之處，找到了形成這種生痕的三葉蟲，和我們在阿曼發現的一致。或許我們從來沒有比現在更貼近三葉蟲生命中的某個特殊片刻：一舉手一投足，歷歷在目。

接著來談地質時間。

地質時間的尺度大半以百萬年來計算，但也可以用三葉蟲來衡量。三葉蟲演化的速度很快，所以可以當成精確的時鐘來使用，而且是個獨具一格的鐘。我們辨識三葉蟲的方式，就和有經驗的古錢幣專家辨識剛出土錢幣上較不爲人知的羅馬皇帝肖像一樣。

一種三葉蟲存活的地質時間範圍，就如同圖特卡門王朝在歷史中的獨特地位。但在實務

＊這些研究是採用我們在第五章提過的支序分類法，根據針對現生及化石節肢動物所做的分析，顯示三葉蟲是蛛形類的近親，而不是原先認定的甲殼類的近親。三葉蟲擁有觸角，至於蛛形綱的其他種類或有螯肢動物類的觸角已經消失。當本書完成時，一項更新的研究指出：現生蛛形綱所共有的古怪前附肢（螯肢），可能和觸角是屬同源。

三葉蟲的生痕：半褶紋克魯茲跡。這是三葉蟲犁出的溝痕，採自阿曼蘇丹國的晚寒武紀地層，最大的標本寬度爲十七公分。

上，研究者希望能夠找出整個化石動物群，才能用不同的種類做交叉比對。我一直對地層系統的有效運作感到驚奇。我到了阿曼後幾小時內，便已揭曉當地岩層的年代爲晚寒武紀。另一次在泰國的探勘中，我將當地的三葉蟲與我在幾十年前便已認識的中國的三葉蟲做比對，從而確認這些含三葉蟲的石灰岩屬於奧陶紀——但是在泰南的地質圖中，這些岩層原本是歸爲志留紀。三葉蟲的鑑定基礎，來自於上百個「小巴蘭德」的工作成果——而且還眞的有一隻泰國三葉蟲是由巴蘭德同時代的捷克人所命名。知識要靠累積，而且得來不易。命名這些種屬，並把牠們按地質順序排入龐大的三葉蟲年代名錄中，是件非常枯燥的工作。三葉蟲這麼多，而且還不斷有新名單加入，即使窮極一生也不足以完全認識牠們。在二十五年的研究生涯之後，我對某些地層柱依舊是完全陌生。但是當地質學家及古生物學家持續努力發掘更嚴謹的眞相時，我們仍然有可能穿梭地質時光，看到三葉蟲的更迭與消長。

五億四千萬年前的早寒武紀地層中，三葉蟲迅速地展現出多樣性。當時三葉蟲的典型特徵是具有長而窄的頭鞍，通常向一端變細。北美洲有數量龐大的小油櫛蟲及許多相關的種屬，牠們的胸節很多，胸部長而尾部小；通常在一個特別大的胸節之後，身體即變得很窄。牠們狹長的眼睛伸入頭鞍，但頭上卻沒有蛻殼線。從中國分布到近東大半地區的種類大體上類似，卻具有面部縫合線，萊德利基蟲是其中分布最廣泛的一種。我曾在澳洲昆士蘭的酷熱石坡上採集到這個屬的碎片，這眞像是在烤三葉蟲。中國人以不同型式的三葉蟲作爲細分岩層的指標。也差不多就在這個年代，岩層中出現了我認爲是球接子蟲原始親戚的最早的迷你三葉蟲（例如佩奇蟲），牠們通常和鼠婦差不多大，其中某些三葉蟲具有不明顯的眼睛及三個胸節，另一些則和球接子蟲一樣是瞎子，而且只有兩個胸節。邁入中寒武紀之後，眞正的盲眼球接子蟲便經常大量出現。這類小三葉蟲在替岩層定年時非常有用，因爲牠們的分布既廣，又能很快地演化出新種。若這些三葉蟲果眞是浮游性的，那麼這應該就是牠們分布廣泛的原因。這些三葉蟲是小小的計時器，並且構造精細，可以捲成完美的小囊，全身骨片互相配合，擺出防禦姿態。

費爾德蟲，六公分長，是加拿大英屬哥倫比亞地區中寒武紀的代表性三葉蟲。

寒武紀中期的岩層除了有各式各樣的球接子蟲之外，也含有像奇異蟲這樣的大傢伙。牠們並不在海床上方高處游弋，卻顯然是潛伏在海底活動。這類型的三葉蟲也能成爲精準有用的計時器：只要你發現了奇異蟲，就表示你找到了中寒武紀的岩層。當時也有尋常大小的三葉蟲，其中有些是瞎子，例如梅內夫蟲。一個多世紀之前，巴蘭德便已認識其中的某些盲眼三葉蟲，法國、威爾斯及西班牙等地也發現了這些盲眼的三葉蟲，這些早期發現爲三葉蟲與時間的關係提供了證據，顯然牠們可以用來定出岩層的時間！盲眼三葉蟲的親戚具有正常的眼睛，可見這類三葉蟲是經過演變才變瞎的，而不是在演化上天生盲目。牠們居住在海洋深處，否則也至少是在混濁的海裡。盲眼三葉蟲的親戚有些具有單眼，包括在波希米亞保存完美的條紋褶頰蟲。這是各方面都可以算是張三李四型的三葉蟲，牠的尾部小，頭鞍向一邊漸窄，具有中等大小的眼睛及為數眾多的胸節：沒有哪一方面特別誇張。「岩層櫥窗」中最常見的寒武紀三葉蟲是條紋褶頰蟲在北美洲的同類，金氏愛雷斯蟲；蟲體或許稍寬稍小些，卻仍算是中規中矩。類似的三葉蟲多達幾十種，鑑定的工作需要高度的經驗與技巧，就連最有耐心的分類學者也不禁要咬牙切齒，而這些外表相似的三葉蟲甚至可以散布到中部或上部的寒武系地層。要辨識出現在中寒武紀動物群中的多刺三葉蟲就容易多了，這是史上第一批長成針插狀外形的三葉蟲。在此同時，尾部較大的三葉蟲也更加普遍，其中最引人矚目的是聳棒頭蟲及其近親（見二八一頁的費爾德蟲）。這是群特出的三葉蟲，牠們的頭鞍像杵一樣長，而且向前方漸寬，通常具有多刺的胸部與顯著的唇瓣。中寒武紀是三葉蟲的盛世，如果你還記得伯吉斯頁岩中還有許多其他種類的節肢動物，把寒武紀封為「節肢的時代」應該沒什麼不妥，因為這或許就是爬行肢體設計達到巔峰的時代。

球接子蟲及許多其他種類的三葉蟲，都延續至寒武紀晚期的地層。在中國，這個年代的地層裡出現了和德氏蟲有一點親緣關係的奇特三葉蟲（見二八六頁的蝙蝠蟲），具有緣刺排列方式不同的尾部，看起來像個梳子，或是某種奇特的農具。其中有個種類在中醫界稱為燕石，磨碎後可用於中藥的處方。我所碰過的中醫療法大多宣稱它能夠對抗衰老，聽起來也合理，因爲這種最遠古的藥方具有魔法般的心理暗示作用。由於醫書記載了蝙蝠蟲，於是蝙蝠蟲便成爲西方世界最早認識的中國三葉蟲。有些相關種類還分布到澳洲，有名的愛沙尼亞流亡者歐佩克便描述了各式各樣的特殊三葉蟲，採自昆士蘭中部的濱刺草灌叢下。在北美和歐佩克貢獻相當的人，是以「皮特」之名行於三葉蟲學界的帕瑪，他是眞正稱得上「不眠不休」的工作狂。他在大盆地（包括了遍布猶他州及內華達州大半地區的廣大盆地山脈區）的工作，是以意志與體力克服物質的極致展現。我曾在當地攀爬山坡，高度令人喘不過氣；如果不小心，你還可能沿著碎石坡滑落長距離回到來時路。空氣中有松脂的香味，仙人掌會出其不意地刺傷人，有時還會聽到響尾蛇嚇人的嘶嘶聲。不過那處曠野儘管有點熱，大體而言仍算宜人。從皮特爬過的斜坡上，你可以看見長在盆地中的野蒿、寥寥可數的乳牛，盆地的最低處或許還有曬鹽池反光閃爍。皮特把出露於山邊的岩石全部採盡，此地的三葉蟲提供了晚寒武紀的另一個故事，數百種三葉蟲從水平的石灰岩層及頁岩層中挖掘出來，訴說著輻射演化與區域滅絕的故事。皮特知道這些動物的一切特色，他具有無比熱忱，這是美國許多知識份子所共有的顯著特徵，而這點也無疑是他們稱霸世界的原因之一。

北美大陸的邊緣、斯堪地那維亞以及威爾斯等地的寒武紀地層中，含有不同種類的油櫛蟲科三葉蟲。我在第七章談過這類三葉蟲，牠們喜歡在特殊的低氧環境中生活，也可以作爲計時器，定出精度達五十萬年的時間。和「一九三一年八月十五日上午四點三十九分」這樣的數字相比，五十萬年似乎並不精確，但以五億年來看，精確度已達千分之一。時間的精確與否是相對的。

奧陶紀可能是三葉蟲生活範圍最廣，占據海洋最多生境的時代。三葉蟲從最淺的砂質環境分布到最深的泥質海底；牠們在充滿陽光的珊瑚礁區生活，在不見天日的深淵裡也找得到。寒武紀的部分三葉蟲科存留下來，例如油櫛蟲科及球接子類，但是奧陶紀的特殊風格，則是來自於形成整個後續族群史基礎的整批三葉蟲：手尾蟲、齒肋蟲、砑頭蟲、隱頭蟲、彗星蟲、裂肋蟲、鏡眼蟲、達爾曼蟲……等類群。若不是因爲這些三葉蟲記錄了奧陶紀及後續年代的歷史，我不會這麼囉嗦地寫出這一長串類群名稱（其中多數具代表性的屬都已在本書中提過）。熟悉這幾十個種類，可幫助你掌握地質時間，這些種類會告訴你大陸分離或蠍子出現的時間。這些名字本身已有其重要性。最能標示出奧陶紀地層的是未能存續到志留紀的三葉蟲，其中包括能夠自由游泳的三葉蟲（例如圓尾蟲屬和卡洛林蟲屬的種類），以及繁盛於海底的櫛蟲類（路伊德的龍王盾殼蟲的親戚）、精緻的三瘤蟲類，還有帶著長矛的線頭形蟲類。這裡有像豪豬一樣多刺的三葉蟲，也有像蛋一樣平滑的三葉蟲；有些比龍蝦還大，有些則比蚊子還小。大陸在此時分散，因此不同的三葉蟲也在隔離的大陸上各自發展。讀者或許可以開始領悟，當研究人員企圖了解這一切時，他對自己工作的重大意涵所感受到的敬畏。

奧陶紀末期發生了一次重大的滅絕事件，這是生命史上幾個主要的滅絕事件之一。以北非為中心的大規模冰河覆蓋，無疑地讓奧陶紀晚期的氣候急劇變冷，這可能就是生物危機的主要原因。你可以在非洲及其他地區發現冰河的堆積，而且還驚訝地發現三葉蟲就在近處，顯然有幾個種類非常耐寒，其中的刺斑蟲屬還在這個寒冷的時代廣泛分布。我曾在泰國採過刺斑蟲屬的一個種，發現牠和最早在斯堪地那維亞發現的某個種一模一樣，讓我大吃一驚。三葉蟲的計時功能可以通行世界！奧陶紀末期折損了許多三葉蟲科，其中有幾個滅絕的科（例如球接子蟲）其歷史根源還可追溯至寒武紀。我很喜愛的一些三葉蟲也是這次滅絕事件的受害者：不再有三瘤蟲，也不再有等稱蟲。我懷疑後來是否還曾經出現能夠自由游泳的三葉蟲。奧陶紀之後的三葉蟲世界已不同於以往，但倖存下來的三葉蟲很快又恢復生機。到了志留紀中期，這些留存下來的三葉蟲科又大幅度分化發展。只要稍加學習，就能認出志留紀的巴里柔瑪蟲、隱頭蟲、砑頭蟲或特諾拉蟲。牠們的普遍程度仍足以作為有用的計時器。

泥盆紀早期三葉蟲和志留紀三葉蟲的差異，遠不如寒武紀與奧陶紀，或奧陶紀與志留紀間三葉蟲之別。泥盆紀時，鏡眼蟲及其親緣種屬的發展達到巔峰，有一段時期，牠們的裂色眼還成為主流。同時有刺的三葉蟲也發展出極顯著的多樣性。部分地區（特別是今日的摩洛哥）的泥盆紀三葉蟲幾乎全都長滿了釘刺。就在我寫本段文字的前一個禮拜，我還見到一種頭鞍上長出一個大三叉戟的未命名的三葉蟲，這種演變奇特到令人費解（見三〇六頁）。再另外找到一隻，你就能確定你所鑽研的是哪一段地質時間。就其他方面來說，這隻三葉蟲不過是達爾曼蟲的另一個親戚，並沒有那麼特異。也有些種就像下頁的圖中所示，從脖子處長出像牡羊一樣捲曲的巨型角，或是一排嚇人的垂直長釘。有些裂肋蟲的親緣種屬把自己裝飾得有如中世紀教宗那般華麗，另有

蝙蝠蟲的尾部，所謂的「燕石」，來自中國山東的寒武紀石灰岩。

愛雷斯蟲，寒武紀中期的典型三葉蟲，最大僅幾公分長，頭鞍像個花盆，有十三個胸節及常見的小尾。類似的三葉蟲有數百種，本件標本來自美國西部的猶他州。

些齒肋蟲則是從奧陶紀開始便長滿小刺，就像是插了一大把針。即使是幾十年來一直在探索自然界神奇事物的動物學家，在第一眼看到這些三葉蟲時，也不由得嘖嘖稱奇。這些武裝無疑是用來自保的。是否當時新出現了一些威脅，才促成這些刺的發展？這是否和當時有頜魚類的興起有關？這些全都是表面上的關連，我們很難由此確定是哪種特定的因素導致這類結果，因爲旁邊通常還有其他的可能解釋。至於牠們對時間的標示，就不需要有特殊的理由了：我們完全可以把這些三葉蟲當成某個失落文明的奇特雕像或圖騰，代表了特定的時代，爲過去定格。

這些奇幻的三葉蟲幾乎全部都沒有活過泥盆紀。泥盆紀末期發生了一連串的滅絕事件，奪走了一個又一個的三葉蟲科。其中最重大的一次是發生在最後的弗拉斯—法門事件，能倖存下來的三葉蟲非常少，連鏡眼蟲也走上了滅亡之路。眞正留下來的，全是泥盆紀中和砑頭蟲相關而不甚起眼的家族。這些三葉蟲小而密實，大體上也沒有同時代其他三葉蟲那樣誇大的刺，部分的種類頭上長了小結瘤，但這已是牠們在進入石炭紀前最誇張的花樣了。石炭紀時，時間完全記錄在砑頭蟲類的變化上。往後我的朋友歐文要讚歎牠們的微細變化，吉哈德．韓恩及雷那特．韓恩兩位德國教授則熟知牠們的每個細節。石炭紀的早期，當歐洲大半被熱帶海洋淹沒之時，砑頭蟲類發展出了許多不同的造形，有些造形看起來很像是早期的三葉蟲，這或許是因爲牠們採行類似生活方式的結果。深水裡住著盲眼的動物；我們在石灰岩裡可以找到的標本，足以令粗心的人誤以爲是鏡眼蟲；甚至還有些種類看起來就像是奧陶紀的鐮蟲。不過外觀渾厚、密實、大眼睛，體形卻依舊較小的三葉蟲（例如粗篩殼蟲）可能仍然是最普遍的造形。我相信此時離三葉蟲的式微還早得很，牠們依舊保有創新的能力，可以重新侵入從前的生境，並返回深海。三葉蟲仍然快速演化出新造形，還是可以用來畫分不同區段的地質時間，不過，一般都同意，石炭紀露頭中的三葉蟲，已經不像志留紀時期的那麼多。哈代筆下的主人翁若是吊在奧陶紀的斷崖上，會更有機會遇到三葉蟲。顯然，牠們的王朝是正在萎縮，接下

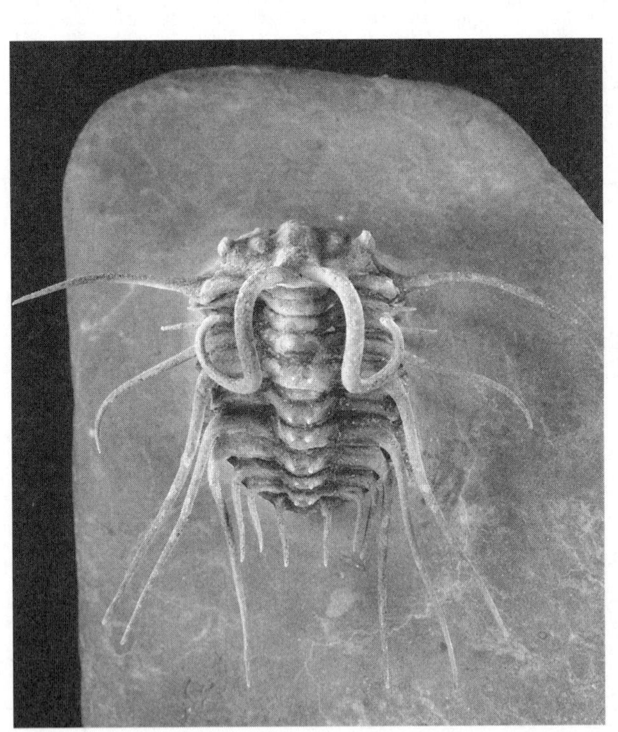

雙角蟲是齒肋蟲的多刺親戚，產自摩洛哥的泥盆紀地層，照片爲實際大小。

來的二疊紀更是如此。但是從西西里及帝汶的幾個知名地點可以看出，如果我們在兩億五千萬年前涉水穿越這些淺灘的話，還是到處都能看到成堆的三葉蟲軀體。新屬仍然持續出現，所以，即使三葉蟲已經接近末日，仍然可以用來牠們來記錄地質時間。但是，持續記錄地質時間，歷時三倍於恐龍王朝之後，三葉蟲計時器還是停頓了。

我不該給讀者一種印象，以為這段偉大的時間故事很容易閱讀，彷彿有一大套連續地層，能依序產出一個又一個的三葉蟲。其實沒幾個地方有這麼淺顯易解的地層；反倒是我們常得把到處蒐集來的時間片段拼湊接在一起。在這過程中有錯誤也有爭論，其中有些爭論還非常激烈。就連偉大的沃克特也曾犯過錯，他以呆板風格於一八八三年寫道：「在波茨坦砂岩（內華達州的一個地層）之下有個特有動物群，特色是我們可以從內含的標本看出小油櫛蟲的個體發生，從這個屬中幾個種的胚胎發育，可以證明牠們源自於奇異蟲家族，所以年代上應該比較晚。」你應該還記得奇異蟲是中寒武紀的指標，而小油櫛蟲則是晚寒武紀的指標吧！沃克特把兩者弄反了。他顯然搞混了，沒有釐清我在本章中所討論的兩個時間範疇：個體發生的時間與地質時間，他觀察到較小的小油櫛蟲似乎頗像奇異蟲，但我們對異時發生的了解，則讓我們做出不同的解釋：上述的相似性只是兩種三葉蟲具有共同祖先的結果。臆測時間要特別謹慎，因為岩層最終仍會糾正你，而這正是幾年後發生於沃克特身上的事，因為斯堪地那維亞的地質學家伯格證明：在挪威，含小油櫛蟲的岩層顯然是被含奇異蟲的岩層覆蓋，他發現這些岩層保存在未受擾動的序列裡，有如連續的故事篇章。沃克特就像他的朋友馬休（他研究新布侖茲威克地區混淆難辨的折曲岩層），虛心地重新檢視證據，然後抱持科學家本色接受事實，改變他的觀點。他並沒有試圖扭曲時間來符合他先前的想法。

關於時間的爭議不會停止，隨著知識的進展，爭論的焦點會放在更小的尺度上。我已經投入大半的研究生涯，注意國際上針對寒武紀與奧陶紀界線定義，逐漸取得共識的緩慢進展，在這個過程當中，三葉蟲計時器扮演著一定的角色。或許這個問題看起來是奧祕難解，我也見過成年人爲了生命史中的這個瞬間大動肝火。有些地點的岩層剖面雀屏中選，被視爲有希望用來定義這個時間界線，並分布於紐芬蘭、猶他州、中國及挪威等地——這些地方我全都去過。

我在中國的常山小鎮附近，親身面對了另一種時間記錄方式。我們一行人研究一段跨過爭議界線的剖面，我們坐在山坡上，採集這段重要時期的三葉蟲，當時氣候溫暖，我們就像雲雀般快樂（也許還更快樂些）。不時有些東西嗡嗡作響從身邊飛過，我卻是十分專注，幾乎沒有注意到牠們。突然間，我感到腹部有種灼燒般的劇痛——有隻大昆蟲爬進我的夾克裡了，而且肯定是由於我用力敲打的磨蹭動作而被激怒。我跳起來，這輩子見過最大隻的大黃蜂掉到地上。這種充滿毒液的巨大生物要如何起飛並在空中盤旋，實在令人費解。我越來越痛，並試著向我們的翻譯說明我的緊急狀況，她聽不懂「大黃蜂」這個名詞，我用手掌模擬拍翅動作並發出嗡嗡聲音，然後做出刺到側邊的誇張動作。於是她親切地笑著說：「啊！蜜蜂！不會很危險的！」接著我只覺得四周的稻田在我眼前晃盪。幸好我的朋友伯頓看到了整個事件，也終於讓我們的主人了解，我是被那種飛行巨怪螫到肚子。接著，一位非常強壯的美國人米勒，小心地揹起我走上了縱橫交錯的狹窄田埂，走回馬路的過程歷經考驗。在神志清醒的片刻，我記得我從米勒的背上望向長滿菱角的小池塘，心想：「我的大限到了。」我個人的生命顯然就要葬送在中國的中部，就爲了探尋只有我和少數幾十個人感興趣的問題。這是我對四億八千五百萬年前另一時刻的探尋。瞬間我便了解，面對地質時間，自己是多麼微不足道。

幸好我及時坐上了一輛越野車，車子迅速把我送到常山。在一九八〇年代早期，在這個偏遠的小鎮上出現西方人就足夠引起騷動，地方上的人全體出動，尾隨我癱平的身體來到「醫院」——原來那是棟窗上沒有玻璃的簡陋建築，幾十個腦袋便從窗外伸了進來一探究竟，那是他們一生中最精采的經歷。我幾乎什麼都不記得，但是據說那時傷口已經腫得不像話，他們把刀子消毒，切開腫包，用力擠壓大量放血，然後就敷上一片含有磨碎藥草的濕布。我的醫生自信地點點頭，並經由翻譯說：「我們這裡用的是傳統中醫加西醫的療法。」他給我一片阿斯匹靈（西醫部分）及一大罐藥草製成的大藥丸（中醫部分）。果然靈驗，兩天後我已經能夠起床走動。說來奇怪，這次意外還讓我有些丟臉，因爲當我復原之後，著名的中國老教授盧衍豪跟我說：「我看過這種昆蟲很多次，你是第一個被螯的人。」他想了一下補充說道：「此外或許還有些農夫被螯。」我回到倫敦之後，把我的遭遇告訴自然史博物館的黃蜂專家，他說：「眞希望你把那隻該死的大黃蜂帶回來，我想我們的收藏裡還沒有那種東西呢！」

科學有賴於誠實的報告。如果本書在先前的故事中有一點點誇張，或爲了娛樂讀者而加入些許杜撰情節，都沒有太大關係——不過我向你們保證我盡可能清楚地回憶每一件事情。但科學不能容許故意誤導；如果這種欺騙是爲了達成個人的成功就更不可取了，而「狄帕特事件」顯然就是如此。

狄帕特是二十世紀初受雇於法屬印度支那地質調查所的年輕地質學家，當時越南還是法國的殖民地。那是地質探勘的英雄世代，科學方法解開了阿爾卑斯山及喜瑪拉雅山的許多複雜問題；確實，整個地球的構造似乎就掌握在聰明大膽的研究者手中，因爲研究這個問題的最主要工作，便是探索未知的處女地。而狄帕特無疑是位具有天分、勇氣又精力充沛的地質學家。他是攀登阿爾卑斯山的高明專家，沉迷於攀登常人到不了的山峰以收集資訊，並有天賦能將收集來的資訊綜合出複雜的三維岩層構造。他也是個有本事的古生物學家。在今天，我們幾乎看不到這種通才。他同時還是位靠天分與努力，從平凡的中產階級力爭上游的人；他可以說是我們這個時代的英雄。在階級至上、菁英主宰的法國，這是很大的成就。爲了成名，狄帕特被迫要到法蘭西帝國的邊陲地帶工作，而即使在那種地方，原本占有地盤的人（例如他的勁敵兼上司蘭特諾），也全都出身法國的菁英教育系統，他們瞧不起圈外人。但狄帕特仍於一九一二年名揚世界，他在野外不屈不撓地努力工作，證明了在歐洲所發現的地質構造也可以應用於印度支那（中南半島）的褶曲岩層上。更令人矚目的是，經由其中所含的三葉蟲，那個遙遠國度的岩層年代，可以認定爲奧陶紀。那裡的岩層含有最早由巴蘭德命名，並發現於布拉格附近地層中的種：還有什麼證據會比最偉大的定年者所描述的種更紮實呢？現今我們稱這些種爲荀氏狄恩蟲，還有同夥達爾曼蟲及美豔美女神母蟲。前兩個種常見於波希米亞奧陶紀晚期的利特那層中，牠們相當普遍，年代久遠的收藏館大半都有這種標本藏在抽屜深處。美豔美女神母蟲產於維尼斯層，較爲稀有，但也很有名。顯然這些早期建立的可靠三葉蟲計時器的分布範圍很廣。這些採自越南的標本是由狄帕特的同事——調查所的一位古生物學家曼舒所描述的，並於一九一二年及一九一三年發表於地質調查所的刊物，狄帕特的聲譽幾乎是無懈可擊。

但是疑竇出現了，曼舒開始對狄帕特心生警覺，蘭特諾更進一步指出荀氏狄恩蟲及同夥達爾曼蟲這兩個化石種的鑑定雖然沒有錯，但這完全是因爲牠們正是來自波希米亞的標本，卻謊稱是來自於印度支那永省附近的努亞馬，這些標本是「移植來的」，是謊言，是欺騙；引述亨利在一九九四年對事件報告所用的含蓄措詞，標本是「外來的」，其眞實性可議。如果確有其事，這種欺騙就破壞了科學必須誠實的金科玉律。狄帕特強力為自己辯護，並將所有的指控貶抑為一種毀謗。或許他也精準地直覺到，能力較差，但社會關係或許較好的蘭特諾憤恨他在地質界竄起。畢竟，蘭特諾才是使印度支那地質調查所在科學界取得一席之地的人，結果榮耀卻大半歸狄帕特。千萬不要低估憤怒的力量。但是當機構內部的一項調查由法庭接手，當法國地質學會也牽涉進來，並徵詢所謂學術巨擘的意見時，情況就變得對狄帕特越來越不利了。官方派出一支探勘隊來到努亞馬找尋狄帕特採到的標本，結果卻一無所獲。狄帕特拒絕讓調查委員會看他的野外筆記，於是他的罪名成立。當時有數萬法國青年在戰壕裡被屠殺，而法國的司法判決則是以牛步前進——因為印度支那殖民世界是另一個時空。祖國的最終判決信件於好幾週之後才由海路傳來。對於瀕死之人而言，時間越來越急迫，但蘭特諾對狄帕特的緝捕，卻是跨越遙遠距離緩慢地進行。最後狄帕特是毀於曾經造就他的地質學家手上；巴黎地質學會的首席，一度支持狄帕特的特米爾教授很不情願地終結了狄帕特的聲譽。著名的法國地質學會委員會一致認為，那個來自努亞馬的三葉蟲是假的。曾經讚譽過年輕的狄帕特的同一群人，如今卻葬送了他的名譽。狄帕特在一九二〇年十一月被解職了。你不得編造有關三葉蟲的謊言，也不得編造有關時間的謊言，因為謊言終究是會被拆穿的。

不過狄帕特的名聲尚未完全破產，他經過一段時間療傷止痛之後，寫出了整件事情始末。他以《狂吠的獵犬》作為這本眞人影射小說的書名，其中你會看到他到越南的故事，他和蘭特諾與曼舒的關係，以及他如何挫敗的詳細過程，幾乎沒有任何掩飾。當然這僅是片面之詞，但仍有某種程度的眞實面相。今天的讀者無法不同情這位圈外人，他慘遭褊狹的特權機構污蔑。一九九〇年，杜蘭德加在法國地質學會的一次特別會議中大膽試圖爲狄帕特平反，顯然他相信，狄帕特是被嫉妒的同事所「設計」。這是狄帕特在幾番反覆之後所採取的最後辯護，這簡直就是部精采的當代心理驚悚小說。在地質學的其他領域，狄帕特的眞實貢獻無庸置疑；而且試問，有哪一個被貶抑得那麼慘的科學家還會有寫小說的天分呢？

但問題仍在於：他到底有沒有做假？除此之外，堪爲楷模的古生物學家曼舒，不太可能只因爲怨恨就逾越了他的道德標準。此外，在一九一三年發表的文章中，爲可疑的苟氏狄恩蟲頭鞍照相的是狄帕特本人。如果他眞是無辜的，爲何要拒絕交出野外筆記，啓人疑竇？同樣的，你也許會疑惑他在事業往上爬升之際，怎會以這麼愚蠢的欺騙手法來危及前程。難道他耽溺於無所不知的感覺嗎？難道是他的不安全感，讓他覺得必須渲染事實，好吸引世人更多注目嗎？不論答案爲何，作爲一個地質學家，狄帕特是徹底完蛋了。

幾年之後，狄帕特以小說家威爾德的身分展開了他的另一段生涯。威爾德寫了《狂吠的獵犬》這本小說。明眼人或許很快就能察覺威爾德與狄帕特之間的關連。他接下來的幾本小說讓他飽嘗成功的滋味，其中有一本書還被提名角逐法國的龔古爾獎。他的文筆也讓他掙得足夠的安家費用，同時，他還回到了他的舊愛：青山的懷抱，他成爲一位了不起的登山家，庇里牛斯山的專家，以及率先攀上幾座極具挑戰性的山峰的先驅。就我們所知，他不再寫作與地質學有關的東西。最後，青山於一九三五年的三月奪走他的生命。說來奇怪，他曾寫過一部小說，其中詳細描寫了有關登山失足（也就是他後來的死因）的情節。在他死後，威爾德和狄帕特的關連才終於被揭露。

他的故事和本書開頭所提過的《藍色雙眼》中的一幕具有耐人尋味的對照性，兩者都提到虛構的三葉蟲。哈代吊在崖上的主人翁所面臨的死亡，反映在三葉蟲的眼裡；狄帕特則在三葉蟲毀了他之後失足而死。在哈代的虛構故事裡，康瓦耳石炭紀的三葉蟲被小說家拿來提高戲劇效果，而這位小說家的聲譽至今不墜，沒人會因爲他虛構出三葉蟲而認爲他不應有此聲譽——小說家的工作正是要激起這類想像。狄帕特則在不同的情況下虛構故事而使自己蒙羞，他應該遵循科學的準則才對。不論我們如何惋惜這場悲劇，痛惜天才被浪費，或是對迫害者蘭特諾的惡劣手段如何反感，我們都明白，整體科學進展並不是依賴狄帕特所被指控的作爲。如果一個科學家所說的有百分之七十八是眞話，他仍不值得信賴，關於這點是毫無妥協。否則我們要怎樣分辨，其中哪些部分是做假的呢？狄帕特經過一次重大轉折成爲小說家，他甚至還可能很欣賞哈代的作品。如果他以威爾德的身分讓三葉蟲扮演虛構角色，就不致招來批判。很難再找到別的故事，能比這「雙蟲記」更精確地描繪出科學與藝術的虛構角色之間有何不同。兩種角色的差別是：哈代就像所有藝術家一樣創造了自己的時空——小說中的天地，讀者只要願意都可以進入書中世界，書中三葉蟲的正確性只是巧合，就像哈代錯把牠當成石化的甲殼動物一樣無關緊要。反之，狄帕特對時間的聲明則等於是種誓言，要能遵守培根在《新工具論》（一六二〇）一書中所寫下的明確信條：「如果任何人眞的渴望拓展新發現，而不是習於舊想法；眞的希望能起而行征服自然，而不只是空而言做敵意批判；想要力行求得明確可證的知識，而不只是或可成眞的有趣理論；我們歡迎他以眞正科學門徒的身分加入我們的行列。」假借欺騙手法來產生「明確可證的知識」的人並不是「眞正的科學門徒」。想像力是藝術與科學進步的根源，但藝術家沉醉於創作，而科學家則專注於探索。時間不但考驗藝術眼光的品質，也同樣考驗科學發現是否歷久彌新。

第十章　見證

大多數科學家都在小小的角力場奮鬥。看看時下對科學發現的描述，你會認爲這些穿著白色實驗衣的男男女女都在嘗試解決統一場論，或是在判定癌症的遺傳基礎，再不然就是在建構關於意識的神經學理論。科學研究有上千種不同領域，卻只有少數能達成劃時代創舉而贏得諾貝爾獎（或「斯德哥爾摩之旅」，這是我在無意之間聽到一位知名皇家學院成員的說法）。不過，科學工作是相互關連的，就像個蜘蛛網，對結構中任何部分的動靜都十分敏感，脈絡糾結會使整體強韌。三葉蟲同樣也牽連許多重大的科學議題，例如物種是如何崛起與滅亡；寒武紀「演化爆發」（或非爆發）的本質爲何；我們所認識的生物世界是如何產生；還有古大陸如何分布等。研究者很可能得投注長年心力在他的研究議題上，在工作領域裡僅有十幾個同僚認得他，支持他努力不懈的是對工作的熱愛，然後，在完成一些跨領域的鏈結後，他或許會突然站上最前緣，頭頂桂冠接受褒揚，獲得頒獎人的讚美。就像寓言所說（不光是指三葉蟲）：凡是眼睛能見的，都將爲他見證。美國東岸一所迷你大學的生物學教授：露絲．杜威及比爾．杜威，幾乎是孤軍投入研究，對象是微小、短腿的緩步類節肢動物。這種生物常見於青苔下，可能很接近原始的節肢動物。根據牠們的頭部重要特徵來推測，緩步類節肢動物極可能和寒武紀早期的某些化石有關，再加上能判定演化關係的先進分子技術，於是這些小生物便從邊緣身分變成了關鍵角色。節肢動物是已知種類最多的動物；杜威夫婦多年來的耐心觀察，突然之間和節肢動物的各種重大演化議題產生了密切的關連。

科學生涯的妙處，在於每位誠實的研究者都可以在知識體系上留下永恆的貢獻。或許只有少數後繼研究者會記得他們，但是他們的貢獻卻有其價值，就算連名字都沒有留下來也一樣。我們沒有必要成爲有重大影響的少數名人。我知道在布拉格以外，聽過偉大的波西米亞古生物學家巴蘭德名字的人，還不到萬分之一，而他卻是三葉蟲學界的重要人物。這不打緊，他的功業留存在地質時間裡，也留存在故鄉的地質圖上。只要學者稍微深入一點探究，很快就會發現有上百種重要的化石是由巴蘭德命名的。接著他會發現，巴蘭德也會犯錯，最明顯的錯誤就是：巴蘭德是根據錯誤的岩層對比，提出有關波希米亞地區他家鄉附近化石出現順序的論述。這不打緊，錯誤不會被併入知識體系，但是當史學家追溯知識從最初的概念，到被接受爲定論的複雜過程之時，錯誤就成爲他們玩味推敲的素材。最後研究者還會發現，巴蘭德是個挑剔追求完美的人，他一生致力鑽研波希米亞古生代岩層的豐富內涵，還以管家之名爲一種蚌殼命名。普魯斯特以纖細偏執的心靈，創造了最長也最偉大的小說；同樣地，巴蘭德也奉獻一生要實現憧憬，非常偉大的憧憬。巴蘭德和普魯斯特同樣也住在市區公寓，由一位獨斷的管家照料。科學基本上也是種人類活動，免不了也攙雜了凡人的謬誤與怪癖。科學家的故事和一般人的故事一樣，也帶了有趣的八卦瑣事，但眞理體系不會在乎巴蘭德是聖徒或罪人，是變裝癖或主張道成肉身論，只要他誠實就好。

某方面的不朽或可企及，不論是以哪種不尋常的方式呈現；因此知識份子才會受到科學吸引，成爲追尋生命意義的一種途徑。在我們這個世代，死後永生的承諾已不再具有說服力，如果道德的價值就是道德本身，那麼科學的價值還額外承諾了永恆作爲回報。最表面的永恆，是結合了新發現和發現者姓名的標籤式永恆，例如庫賈氏症、艾斯伯格症候群、海森堡測不準原理及哈雷彗星。在生物界或古生物界，新種命名者的姓氏則永遠和這個種的學名連在一起，例如卡氏斜視蟲（*Illaenus katzeri* Barrande），或平滑伯泥巴比蟲 *Balnibarbi erugata* Fortey）就給予我和巴蘭德兩人一種小小的不朽。其他科學領域或許不是那麼明顯，卻也有類似的回報。死亡無法避免，但個人的盛年發現，卻有可能凌駕肉體腐朽。

我發現科學創新歷程，可以用三葉蟲來權衡並清楚說明。核子物理或生理的研究領域，有數以千計的科學家，他們推動發展並經常促成知識革新。我聽說這些領域的期刊文章，在十年之內幾乎都要過時；鑽研這種領域的人會發現，要隨時跟上研究的潮流非常困難，更不用說去全盤擁抱他們豐富的過去了。只要能趕上同儕，歷史通常會被丟在一旁。同時他們還必須把研究重點放在學科中的一小部分，因爲他們所面對的問題非常專門，競爭又非常激烈，只要稍不注意，成果就會被別人捷足先登。相對而言，三葉蟲的研究步調容許我們有暇全面探究歷史，我們會發現要和十七世紀的路伊德博士、十八世紀的林奈同輩，或十九世紀的沃克特和巴蘭德產生連繫都非常容易。最近一百年的發現和過去一脈相連，不是平順規律的進步，而是一種不規則的跳躍式進展。惠丁頓對於三葉蟲幼體的發現，顯然是建立在詹姆士史特伯菲爾德爵士及比徹教授等前輩所打下的基礎之上。我們不時和我們的過去保持連繫；圖書館則是我們向前人致意的地方。我們的文獻從不會眞正過時。三葉蟲或許是位於科學知識網的邊陲，但仍和靠近網絡核心的學科一樣，也感受到相同的脈動，對相同的刺激做出反應。歷史告訴我們，「過去」也是會變的，一旦產生新的發現，我們就會重寫歷史的「眞相」。古生物學家的工作就是重新創造過去，沒有別的工作比這更需要科學想像力了。

有些人還是認爲科學與藝術是對立的，他們認爲前者重剖析，而後者偏創造。由小說家兼政府高官史諾所提出，風行於五〇年代的「兩種文化」一詞便蘊涵了這種態度。史諾的這種概念由來已久，至少可以溯及神祕主義詩人兼藝術家布雷克，以及十八世紀時，對英國皇家學院和西方其他學院所倡導的實驗主義抱持反對意見的人。他們暗示藝術家透過想像創作所領悟到的眞理，比偏執的歸納主義者爲了研究蝴蝶而卸下牠的翅膀所獲得的更多。這種批判態度更完全展現在愛倫坡的這段詩文之中：

科學！你是舊時光的產物！
你凝視的眼神改變了一切。
為何你像兀鷹般，揮著晦暗現實的羽翼，
如此困擾著詩人的心？

古生物學是「舊時光的產物」，否則就什麼都不是了。我在全書中以三葉蟲「凝視的眼睛」的意象，作爲了解三葉蟲世界的關鍵，我也特意把這個意象連結到科學家在復原化石的生命時所做的觀察：對眼凝望，目不轉睛。我們藉觀察而學習，但我也把我描述過的每樣東西都當成詩作素材。就算是最微小的科學發現也令人欣喜，而被揭示的眞理則像熱帶鳳蝶一樣泛著綺麗的虹彩。

那麼，爲何現實中有這麼多人對科學或科學家抱持兩面矛盾觀感呢？他們心中對科學家有幾種印象。首先是電視廣告所傳播的刻板印象，我稱之爲「精神錯亂型科學家」，他的頭頂光禿，耳朵上方則是毛髮茂密，他的臉部不時抽搐，其頻率足以趕走蒼蠅。這種象牙塔科學家產生最新發現時，就會興奮得倏忽來去，這個發現通常是種難以理解的小巧器物。他們穿著寬大的蘇格蘭粗呢夾克，胸前還有根螺絲起子伸出口袋。象牙塔科學家總是戴著厚重的眼鏡——也不知道爲什麼，他們總是要得近視；根據統計結果，近視和智力也確實具有顯著的相關。象牙塔科學家的體格總是那麼虛弱。有種奇怪的假設是，腦部發展會妨礙肌肉發育；就好像腦部本身是某種寄生物，需要身體供養，因此一旦頭部擴張，二頭肌和胸肌就會萎縮；細瘦的身軀長了一顆大腦袋，就是假想中象牙塔科學家的標準外形，就像是頂了個計算機的竹節蟲。小偵探故事書《丁丁歷險記》裡的怪教授涂納思，就是象牙塔科學家的典型：他和你預想的一樣聰明，卻總是手足失措。他缺乏普通生活常識，沒有能力打理日常瑣事。他的發明總是要帶來災難，攪亂自己的生活。然而，卻始終沒有人懷疑，涂納思教授的心臟是否生錯位置。他的發明絕對不會讓人失望——總是要化不可能爲難以逆料。如今的電腦怪胎或許更可以和象牙塔科學家相提並論，他在鍵盤上肆意操控電腦，就像鋼琴家自信滿滿地演奏。這樣嫻熟的電子操控，是會產生出美麗的仿製機器人？還是時光機器？

大體上來說，愛倫坡筆下＊的科學家卻更爲邪惡，或許是冷酷解剖無辜動物的人，也許是位基因工程師，再不然就是像科幻小說家威爾斯所寫的《莫洛博士島》一書中那個拼接生物器官的人。這個故事曾改編爲好幾部電影腳本，故事中有個博士以恐怖的異種器官接合，在小島上造出一群動物。但是，過去威爾斯故事中的恐怖想像，如今幾乎已經有可能辦到，卻也沒有那麼邪惡。我們不再認爲植入豬的心臟會使接受移植的人像豬。但是當威爾斯指出，科技脫離道德束縛所可能面臨的問題之時，或許已經加深了科學家的邪惡形象。然而，二十世紀中葉出現的納粹時代，卻比威爾斯最殘酷的惡夢還要暴虐，在那個變態社會中，加害者不只是愛倫坡詩裡「帶來晦暗現實的兀鷹」，因爲他們比吃腐肉的機會主義者還要更惡

＊愛倫坡本人曾對天文學及生物學領域貢獻了一些他的科學見地，但其他人反應冷淡。他對科學家的偏見多少和他個人的痛苦遭遇有關。

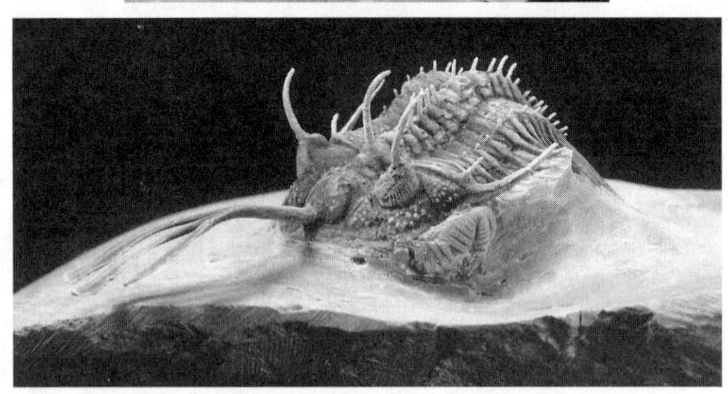

具有三叉戟的三葉蟲，來自摩洛哥泥盆紀地層，目前尚未命名。

毒。科學家是和藹的或駭人的，這個形象反映了外行人眼中對這個角色的模糊概念。就一方面，大多數人都認爲科學家無所不能，每週都有「突破」。另一方面，一旦計畫成功，加上其中所用的深奧術語，卻又會引發一種排拒感，深恐會被「他們」牽著鼻子走，所以庫柏力克的電影中才出現一個「奇愛博士」，或者○○七電影裡嘶嘶起泡的實驗室，好讓詹姆士龐德把它徹底毀滅來拯救天下蒼生。

然而，三葉蟲和這些指控全都無關。我覺得古生物學家還比較近似「涂納思教授」，而比較不像是「奇愛博士」。儘管我努力嘗試，仍然想不出極權政府利用三葉蟲科學家來壓迫人民的情節，諸如「啊哈！龐德先生！你剛好趕上，來看三葉蟲興起和人類滅絕的一幕！」據我推斷，百分之八十的科學研究都和三葉蟲一樣，並不涉及道德層面。說也奇怪，正是因爲這類研究完全無害，研究者才不容易籌募經費；而不愁經費贊助的，卻都是和軍事或醫學相關的研究。

所有的現代愛倫坡都搞錯了！眞正的晦暗現實是：就在會計師用電子工具盤算的過程中，短期無法產生市場價值的研究工作會發生經費籌措問題。價值應該以長遠的眼光來衡量，舉例來說，魅力無限的恐龍就是由科學家率先付出無數的心血才拼接出來的，有時研究過程長達十年：挖掘、整理、拼湊碎片，最後才在骨架上添加血肉。想想看，如果暴龍還沒有被發掘出來，有多少孩子的生活會爲之失色。若是把恐龍電影、書籍與其他上百種通俗的

「副產品」計算進來，連這種嚴謹的科學工作，到頭來還是能獲得經濟報酬。

我猜想，或許有那麼一天，旁邊所示的具三叉戟的三葉蟲，會激起孩子心中的片刻奇想，使他游移不定的志願，因此轉向科學研究，並致力鑽研尚待發掘的各種奇妙事物。三葉蟲甚至還有可能啓發詩人的想像力，從而顚覆愛倫坡對科學的意象：兀鷹也能像老鷹一樣優雅自在地翱翔。

你也永遠不會說：目前我們知道的已經夠多了。我們已經認識了十二種恐龍——爲什麼還要知道第十三種呢？世上的三葉蟲不是夠多了嗎？我對以上的回應是：研究永無止境，我們也永遠無法知道，在下一個絕崖上，或下一塊頁岩中蘊涵了什麼東西。我的三叉戟三葉蟲是個夢——不該存在的怪物，結果牠卻出現了。如果這個世界不曾被人探索，那會是多麼貧乏。我想，未來還是可以發掘出更多這類事物，就算那只是事實吧，卻還是要讓人感到興奮。也許某個幸運的傢伙，竟能發現三葉蟲幼蟲的肢體，讓我們了解幼蟲和成蟲的生活方式有何不同。不知道未來是否會有人發現前寒武紀末期的三葉蟲祖先，歷經時光考驗保存下來？我們是否能解開這個創新時代之謎，就像當初沃克特調查三葉蟲的肢體之謎？愛倫坡所指的「晦暗現實」，並不像狄更斯小說《艱苦時代》中的人物——葛雷德格林所篤信的唯物現實，反而是能夠讓想像起飛的翅膀。我希望我活得夠久，能夠看到這些謎團得解，而且就算是等到那一天，我也絕對不會高喊「夠了！」

要透視知識網路在未來會產生那些鏈結就比較困難，因爲這要看其他十幾門學科的進展而定。但是根據過去豐富的例證推斷，我相信知識的鏈結仍會繼續進行。雖然股票市場有句話：「過去的表現不能保證未來的獲利」，但事實是，在過去一個多世紀裡，這類股票始終都能產生回報，所以這依舊是妥當的投資管道。我可以想像，將來物理學家會去研究三葉蟲的視覺光學原理，於是我們會更清楚認識三葉蟲的視覺機制。牠們也會用純樸的眼睛，清楚凝望消失的世界。我們會仰賴分子生物學研究結果，來了解三葉蟲的現生親戚的相互關係；我們會知道該對這些生物的解剖構造提出什麼問題。當然我們也會更了解三葉蟲是如何蛻殼；目前已經開始運用電子顯微鏡來探尋最纖小礦物晶體的細部構造。或許我們會發現，三葉蟲殼中所含的微量元素

來自英國烏斯特郡德利鎮，志留紀地層中多刺的克特勒蟲，約兩公分長。（照片爲西維特提供）

有如古海的監視器，猶如採自現生生物組織的污染成分，拜現代科技之賜，我們還能精確測出含量爲十億分之幾的數值。我們也會有把握精密測量地質時間，而且其程度還足以扭轉歷史。除了作爲計時器的功用之外，我們也會探究三葉蟲在較短時間尺度下的演變，隨後我們也會針對演化機制產生新的洞見，足以讓不幸的考夫曼產生興趣。作爲生命史的試驗素材，三葉蟲將扮演「古生代的果蠅」。

這些都是有可能達成的夢想，而且我知道沒有比追求這種夢想更美妙的事了；追求眞理是人性中的美好部分，而三葉蟲對研究者的回報，會比金錢更有價值，比虛名更實際。

致謝

我首先要感謝三葉蟲學界的權威惠丁頓教授，他讓我進入三葉蟲這一行，並慷慨地提供了相關照片。哈斯教授、查特頓教授、克拉克森教授、李維塞提教授及西維特博士、歐文博士、尤契爾遜博士、魯斯頓博士以及自然史博物館都大方地提供了其他許多照片，使得本書增色不少。高德溫提供意見與支持，我感謝她對書中每一頁的貢獻。考克斯讀了我的初稿並提出建議，使得本書能更加完善，我的妻子則細心地修定校樣。我還要感謝梅樂西的技術協助。漢斯及韋伯幫我翻譯德文資料。哈波柯林斯出版社的派克及費雪維克則不斷給予我鼓勵，派克還特別指出並修正了許多的小錯誤，並以無比的幽默應付複雜的出版問題。我有好幾次快要撐不下去，幸好八點零二分從漢利出發的通勤伙伴適時給我鼓舞。如果沒有世界各地三葉蟲專家的努力，就不會有本書，可惜我無法在此一一列出他們的名字。

延伸閱讀

Kaiser, Reinhard, *Königskinder*, Fischer Taschenbuch Verlag, 1998.

Kowalski, H., *Der Trilobiten*, Goldschneck-Verlag Korb.德文著作，在泥盆紀物種的研究方面尤其出色。

Levi-Setti, Riccardo, *Trilobites*, University of Chicago Press, 2nd ed., 1984.此書收錄三葉蟲的照片集，插圖涵蓋範圍極廣，有許多有趣動物的圖片。

Osborne, Roger, *The Deprat Affair*, Pimlico, London, 1999.

Sňajdr M., *Bohemian Trilobites*, National Museum, Prague.收錄許多波希米亞地區著名三葉蟲的珍貴照片。

Whittington, H. B., *Trilobites: Fossils Illustrated*, vol. 2, Boydell Press, 1992.由三葉蟲研究領域最資深的權威撰寫，內有一百二十幅圖版。

Whittington, H. B. and others 1997.'Treatise on Invertebrate Paleontology', Part O *Trilobita 1* (revised), University of Kansas Press and Geological Society of America.研究三葉蟲這個主題的必備學術著作。

中文原文名詞對照表

三葉蟲學名一覽表

三畫

三分節蟲屬 *Triarthrus*
三瘤蟲屬 *Trinucleus*
大盾殼蟲屬 *Megistaspis*
大衛奇異蟲 *Paradoxides davidis*
大頭蟲屬 *Bumastus*
小油櫛蟲屬 *Olenellus*
小深溝蟲屬 *Bathyurellus*
小棘肋蟲屬 *Acanthopleurella*
小歐那蟲屬 *Oenonella*

四畫

不眠瞪眼蟲 *Opipeuter inconnivus*
六足隱頭蟲 *Calymene senaria*
巴里柔瑪蟲屬 *Balizoma*
手尾蟲屬 *Cheirurus*

五畫

凹頭蟲屬 *Colpocoryphe*
加拿大蟲屬 *Canadaspis*
北櫛蟲屬 *Norasaphus*
卡氏斜視蟲 *Illaenus katzeri* Barrande
卡洛林蟲屬 *Carolinites*
布氏隱頭蟲 *Calymene blumenbackii*
布雷多拉蟲屬 *Pradoella*
平滑伯尼巴比蟲 *Balnibarbi erugata* Fortey

六畫

同夥達爾曼蟲 *Dalmanitina socialis*
多側肋希若拉蟲 *Ceraurus pleurexanthemus*
多棘刺蟲屬 *Comura*
有爪蟲屬 *Onychophora*

七畫

似小阿伯特蟲屬 *Paralbertella*
似小阿貝德蟲屬 *Parabadiella*
克氏舒馬德蟲 *Shumardia crossi* Fortey & Owens
克羅卡蟲屬 *Cloacaspis*
希氏奇異蟲 *Paradoxides hicksi* Salter
希若拉蟲屬 *Ceraurus*
沙氏線頭形蟲 *Ampyx salteri* Hicks
豆形球接子蟲 *Agnostus pisiformis*
車利斯克拉蟲屬 *Zeliszkella*

八畫

佩奇蟲屬 *Pagetia*
佩蒂蟲屬 *Petigurus*
刺斑蟲屬 *Mucronaspis*
奇異奇異蟲 *Paradoxides*

裝甲小油櫛蟲 *Olenellus armatus*
賈桂林副比里克蟲 *Parapilekia jacquelinae* Fortey
達爾曼蟲屬 *Dalmanites*
飾邊三瘤蟲 *Trinucleus fimbriatus*

十四畫

福提蟲屬 *Forteyops*

十五畫

德氏龍王盾殼蟲 *Ogygiocarella debuchii*
德氏蟲屬 *Damesella*
撫仙湖蟲屬 *Fuxhianshuia*
歐那蟲屬 *Oenone*
歐幾龍王蟲屬 *Ogyginus*
歐瑪蟲屬 *Ormathops*
槳肋蟲屬 *Remopleurides*
皺殼唇齒蟲屬 *Odontochile rugosa*
皺飾跡屬 *Rusophycus*
線頭形蟲屬 *Ampyx*
蝙蝠蟲屬 *Drepanura*
齒肋蟲屬 *Odontopleura*

十六畫

鋸圓尾蟲屬 *Pricyclopyge*
龍王盾殼蟲屬 *Ogygiocarella*

十七畫

擬小油櫛蟲屬 *Olenelloides*
擬小塑造蟲屬 *Leptoplastides*
擬油櫛蟲屬 *Olenoides*
擬賽美蟲屬 *Cybelurus*
櫛蟲屬 *Asaphus*
瞪眼蟲屬 *Opipeuter*
聳棒頭蟲屬 *Corynexochus*
隱頭形蟲屬 *Calymenella*
隱頭蟲屬 *Calymene*
黏殼蟲屬 *Symphysurus*

十八畫以上

雙切尾蟲屬 *Ditomopyge*
雙角蟲屬 *Dicranurus*
鏡眼蟲屬 *Phacops*
鐘頭蟲屬 *Crotalocephalus*
護甲蟲屬 *Cnemidopyge*
鐮蟲屬 *Harpes*
纓盾殼蟲屬 *Thysanopeltis*

一般名詞對照表

二～四畫

九井 Nine Wells
下葉板 lower lamella
大肋節 macropleura
大英博物館 British Museum
《化石：通往過去的鑰匙》 *Fossils: A Key to the Past*
化合自營型共生生物 chemoautotrophic symbiont
尤契爾遜 Yochelson, Ellis
尤提卡頁岩 Utica Shale
巴德 Budd, Graham
巴蘭德 Barrande, Joachim
巴蘭德夫 Barrandov
支序分類法 cladistics
比林斯 Billings, Elkanah
比徹教授 Beecher, Prof.
比爾・杜威 Dewel, Bill
比爾斯威爾斯 Builth Wells

五～七畫

伯吉斯頁岩 Burgess Shale
伯格 Brogger, W. C.
伯得明 Bodmin
伯斯尼 Bursnall, John
伯斯堡 Boscastle
伯登貝克 Bundenback
伯頓 Bruton, David
克拉克森 Clarkson, Euan
克金頓 Crackington
克雷洛夫 Kraluv Dvur
克魯茲跡屬 *Cruziana*
克羅斯 Cross, Frank
利特那層 Letna Formation
利華休姆信託 Leverhulme Trust
努亞馬 Nui-Nga-Ma
尾叉 caudal furca
尾部（尾甲） pygidium
希若拉層 Ceraurus layer
廷巴克圖 Timbuctu
《志留系》 *The Silurian System* (Murchison)
李斯特 Lister, Martin
李維塞提 Levi-Setti, Riccardo
杜蘭德加 Durand-Delga, M.
沙卡 Sarka
沉積間斷 hiatus
沃氏原海果 *Protocystites walcotti*
沃克特 Walcott, Charles Doolittle
沃德豪斯 Wodehouse, P. G.
狄帕特 Deprat, Jacques
《狂吠的獵犬》 *Les Chiens abouient* (Wild)
系統發生 phylogeny
系譜分析 phylogenetic analysis
里契夫 Zlichov

八～十畫

《奇妙的生命》 *Wonderful Life* (Gould)
奇蝦屬 *Anomalocaris*
奈特 Knight, Stephen
孟德爾 Mendel, Gregor
岡瓦納古陸 Gondwana
帕洛克 Pollock, Jackson
帕瑪 Palmer, Allison R.
拉普拉斯 Lapworth, Charles
「拖笨」車 Trabant
朋布洛克郡 Pembrokeshire
枝角目 cladocerans
林奈命名系統 Linnaean system
泳肢 natatory appendages
波士豪 Porth-y-rhaw
波丘尼 Boccione, Umberto
《波希米亞的志留系》 *Systeme Silurien de la Boheme* (Barrande)
波柏 Popper, Karl
波恩灣 Bonne Bay
波斯威特 Postlethwaite, J.
波羅的海古陸 Baltica
芭比卡蛤 *Babinka*
阿瓦隆 Avalonia
阿帕洛夫 Apollonov, Mikhail
阿蒙提 Almaty
阿蒙森 Amundsen
附肢 appendages
保羅赫德 Heard, Paul C.
南森 Nansen, Fridtj of
哈代 Hardy, Thomas
哈加德 Haggerd, Rider
哈特 Harte, Bret
哈斯 Haas, Winfried
哈維 Harvey, William

哈德良 Hadrian
哈德威克 Hardwick, David
威奇塔 Wichita
威瑟姆河 Witham River
威瑟斯 Withers, T. H.
威爾斯 Wells, H. G.
威爾森 Wilson, E. O.
威爾德 Wild, Herbert
威爾德地區 Weald
後口動物 Deuterostome animals
施若特 Schroeter, J. S.
施華富 Swofford, David
柯拉 Kolar, Richard
查特頓 Chatterton, Brian
活動頰 librigena
派克 Pike, Arabella
科堡 Coburg
《約克夏郡地質圖鑑》 *Illustrations of the Geology of Yorkshire* (Phillips)
約納省 Yonne, France
背甲 carapace
背腹列 dorsal-ventral files
英國皇家學院 Royal Society
《英國皇家學院會報》 *Philosophical Transactions of the Royal Society*
面線 facial suture
韋伯 Webb, Nicola
韋塞克斯 Wessex
倫敦自然史博物館 Natural History Museum, London
原口動物 Protostome animals
唇瓣 hypostome
埃迪卡拉動物群 Edicara fauna
埃斯特哈奇 Esterhazy
《時間的架構》 *Time Frame* (Eldredge)
格雷夫瓦爾德 Greifswald
泰晤士河畔的漢利 Henley-on-Thames
海西寧 Hercynides
海那特冰斗 Cwm Hirnant
烏斯特郡 Worcestershire
特米爾教授 Termier, Prof.
《紐約州的古生物學》 *Palaeontology of the State of New York*
胸部 thorax
胸節 thoracic segments
〈記憶專家芬尼斯〉 "Funes, the Memorious" (Borges)
馬休 Matthew, G. F.
馬克・麥克蒙 McMenamin, Mark
馬修 Matthew, W. D.
馬格德寧 Magdalenian
馬許 Marsh, Othniel Charles
高德溫 Godwin, Heather
涂納斯教授 Professor Calculus

十一～十四畫

勒那河 Lena River
《動物命名法規》 *Rules of Zoological Nomenclature*
《動物的出現》 *The Emergence of Animals* (McMenamin and McMenamin)
曼舒 Mansuy, Henri
寇普 Cope, Edward Drinker
崗恩 Gunn, Thom
康瓦耳 Cornwall
康威莫利斯 Conway Morris, Simon

十五畫以上